U0908831

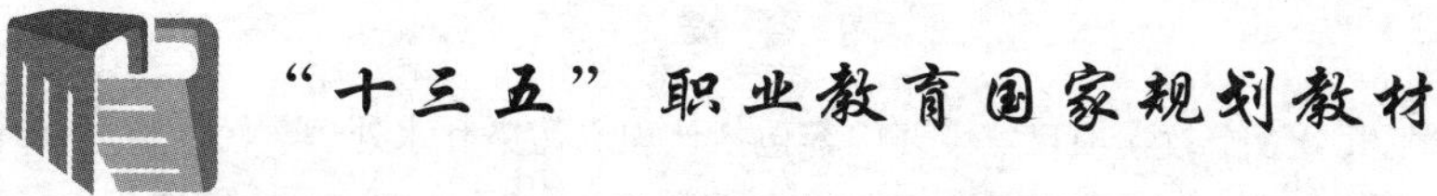

水污染控制技术

李勍 编

北京
冶金工业出版社
2022

内 容 提 要

本书共分6个教学项目，主要内容包括认识水污染和水处理、污水物理处理法、污水生物处理法、污水化学处理法、污水物理化学处理法、污泥的处理与处置，突出理论教学与实践教学的紧密结合，充分调动学生的积极性，促进学生积极思考与实践，达到职业教育人才培养的要求。

本书为职业院校环境工程专业教材，也可作为相关专业的培训教材和参考书。

图书在版编目(CIP)数据

水污染控制技术/李勷编. —北京：冶金工业出版社，2019.6（2022.12重印）
"十三五"职业教育国家规划教材
ISBN 978-7-5024-8139-1

Ⅰ.①水… Ⅱ.①李… Ⅲ.①水污染—污染控制—高等职业教育—教材 Ⅳ.①X520.6

中国版本图书馆CIP数据核字（2019）第109156号

水污染控制技术

出版发行	冶金工业出版社	**电　话**	(010)64027926
地　址	北京市东城区嵩祝院北巷39号	**邮　编**	100009
网　址	www.mip1953.com	**电子信箱**	service@mip1953.com

责任编辑 俞跃春　美术编辑 彭子赫　版式设计 禹 蕊
责任校对 郭惠兰　责任印制 窦 唯
三河市双峰印刷装订有限公司印刷
2019年6月第1版，2022年12月第7次印刷
787mm×1092mm 1/16；12印张；286千字；179页
定价46.00元

投稿电话 (010)64027932 投稿信箱 tougao@cnmip.com.cn
营销中心电话 (010)64044283
冶金工业出版社天猫旗舰店 yjgycbs.tmall.com
（本书如有印装质量问题，本社营销中心负责退换）

前言

随着我国经济和社会的迅猛发展以及工业化进程的加快，人们对水环境污染的严峻现实以及解决水污染问题的紧迫性的认识不断提升，对水污染治理技术和应用情况也提出更高的要求。为了更好地了解国内外近年来主要的水处理工艺应用情况，掌握最新水污染治理的动态和相关知识，我们编写了本书。

“水污染控制技术”是高职高专环境工程技术专业核心课程之一。通过本课程的学习，学生能够掌握水污染控制技术的基本理论以及各种污（废）水处理技术工艺原理和设备，能够掌握并操作运行主要水污染治理设备，管理并维护水污染治理生产工艺流程。

本书通过与企业的深度对接实施“产教融合、知行合一”的人才培养模式。根据相关企业特点，按照学生的认知规律和职业成长规律，对原有知识内容进行重新整合、编排。强调知识的实用性，以职业素质与道德教育为基础，以专业核心技术能力培养为主线，在对水处理工艺操作的工作过程与内容的广泛了解与深入分析的基础之上，依据行业具体岗位能力要求确定学习内容，按照“以能力为本位”的课程观进行基于行动体系的课程内容设计。

本书建立了以职业能力培养为目标，以行动为导向，以真实的工作情境为载体，以工作任务为核心，以学生为主体，以实训内容为手段的内容体系。全书分为6个教学项目，主要内容分别为认识水污染和水处理、污水物理处理法、污水生物处理法、污水化学处理法、污水物理化学处理法、污泥的处理与处置，突出理论教学与实践教学的紧密结合，充分调动学生的积极性，促进学生积极思考与实践，达到职业教育人才培养的要求。

本书由天津工业职业学院李歘编写。在编写过程中得到了有关企业专家的宝贵意见及建议，并参考引用了相关文献资料。

由于编者水平所限，书中不足之处，望读者批评指正。

编者

2019. 2. 23

目 录

项目1 认识水污染和水处理

任务1.1 认识水资源与水污染

任务描述

<table>
<tr><td rowspan="3">任务目标</td><td>1. 知识目标
(1) 了解水资源现状及其特征
(2) 了解污水的概念、类型、来源等基本情况
(3) 掌握各项水质指标、水质标准等
(4) 理解水污染的概念、类型、实质等</td></tr>
<tr><td>2. 能力目标
初步掌握水质指标在污水处理工艺中的应用</td></tr>
<tr><td>3. 素质目标
具备自学、语言表达、沟通技巧、团队合作等基本素质</td></tr>
</table>

知识链接

1.1.1 水资源现状

我国人均占有水量2400m^3/人，相当世界人均占有量的1/4。全国600多个城市缺水量600亿立方米。

按照国际公认的标准，人均水资源低于3000m^3为轻度缺水；人均水资源低于2000m^3为中度缺水；人均水资源低于1000m^3为重度缺水；人均水资源低于500m^3为极度缺水。中国目前有16个省（区、市）人均水资源量（不包括过境水）低于严重缺水线，有6个省、区（宁夏、河北、山东、河南、山西、江苏）人均水资源量低于500m^3。

我国的水资源存在严重的时空分布不均衡性。淮河以北的水资源量仅为全国水资源总量的19%，而其耕地面积却是全国耕地面积的64%。西北地区占据国土面积47%，只有7%的水资源量，且集中在夏季。

1.1.2 水污染

1.1.2.1 水污染的定义

水污染指排入水体的污染物质超过了水体的自净能力，使水的组成及性质发生变化，从而使动植物的生存条件恶化、鱼类生长受到损害、人类的生活和健康受到不良影响、水环境的生态平衡遭到破坏，形成水污染。

1.1.2.2　水体自净

污染物质参与水体中的物质转化和循环过程，经一系列的物理、化学和生物变化，污染物质被分散、分离或分解；最后，水体基本上或完全恢复到原来状态，这个自然净化的过程称为水体自净。

（1）物理过程：稀释、扩散、挥发、沉淀、上浮等。

（2）化学和物理化学过程：中和、絮凝、吸附、络合、氧化、还原等。

（3）生物学和生物化学过程：进入水体中的污染物质，被水生生物吸附、吸收、吞食消化等过程，特别是有机物质由于水中微生物的代谢活动而被氧化分解并转化为无机物的过程。

水体自净过程大致包括三个阶段：第一阶段是易被氧化的有机物进行的化学氧化分解。该阶段在污染物进入水体以后数小时之内即可完成。第二阶段是有机物在水中微生物作用下的生物化学氧化分解。该阶段持续时间的长短随水温、有机物浓度、微生物种类与数量等而不同。一般要延续数天，但被生物化学氧化的物质一般在5天内可全部完成。第三阶段是含氮有机物的硝化过程。这个过程最慢，一般要延续1个月左右。

水污染的后果：

（1）水生态遭到严重破坏，鱼大量死亡。

（2）在一些营养丰富的水体中，有些蓝藻常于夏季大量繁殖，并在水面形成一层蓝绿色而有腥臭味的浮沫，称为“水华”。大规模的蓝藻暴发，被称为“绿潮”（和海洋发生的赤潮对应）。绿潮引起水质恶化，严重时耗尽水中氧气，造成鱼类的死亡。更为严重的是，蓝藻中有些种类（如微囊藻）还会产生微囊藻毒素（microcystins，MCs），大约50%的绿潮中含有大量MCs。MCs除了直接对鱼类、人畜产生毒害之外，也是肝癌的重要诱因。

（3）由于长期饮用被污染的地下水引起皮肤病变，因原油泄漏而死亡的海鸟，因河水污染而死亡的鱼。

1.1.2.3　废水的水质指标

（1）物理性指标包括水温、色度、臭味、固体物质等。

1）感官性指标：

①水温。废水的水温对物理性质、化学性质及生物性质有直接的影响。水温是废水水质的重要物理性指标之一。许多工业废水排出温度较高，排入水体使水温升高，引起水体热污染。水温升高影响水生生物的生存和对水资源的利用。

②色度。一般纯净的天然水为无色，生活污水的颜色呈灰色，带有金属化合物或有机化合物等有色污染物的污水呈现各种颜色。

③臭味。天然水无臭无味，而当水体受到污染时会产生异样气味。如还原性硫、氮的化合物、挥发性有机物和氯气等污染物会引起水的异味。

2）固体物质：水中所有残渣的总和称为总固体（TS），总固体包括溶解物质（DS）

和悬浮固体物质（SS）。

①TS。蒸发残留物（total solid），水样经蒸发烘干后的残留量。溶解性物质量等于蒸发残留物减去悬浮物质量。

②SS。悬浮物质（suspended soild），水经过过滤后，滤渣脱水烘干后即是悬浮固体。水中悬浮物测定：用 2mm 的筛通过，并且用孔径为 1μm 的玻璃纤维滤纸截留的物质为SS。胶体物质在滤液（溶解性物质）和截留悬浮物中均含有，但大多数认为胶体物质和悬浮物质一样可被滤纸截留。

悬浮物质主要包括：挥发性悬浮固体 VS（在马弗炉中灼烧至恒重时失去的重量）；非挥发性悬浮固体 FS（灰分）。

③DS。水样经过过滤后，滤液蒸干所得固体即为溶解性固体。主要包括挥发性溶解固体（尿素、淀粉、糖类、脂肪、蛋白质以及洗涤剂等有机物质）、非挥发性溶解固体（碳酸盐、铵盐、磷酸盐、氧化物等无机物）。

（2）化学指标。

1）BOD_5。污水平均浓度：200mg/L。BOD_5是生物化学需氧量（biochemical oxygen demand）的简写，表示在 20℃下，5d 微生物氧化分解有机物所消耗水中溶解氧量。第一阶段为碳化（C-BOD），第二阶段为消化（N-BOD）。

BOD 的意义：①生物能氧化分解的有机物量；②反映污水和水体的污染程度；③判定处理厂效果；④用于处理厂设计；⑤污水处理管理指标；⑥排放标准指标；⑦水体水质标准指标。

2）COD_{Mn}/COD_{Cr}。污水平均浓度：100mg/L，500mg/L。COD_{Mn}/COD_{Cr}是化学需氧量（chemical oxygen demand）的简写，表示氧化剂有 $KMnO_4$和 $K_2Cr_2O_7$。COD 测定简便快速，不受水质限制，可以测定含有生物有毒的工业废水，是 BOD 的代替指标。也可以看作还原物的量。

COD_{Cr}可近似看作总有机物量，COD_{Cr}-BOD 差值表示污水中难被微生物分解的有机物。用 BOD/COD_{Cr}比值表示污水的可生化性，当 $BOD/COD_{Cr} \geq 0.3$ 时，认为污水的可生化性较好；当 $BOD/COD_{Cr} < 0.3$ 时，认为污水的可生化性较差，不宜采用生物处理法。

3）总有机碳（TOC）。有机物都含有碳元素，以碳的含量表示水体中有机物总量的综合指标。TOC 测定采用燃烧法，能将有机碳全部氧化，比 BOD_5 或 COD 更能直接表示有机物总量。

4）总需氧量（TOD）。组成有机物的主要元素是 C、H、O、N、S 等，高温燃烧后，分别产生 CO_2、H_2O、NO_2和 SO_2，所消耗的氧量称为总需氧量。TOD 的值一般大于 COD 的值。

5）溶解氧（DO）。溶解在水中的分子态氧。天然水的溶解氧取决于水体与大气中氧的平衡。溶解氧的饱和含量和空气中氧的分压、大气压力、水温有密切关系。清洁地表水溶解氧接近饱和状态。由于藻类的生长，溶解氧可能过饱和。水体受有机、无机还原性物质污染时溶解氧降低。当大气中的氧来不及补充时，水中溶解氧逐渐降低以至于趋于零，此时厌氧菌繁殖，水质恶化，导致鱼虾死亡。

6）总氮、有机氮、氨氮、亚硝酸盐氮、硝酸盐氮。污水平均浓度：总氮 35mg/L、有机氮 15mg/L、氨氮 20mg/L、亚硝酸盐氮 0mg/L、硝酸盐氮 0mg/L。

氮在自然界以各种形态进行循环转换。有机氮，如蛋白质水解为氨基酸，在微生物作用下分解为氨氮，氨氮在硝化细菌作用下转化为亚硝酸盐氮（NO_2^-）和硝酸盐氮（NO_3^-）；另外，NO_2^-和NO_3^-在厌氧条件下在脱氮菌作用下转化为N_2。

$$总氮 = 有机氮 + 无机氮$$

$$无机氮 = 氨氮 + NO_2^- + NO_3^-$$

$$有机氮 = 蛋白性氮 + 非蛋白性氮$$

$$凯氏氮 = 有机氮 + 氨氮$$

氮是细菌繁殖不可缺少的物质元素，当工业废水中氮量不足时，采用生物处理时需要人为补充氮；相反，氮也是引发水体富营养化污染的元素之一。

7）总磷、有机磷、无机磷。污水平均浓度：总磷 10mg/L、有机磷 3mg/L、无机磷 7mg/L。

在粪便、洗涤剂、肥料中含有较多的磷，污水中存在磷酸盐、聚磷酸盐和聚磷酸等无机磷盐与磷脂等有机磷酸化合物。磷同氮一样，也是污水生物处理所必需的元素，磷同时也是引发封闭性水体富营养化污染的元素之一。

8）pH 值。污水平均值：6.5~7.5。生活污水 pH 值在 7 左右，强酸或强碱性的工业废水排入 pH 值变化；异常的 pH 值或 pH 值变化很大，会影响生物处理影响。另外，采用物理化学处理时，pH 值是重要的操作条件。

9）碱度（$CaCO_3$）。污水平均浓度：100mg/L。碱度表示污水中和酸的能力，通常是以 $CaCO_3$ 含量表示。污水中多为 $Ca(HCO_3)_2$ 和 $Mg(HCO_3)_2$ 碱度，碱度较高缓冲能力强，可满足污水硝化反应碱度的消耗；在污泥消化中有缓冲超负荷运行引起的酸化作用，有利于消化过程稳定。

10）重金属。在环境中存在着各种各样的重金属污染源。重金属离子在水中浓度达到 0.01~10mg/L 时即可产生毒性效应；一些重金属离子在微生物的作用下，会转化为毒性更大的金属有机化合物；水生生物从水体中摄取重金属后可在体内积累，并经食物链进入人体，还会通过母婴传给胎儿；重金属进入人体后，能在体内某些器官中积累，造成慢性中毒，有时 10~30 年才显露出来。

（3）生物性指标。

1）细菌总数。水中细菌总数反映水体有机污染程度和受细菌污染的程度。常以细菌个数/mL 计。如饮用水 100 个/mL，医院排水小于 500 个/mL。细菌总数不能说明污染的来源，必须结合大肠菌群数来判断水体污染的来源和安全程度。

2）大肠菌群。水是传播肠道疾病的一种重要媒介，而大肠菌群被视为最基本的粪便污染指示菌群。大肠菌群的值可表明水样被粪便污染的程度，间接表明有肠道病菌存在的可能性。常以大肠菌群数/L 计。

除了以上指标外，还有活性污泥的指标，例如：可用 MLSS（混合液悬浮固体浓度）、MLVSS（混合液挥发性悬浮固体浓度）、SV%（污泥沉降比）、SVI（污泥体积指数）、SDI（污泥密度指数）、Ns（污泥负荷）、Fr（容积负荷）、有机负荷、泥龄等来判断污泥的活性存活情况。

1.1.2.4　污水的分类

按污水来源分类，污水一般分为生产污水和生活污水。生产污水包括工业污水、农业污水以及医疗污水等；而生活污水就是日常生活产生的污水，是指各种形式的无机物和有机物的复杂混合物，包括：(1) 漂浮和悬浮的大小固体颗粒；(2) 胶状和凝胶状扩散物；(3) 纯溶液。

按污水的性质来分，水的污染有两类：一类是自然污染；另一类是人为污染。当前对水体危害较大的是人为污染。水污染可根据污染杂质的不同而分为化学性污染、物理性污染和生物性污染三大类。污染物主要有：(1) 未经处理而排放的工业废水；(2) 未经处理而排放的生活污水；(3) 大量使用化肥、农药、除草剂的农田污水；(4) 堆放在河边的工业废弃物和生活垃圾；(5) 水土流失；(6) 矿山污水。

目前城市生活污水排放已是中国城市水的主要污染源，城市生活污水处理是当前和今后城市节水和城市水环境保护工作的重中之重，这就要求我们要把处理生活污水设施的建设作为城市基础设施的重要内容来抓，而且是急不可待的事情。

任务 1.2　污水处理基本工艺流程

任务描述

任务目标	**1. 知识目标** 掌握污水处理的基本方法和一般工艺流程
	2. 能力目标 能够初步解读污水处理一般工艺流程
	3. 素质目标 具备自学、语言表达、计算机应用技术、沟通技巧、团队合作等基本素质

知识链接

1.2.1　污水处理方法及一般流程

污水处理（sewage treatment 或 wastewater treatment）：为使污水达到排入某一水体或再次使用的水质要求，对其进行净化的过程。

根据污水处理原理的不同，污水处理基本方法可分为物理处理法、化学处理法、物理化学处理法、生物处理法。

(1) 物理处理法。主要利用物理作用分离污水中的非溶解性物质，在处理过程中不改变化学性质。常被用作污水的一级处理或预处理，既可作为独立的处理方法，也可用作化学处理法和生物处理法的预处理。常用的有重力分离、离心分离、筛滤等。物理法处理构筑物较简单、经济，用于村镇水体容量大、自净能力强、污水处理程度要求不高的情况。大多数工业废水，用单纯的物理处理法净化往往达不到理想的处理效果，需与其他方法配合使用。

（2）化学处理法。利用化学反应作用来处理或回收污水的溶解物质或胶体物质的方法，多用于工业废水。这种方法可达到比物理处理法更高的净化程度。常用的有混凝法、中和法、氧化还原法、离子交换法等。化学处理法处理效果好，但费用高，多用作生化处理后的出水，做进一步的处理，以提高出水水质；或与物理法配合来使用。

（3）物理化学处理法。利用某些物理化学过程，使污染物分离与去除，并回收其中的有用成分，使污水得到深度处理。尤其是需要从污水中回收某种特定的物质，或当污水有毒、有害，且不易被微生物降解时，采用物理化学处理方法最为适宜。常用的方法有吸附、萃取、离子交换、电解法、膜分离法等。

（4）生物处理法。利用微生物的新陈代谢功能，将污水中呈溶解或胶体状态的有机物分解氧化为稳定的无机物质，使污水得到净化。常用的有活性污泥法、生物膜法、厌氧消化法等。利用微生物处理污水中的有机物，具有效率高、运行费用低、分解后的污泥可用作肥料等优点，主要用来除去污水中溶解的或胶体状的有机污染物质。

按处理程度的不同，废水处理系统可分为一级处理、二级处理和深度处理（三级处理）。

（1）一级处理。只除去废水中的悬浮物，以物理方法为主，处理后的废水一般还不能达到排放标准。对于二级处理系统而言，一级处理是预处理。

（2）二级处理。最常用的是生物处理法，它能大幅度地除去废水中呈胶体和溶解状态的有机物，使废水符合排放标准。但经过二级处理的水中还会存留一定量的悬浮物、生物不能分解的溶解性有机物、溶解性无机物和氮磷等藻类增值营养物，并含有病毒和细菌，因而不能满足要求较高的排放标准。如处理后排入流量较小、稀释能力较差的河流就可能引起污染；也不能直接用作自来水、工业用水和地下水的补给水源。

（3）三级处理。进一步去除二级处理未能去除的污染物，如磷、氮及生物难以降解的有机污染物、无机污染物、病原体等。废水的三级处理是在二级处理的基础上，进一步采用化学法（化学氧化、化学沉淀等）、物理化学法（吸附、离子交换、膜分离技术等）以除去某些特定污染物的一种“深度处理”方法。显然，废水的三级处理耗资巨大，但能充分利用水资源。

1.2.2　几种典型污水处理工艺流程

1.2.2.1　城市污水处理工艺

城市污水处理工艺如图1-1所示。

1.2.2.2　造纸污水处理工艺

造纸污水处理工艺如图1-2所示。

1.2.2.3　脱硫废水处理工艺

脱硫废水处理工艺如图1-3所示。

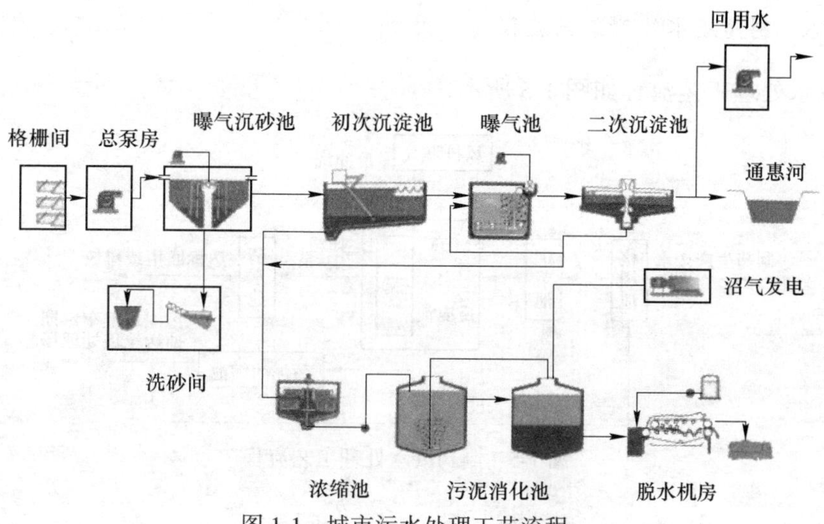

图 1-1　城市污水处理工艺流程

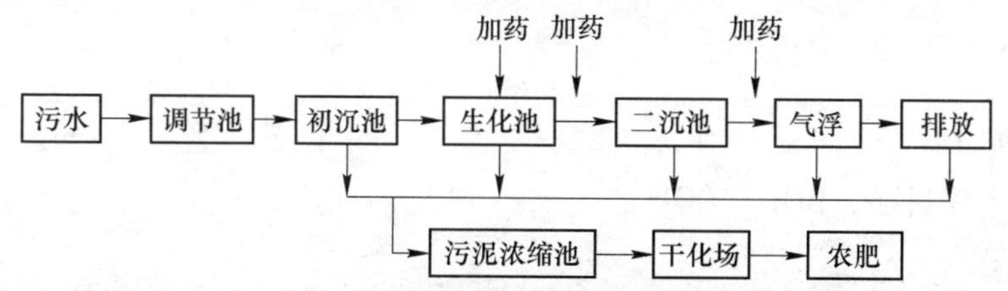

图 1-2　造纸污水处理工艺流程

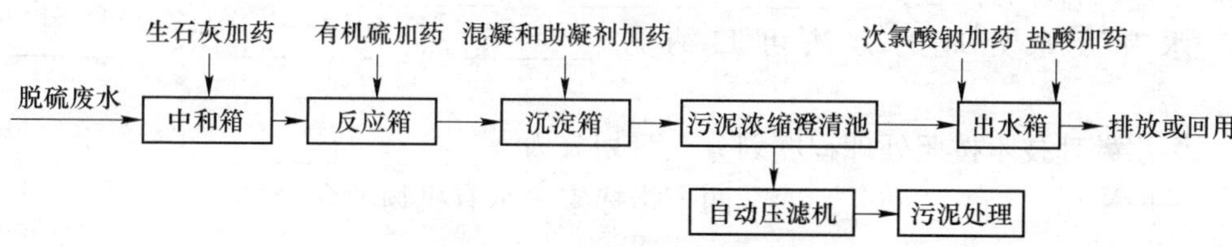

图 1-3　脱硫废水处理工艺流程

1.2.2.4　制糖废水处理工艺

制糖废水处理工艺如图 1-4 所示。

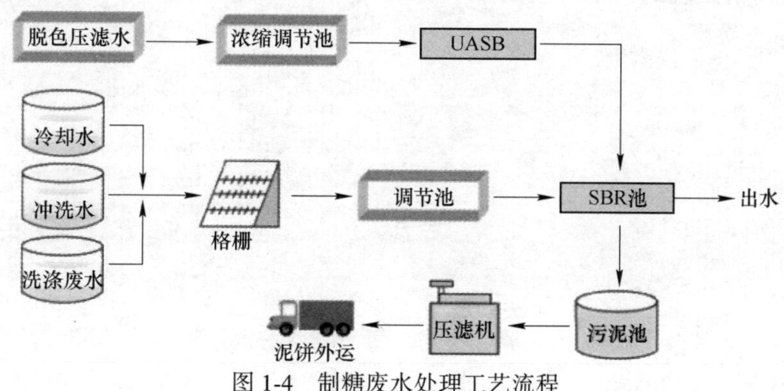

图 1-4　制糖废水处理工艺流程

1.2.2.5　制药废水处理工艺流程

制药废水处理工艺流程如图1-5所示。

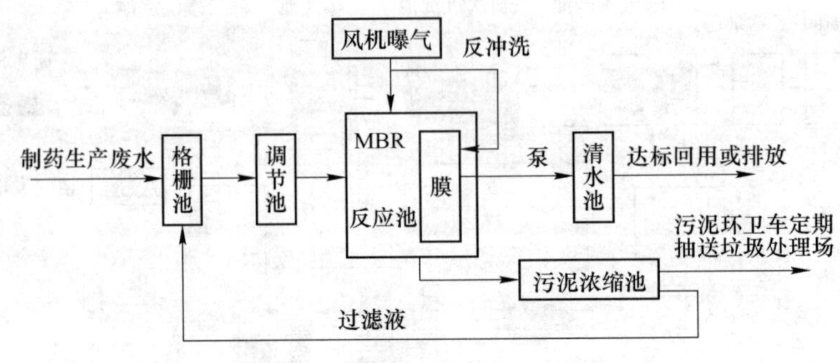

图1-5　制药废水处理工艺流程

总结归纳

(一) 应知应会

(1) 名词解释：

水污染、水体自净、BOD、COD。

(2) 填空：

1) 污水中的________、________等营养物质排到水体，将引起水体富营养化。

2) 水体的自净作用包括________、________、________三种。

3) 水和废水处理的方法可归纳为________法、________法、________法、________法。

4) 污水处理技术按照处理程度划分，可划分为________、________、________。

5) 一般采用________和________两个指标来表示有机物的含量。

(3) 简答题：

污水处理技术各级的处理目标是什么？

(二) 实践应用

描述城市污水处理的典型工艺流程。

项目 2　污水物理处理法（预处理）

任务 2.1　调　节　池

任务描述

<table>
<tr><td rowspan="3">任务目标</td><td>1. 知识目标
（1）理解水质水量调节的目的和意义
（2）掌握水质水量调节原理
（3）掌握水质水量调节设备（构筑物）类型、工作原理等</td></tr>
<tr><td>2. 能力目标
掌握均量池和均质池的运行操作</td></tr>
<tr><td>3. 素质目标
具备自学、语言表达、计算机应用技术、沟通技巧、团队合作等基本素质</td></tr>
<tr><td>任务内容</td><td>1. 讲述水量调节池的构筑物名称、类型、工作过程
2. 讲述水质调节池的构筑物名称、类型、工作过程</td></tr>
</table>

知识链接

废水的水量和水质并不总是恒定均匀的，往往随着时间的推移而变化。生活污水随生活作息规律而变化，工业废水的水量水质随生产过程而变化。水量和水质的变化使得处理设备不能在最佳的工艺条件下运行，严重时甚至使设备无法工作，为此需要设置调节池，对水量和水质进行调节。

2.1.1　水量调节

废水处理中单纯的水量调节有两种方式：一种为线内调节（见图 2-1（a）），进水一般采用重力流，出水用泵提升。调节池的容积可采用图解法计算，具体参见设计手册。实际上，由于废水流量的变化规律性差，所以调节池容积的设计一般凭经验确定。

另一种为线外调节（见图 2-1（b））。调节池设在旁路上，当废水流量过高时，多余废水用泵打入调节池；当流量低于设计流量时，再从调节池流至集水井，并送去后续处理。

线外调节与线内调节相比，其调节池不受进管高度限制，但被调节水量需要两次提升，消耗动力大。

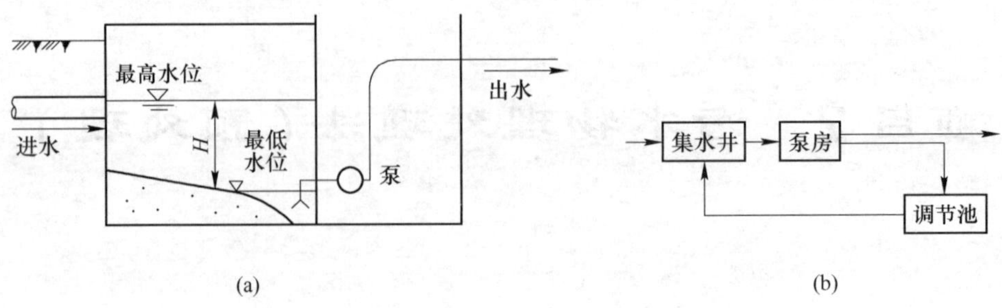

图 2-1 调节池
（a）线内调节；（b）线外调节

2.1.2 水质调节

水质调节的任务是对不同时间或不同来源的废水进行混合，使流出水质比较均匀，调节池也称均和池或均质池。水质调节的基本方法有两种：

（1）利用外加动力（如叶轮搅拌、空气搅拌、水泵循环）进行的强制调节，设备简单，效果较好，但运行费用高。

（2）利用差流方式使不同时间和不同浓度的废水进行自身水力混合，基本没有运行费，但设备结构较复杂。

图 2-2 所示为一种外加动力的水质调节池，采用压缩空气搅拌。在池底设有曝气管，在空气搅拌作用下不同时间进入池内的废水得以混合。这种调节池构造简单，效果较好，并可防止悬浮物沉积于池内，最适宜在废水流量不大、处理工艺中需要预曝气以及有现成压缩空气的情况下使用。如废水中存在易挥发的有害物质，则不宜使用该类调节他，此时可使用叶轮搅拌。

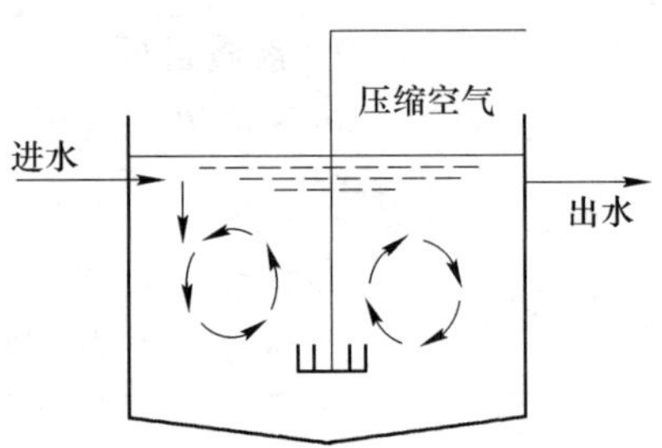

图 2-2 曝气均和池

差流方式的调节池类型很多。图 2-3 所示为一种折流调节池。配水槽设在调节池上部，池内设有许多折流板，废水通过配水槽上的孔口溢流至调节池的不同折流板间，从而使某一时刻的出水中包含不同时刻流入的废水，也即对水质达到某种程度的调节。

另外如图 2-4 所示为一种构造较简单的差流式调节池。对角线上的出水槽接纳的废水来自不同的时间，也即浓度各不相同，这样就达到了水质调节的目的。为防止调节池内废水短路，可在池内设置一些纵向挡板，以增强调节效果。

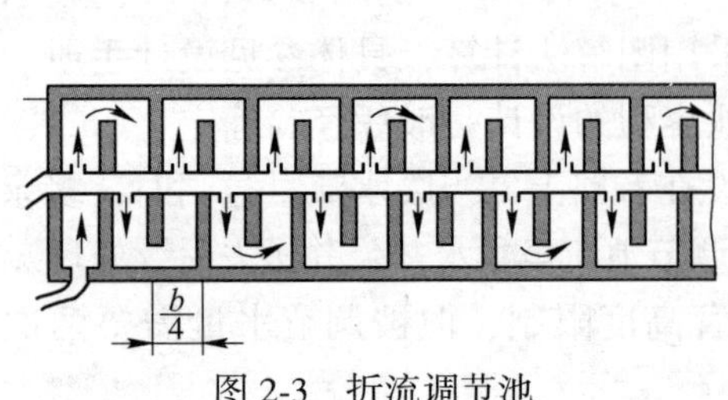

图 2-3 折流调节池

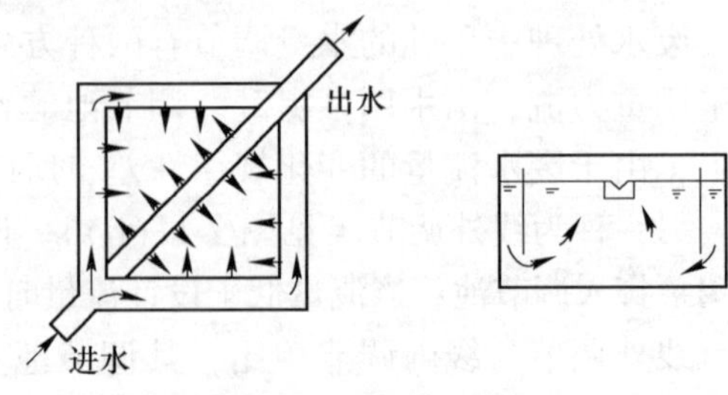

图 2-4 差流式调节池

最后，还应考虑把调节池放在废水处理流程的什么位置。在某些情况下，将调节池设置在一级处理之后二级处理之前可能是适宜的，这样污泥和浮渣的问题就会少一些。假如将调节池设置在一级处理之前，在设计中就必须考虑设置足够的混合设备以防止悬浮物沉淀和废水浓度的变化，有时还应曝气以防止产生气味。

任务 2.2　筛滤法——污水中粗大悬浮物去除

2.2.1　格栅

任务描述

<table>
<tr><td rowspan="3">任务目标</td><td>1. 知识目标
(1) 了解格栅去除污水中污染物的类型
(2) 掌握格栅的类型、工作原理</td></tr>
<tr><td>2. 能力目标
格栅设备的运行操作</td></tr>
<tr><td>3. 素质目标
具备自学、语言表达、计算机应用技术、沟通技巧、团队合作等基本素质</td></tr>
<tr><td>任务内容</td><td>1. 讲述格栅设备的类型、适用范围、在工艺流程中的位置、工作过程
2. 格栅的运行操作</td></tr>
</table>

知识链接

2.2.1.1　格栅的定义及原理

格栅由一组平行的金属栅条或筛网制成，安装在废水渠道的进口处，用于截留较大的悬浮物或漂浮物，主要对水泵起保护作用，另外可减轻后续构筑物的处理负荷。

在排水工程中，格栅被用来去除可能堵塞水泵机组及管道阀门的较粗大悬浮物，并保证后续处理设施能正常运行，是由一组（或多组）相平行的金属栅条和框架组成，倾斜安装在进水的渠道里，或进水泵站集水井的进口处，以拦截污水中粗大的悬浮物及杂质。

格栅栅条间的空隙宽度可根据清除污物的方式和水泵的要求设定，人工清除格栅间隙一般为 16~25mm。沉砂池或沉淀池前的格栅一般采用 15~30mm，最大为 40mm。常用的机械清渣设备有三种，即链条式、移动式及钢丝绳牵引式格栅清污机。

2.2.1.2　格栅的分类

按格栅栅条间距的宽窄不同，格栅可分为粗格栅（栅条间隙 50~100mm）、中格栅（栅条间隙 10~40mm）和细格栅（栅条间隙 3~10mm）三类。按格栅的清渣方法，有人工格栅、机械格栅和水力清除格栅三种。按格栅构造特点不同可分为抓耙式、循环式、弧形、回转式、转鼓式、旋转式、齿耙式和阶梯式等多种形式。

A　人工清渣格栅

中小型城市的生活污水处理厂或所需截留的污染物量较少时，可采用人工清理的格栅。这类格栅由直钢条制成，一般与水平面成45°~60°倾角放置，倾角大时，清理较省力，但占地面积较大。

人工清渣的格栅，其设计面积应采用较大的安全系数，一般不小于进水管渠有效面积的2倍，以免清渣过于频繁。在污水泵站前集水井中的格栅，应特别注意有害气体对操作人员的危害，并应采取有效的防范措施。格栅间应设置操作平台。

B　机械清渣格栅

机械清渣的格栅，倾角一般为60°~70°，有时为90°。机械清渣格栅过水面积一般应不小于进水管渠的有效面积的1.2倍。

格栅栅条的断面形状有圆形、矩形及方形，圆形的水利条件较方形好，但刚度较差。目前多采用断面形式为矩形的栅条。

设置格栅的渠道，宽度要适当，应使水流保持适当的流速，一方面泥沙不至于沉积在沟渠底部，另一方面截留的污染物又不至于冲出格栅。通常采用流速0.4~0.9m/s。

为了防止栅条间隙堵塞，污水通过栅条间距的流速一般采用0.6~1.0m/s，最大流量时可高于1.2~1.4m/s。

为了防止格栅前渠道出现阻流回水现象，一般在设置格栅的渠道与栅前渠道的联结部，设有一展开角$\alpha_1=20°$的渐扩部位。

为了保证格栅的正常工作，在实际采用上，城市污水栅条间距一般取0.1~0.4m。对工业污水，根据使用的格栅栅条间距以及清理时间间隔等因素，应留有因部分堵塞而必需的安全量。

a　链条式格栅除污机

链条式格栅除污机通过转动装置上的两条回转链条循环转动，固定在链条上的除污耙在随链条循环转动的过程中，将栅条上截留的栅渣提升上来，由缓冲卸渣装置将除污耙上的栅渣刮下，栅渣掉入排污斗排出。链条式格栅除污机适用于池深度较小的中小型污水处理厂。

链条回转式格栅除污机如图2-5所示。

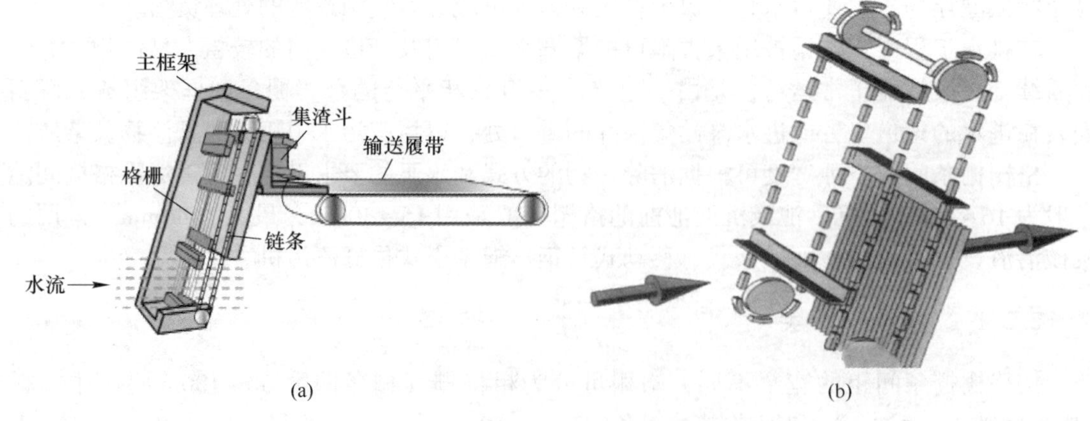

图2-5　链条回转式格栅除污机

(a) 链条回转式；(b) 耙斗式清污机

b　循环式齿耙格栅除污机

循环式齿耙格栅除污机格栅无格栅条，格栅由许多小齿耙相互连接组成一个巨大的旋转面。工作时通过转动装置带动这个由小齿耙组成的旋转面循环转动，在小齿耙循环转动的过程中，将截留的栅渣带出水面至格栅顶。栅渣通过旋转面的运行轨迹变化完成卸渣过程。循环齿耙除污机属于细格栅，适用于中小型污水处理厂。

循环式齿耙格栅除污机如图 2-6 所示。

图 2-6　循环式齿耙格栅除污机

c　钢丝绳牵引式格栅除污机

钢丝绳牵引式格栅除污机的转动装置带动两根钢丝绳牵引除渣耙，耙和滑块沿槽钢制的轨道移动，靠自重下移到低位后，耙的自锁栓碰开自锁撞块，除渣耙向下摆动，耙齿插入格栅间隙，然后由钢丝绳牵引向上移动，清除栅渣。除渣耙上移到一定位置后，抬耙导轨逐渐抬起，同时刮板自动将耙上的栅渣刮到栅渣槽中。此类格栅适用于中小型污水处理厂。

钢丝绳牵引式格栅除污机如图 2-7 所示。

图 2-7　钢丝绳牵引式格栅除污机

C　栅渣的处理与处置

格栅装置会产生大量栅渣，其主要成分是家庭垃圾、粪便物质、卫生纸和矿化物质。清除的栅渣应及时运走处置掉，防止腐败产生恶臭。处置方法主要有填埋、焚烧（820℃以上）、堆肥、将栅渣粉碎后再返回废水中，作为可沉固体进入初沉池。

2.2.2　筛网

任务描述

<table>
<tr><td rowspan="3">任务目标</td><td>1. 知识目标
(1) 了解筛网去除污水中污染物的类型
(2) 掌握筛网的类型、工作原理</td></tr>
<tr><td>2. 能力目标
筛网设备的运行操作</td></tr>
<tr><td>3. 素质目标
具备自学、语言表达、计算机应用技术、沟通技巧、团队合作等基本素质</td></tr>
<tr><td>任务内容</td><td>1. 讲述筛网设备的类型、适用范围、在工艺流程中的位置、工作过程
2. 筛网的运行操作</td></tr>
</table>

知识链接

2.2.2.1　基本概念

一些工业废水含有较细小的悬浮物，它们不能被格栅截留，也难以用沉淀法去除。为了去除这类污染物，工业上常用筛网。不同尺寸的筛网，能去除和回收不同类型和大小的悬浮物，如纤维、纸浆、藻类等。

孔径小于10mm的筛网主要用于工业废水的预处理，其可将尺寸大于3mm的漂浮物截留在网上。孔径小于0.1mm的细筛网则用于处理后出水的最终处理或重复再生水的处理。

2.2.2.2　筛网的类型

筛网过滤装置很多，有振动筛网、水力筛网、转鼓式筛网、转盘式筛网、微滤机等。下面介绍前面两种。

振动筛网示意图如图2-8所示，它由振动筛和固定筛组成。污水通过振动筛时，悬浮物等杂质被留在振动筛上，并通过振动卸到固定筛网上，以进一步脱水。

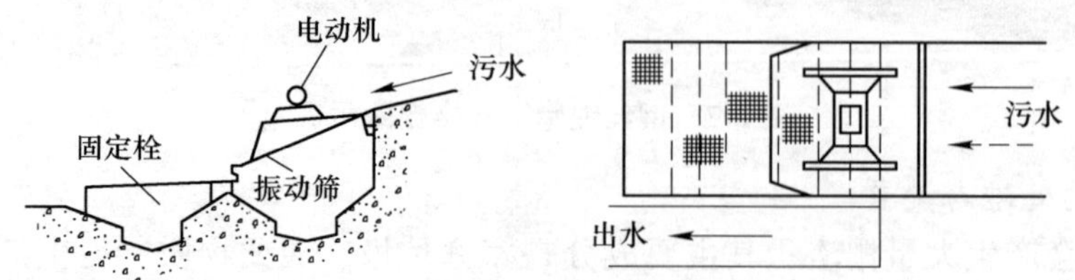

图2-8　振动筛网

水力筛网示意图如图 2-9 所示。它也是由运动筛和固定筛组成。运动筛水平放置，呈截顶圆锥形。进水端在运动筛小端，废水在从小端到大端的流动过程中，纤维等杂质被筛网截留，并沿倾斜面卸到固定筛以进一步脱水。水力筛网的动力来自进水水流的冲击力和重力作用。因此水力筛网的进水端要保持一定压力，且一般采用不透水的材料制成，而不用筛网。水力筛网已有较多的应用实例，但还未有定型的产品。

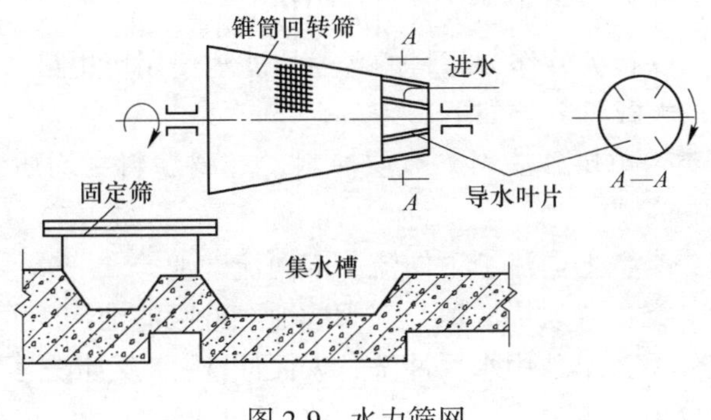

图 2-9　水力筛网

2.2.2.3　筛余物的处理与处置

收集的筛余物运至处置区填埋或与城市垃圾一起处理；当有回收利用价值时，可送至粉碎机或破碎机被磨碎后再用；对于大型系统，也可采用焚烧的方法彻底处理。

2.2.3　过滤处理——细小悬浮物的处理

任务描述

<table>
<tr><td rowspan="3">任务目标</td><td>1. 知识目标
(1) 理解过滤法的原理、特点、用途等内容
(2) 掌握各种滤池（普通快滤池、虹吸滤池等）构造、工作过程、运行中常见的问题等</td></tr>
<tr><td>2. 能力目标
普通快滤池运行操作</td></tr>
<tr><td>3. 素质目标
具备自学、语言表达、计算机应用技术、沟通技巧、团队合作等基本素质</td></tr>
<tr><td>任务内容</td><td>1. 讲解普通快滤池、虹吸滤池、重力式无阀滤池运行原理及过程
2. 掌握普通快滤池、虹吸滤池、重力式无阀滤池构造图
3. 普通快滤池运行</td></tr>
</table>

知识链接

2.2.3.1　基本概念

在水处理技术中，过滤一般是指以具有孔隙的粒状滤料层，如石英砂等，来截留水中悬浮杂质，从而使水获得净化的工艺过程。过滤主要用于去除水中微小颗粒和细菌。在饮用水净化工艺中，过滤不可缺少。在污废水的深度处理中过滤也得到应用。

人类早期使用的滤池是生产率极低的慢滤池，其滤速为0.1~0.3m/h。现在使用的滤池滤速可达10m/h以上，故称其为快滤池。

快滤池工作的先决条件是必须先投加混凝剂。当投加混凝剂后，水中胶体的双电层得到压缩而容易被吸附在砂粒表面或已被吸附的颗粒上。

滤池有多种形式，以石英砂作为滤料的普通快滤池使用历史最久。在此基础上，又发展了其他形式的滤池，大致可分类如下：

（1）按滤料层分类：单层砂滤料、双层滤料、三层滤料、均质滤料、新型轻质滤料滤池等。

（2）按水流方向分类：上向流、下向流、双向流滤池等。

（3）按阀门配置分类：普通快滤池、双阀滤池、虹吸滤池、无阀滤池、单阀滤池等。

（4）按冲洗方式分类：单独用水反冲洗、表面冲洗+水反冲洗、气-水反冲洗滤池等。

（5）按工作压力分类：重力式、压力式滤池。

2.2.3.2　过滤机理

A　阻力截留

废水自上而下流过粒状滤料层，粒径大的悬浮颗粒首先被截留在表层滤料的空隙中。此层滤料间空隙变小，能截留更小的悬浮颗粒，并形成滤膜，起过滤作用。

悬浮颗粒越大，表层滤料和滤速越小，越易形成筛滤膜，滤膜的截留能力越高。

B　重力沉降

废水自上而下流过粒状滤料层，悬浮颗粒因重力作用沉降在滤料表面。重力沉降能力主要与滤料粒径以及滤速有关，滤料越小，沉降面积越大，沉降性能越好，滤速越小，水流越平稳，沉降性能越好。

C　接触絮凝

滤料的巨大表面积对悬浮物有明显的吸附作用；静电引力也会使滤料颗粒黏附水中的悬浮颗粒，像在滤料层内部发生接触絮凝。如砂粒表面带负电荷，吸附带电胶体后，在滤料表层形成正电荷，可吸附黏土、有机物等负电体。

2.2.3.3　滤池运行原理

A　滤层的发展与应用

a　滤料基本要求

在水处理中，滤料主要是用来去除水中的细小悬浮物。滤料必须符合以下要求：

（1）具有足够的机械强度，以防冲洗时滤料产生磨损和破碎现象；

（2）具有足够的化学稳定性，以免滤料与水产生化学反应而恶化水质，尤其不能含有对人类健康和生产有害的物质；

（3）具有一定的颗粒级配和适当孔隙率；

（4）能就地取材，货源充足，价格低廉。

迄今为止，石英砂仍是使用最广泛的滤料。此外，常用于双层和多层滤料中的还有无烟煤、磁铁矿、石榴石、金刚砂、铁铁矿等。在轻质滤料中，可采用聚苯乙烯及陶粒等。

b　滤料粒径级配及筛分

滤料粒径级配是指滤料中各种粒径颗粒所占的重量比例。粒径是指能把滤料颗料包围在内的一个假想球体的直径。滤料颗粒间的数量关系由筛分试验求得。取砂样 300g，洗净后置于 105℃恒温箱中烘干，待冷却后称取 100g，放于一组筛中过筛，最后称出留在各个筛子上的砂量，填入表 2-1，并据表 2-1 绘成曲线。

表 2-1　筛分试验记录

筛孔	留在筛上的砂量		通过该号筛的砂量	
	重量/g	%	重量/g	%
2. 362	0. 1	0. 1	99. 9	99. 9
1. 651	9. 3	9. 3	90. 6	90. 9
0. 991	21. 7	21. 7	68. 9	68. 9
0. 589	46. 6	46. 6	22. 3	22. 3
0. 246	20. 6	20. 6	1. 7	1. 7
0. 208	1. 5	1. 5	0. 2	0. 2
筛底盘	0. 2	0. 2		
合计	100	100		

有了这个曲线，就可以了解许多有关滤料级配的术语。曲线与纵坐标 10%交点的横坐标筛孔称做 $d10$，即通过滤料重量 10%的筛孔孔径；同样，也可得出 $d80$。$d10$ 称为有效粒径，它反映细颗粒尺寸，小于 $d10$ 的颗粒是产生水头损失的主要部分；$d80$ 反映粗颗粒尺寸；$K80$ 称为不均匀系数，$K80=d80/d10$，反映了砂样颗粒大小不均匀程度。

$K80$ 越大，大小颗粒差别越大，颗粒越不均匀，这对过滤和反冲洗都会产生不利影响，在生产上要求 $K80\leq 2.0$。

采用有效粒径法筛选滤料，可通过筛分实验进行。例如，根据上述数据绘制的筛分曲线中（图 2-10），$d10=0.4$mm，$d80=1.34$，因此 $K80=1.34/0.4=3.37$，而设计要求：$d10=0.55$mm，$K80=2.0$，则 $d80=2.0\times 0.55=1.1$mm，应按此要求筛选滤料。

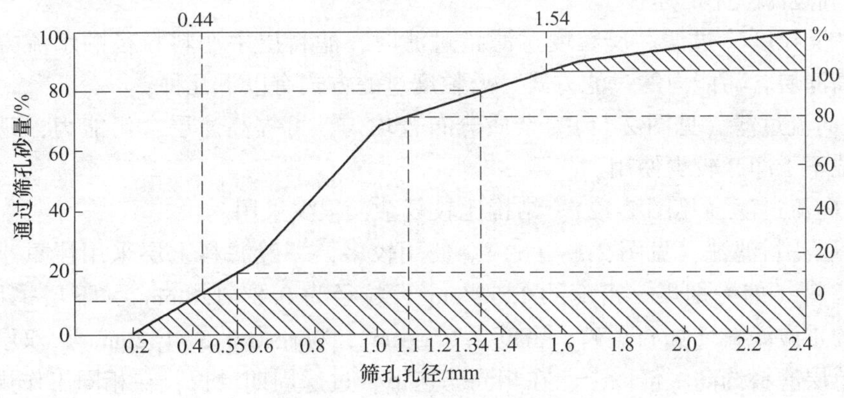

图 2-10　滤料筛分曲线

在生产上，滤料粒径级配与选择方法除采用有效粒径和不均匀系数表示外，还常采用最大粒径、最小粒径和不均匀系数来表示（表 2-2）。

表 2-2　滤料级配及滤速

<table>
<tr><th rowspan="2">类别</th><th colspan="4">滤料组成</th><th rowspan="2">滤速/
$m \cdot h^{-1}$</th><th rowspan="2">强制滤速/
$m \cdot h^{-1}$</th></tr>
<tr><th colspan="2">粒径</th><th>不均匀系数 $K80$</th><th>厚度</th></tr>
<tr><td>单层石英砂滤料</td><td colspan="2">$d_{max}=1.2$
$d_{min}=0.5$</td><td><2.0</td><td>700</td><td>8~10</td><td>10~14</td></tr>
<tr><td rowspan="2">双层滤料</td><td>无烟煤</td><td>$d_{max}=1.8$
$d_{min}=0.8$</td><td><2.0</td><td>300~400</td><td rowspan="2">10~14</td><td rowspan="2">14~18</td></tr>
<tr><td>石英砂</td><td>$d_{max}=1.2$
$d_{min}=0.5$</td><td><2.0</td><td>400</td></tr>
<tr><td rowspan="3">三层滤料</td><td>无烟煤</td><td>$d_{max}=1.6$
$d_{min}=0.8$</td><td><1.7</td><td>450</td><td rowspan="3">18~20</td><td rowspan="3">20~25</td></tr>
<tr><td>石英砂</td><td>$d_{max}=0.8$
$d_{min}=0.5$</td><td><1.5</td><td>230</td></tr>
<tr><td>重质矿石</td><td>$d_{max}=0.5$
$d_{min}=0.25$</td><td><1.7</td><td>70</td></tr>
</table>

滤料密度一般为：石英砂 2.60~2.65g/cm^3；无烟煤 1.40~1.60g/cm^3；重质矿石 4.7~5.0g/cm^3。

c　滤料层内杂质分布规律

过滤到一定程度后，表层滤料间的孔隙将逐渐被堵塞。在严重时，由于表面滤料产生筛滤作用将使滤料层表面形成“泥膜”，使过滤阻力剧增，滤速将急剧减小。

当在一定滤速下水头损失达到极限值；或者由于滤层表面受力不均匀而使泥膜产生裂缝时，大量的水流会从裂缝中流出，造成水中杂质颗粒穿透滤层使出水水质恶化。当上述情况出现之一时，即使下层滤料还未发挥其截留作用过滤也将停止。

杂质主要集中在滤料层的上部，单位体积滤层中的平均含污量称为“滤层含污能力”，单位是 g/cm^{3}或 kg/m^3。

d　提高过滤效率的途径

（1）“反粒度”过滤。反粒度过滤指过滤时，滤料层中滤料粒径顺水流方向由大变小，以提高滤层含污能力的过滤方式。反粒度过滤方式有以下几种：

1）上向流过滤（见图 2-11）。杂质分布较均匀，可提高滤层含污能力，延长过滤周期，但冲洗不干净，较少使用。

2）双向流过滤（见图 2-12）。结构比较复杂，很少采用。

3）双层滤料滤池（见图 2-13（a））。使用较多，一般滤料上层采用比重小、粒径较大的轻质滤料（如无烟煤，密度约 1.5g/cm^3，粒径为 0.8~1.8mm），下层采用比重大、粒径较小的重质滤料（如石英砂，密度 2.65g/cm^3，粒径为 0.5~1.2mm）。双层滤料的含污能力较单层滤料约高 1 倍以上，在相同滤速下，过滤周期增长；在相同工作周期下，滤速可相应提高。

4）三层滤料滤池（见图 2-13（b））。使用较多，滤料上层为大粒径、重度小的轻质滤料（如无烟煤），中层为中等粒径、中等重度的滤料（如石英砂），下层为小粒径、重度大的重质滤料（如石榴石、磁铁矿）。采用三层滤料滤池，配水系统采用滤砖式中小阻力配水系统，可减少过滤时水头损失，滤速也可提高到 30~40m/h。

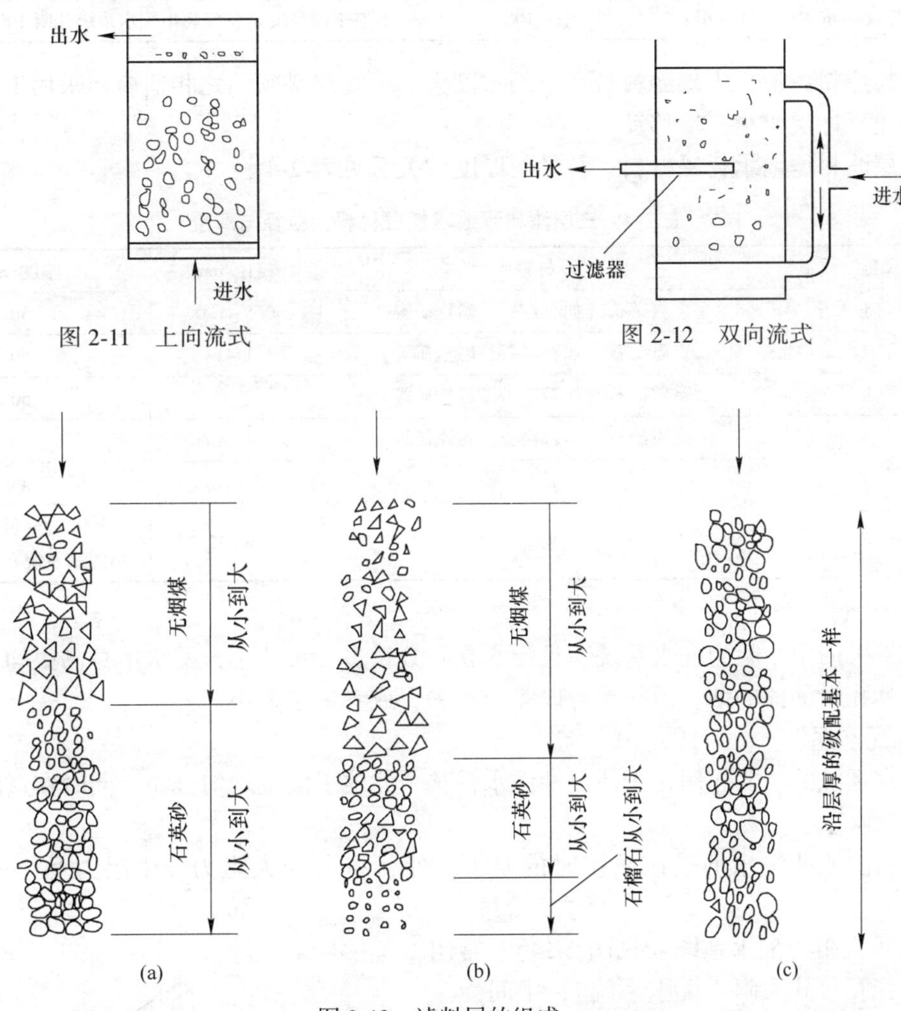

图 2-11　上向流式

图 2-12　双向流式

图 2-13　滤料层的组成

（a）双层滤料；（b）三层滤料；（c）均质滤料

（2）均质滤料（见图 2-13（c））。指整个滤层深度方向的任一横断面上，滤料组成和平均粒径均匀一致，而并非指滤料粒径完全相同。采用均质滤料反冲洗时，要求滤料层不能膨胀，避免产生水力分级，反冲洗时一般采用气-水反冲洗。

（3）纤维球（束）滤料。采用纤维球滤料时，位于下层的滤料由于受水压力而收缩，可形成天然反粒度过滤。

e　承托层

承托层一般是配合管式大阻力配水系统使用，其作用有两个：一是过滤时防止滤料从配水系统中流失；二是反冲洗时均匀分布反冲洗水。承托层一般采用天然卵石或砾石，其最小粒径为 2mm，大粒径为 32mm。

快滤池大阻力配水系统承托层粒径和厚度见表 2-3。

表 2-3 快滤池大阻力配水系统承托层粒径和厚度

层次（自上而下）	1	2	3	4
粒径/mm	2~4	4~8	8~16	16~32
厚度/mm	100	100	100	本层顶面高度至少应高出配水系统孔眼 100mm

三层滤料滤池，下层滤料粒径小而重度大，承托层必须与之相适应而采用上层重质矿石，以免反冲洗时承托层移动。

三层滤料滤池承托层材料、粒径与厚度的关系见表 2-4。

表 2-4 三层滤料滤池承托层材料、粒径与厚度

层次（自上而下）	材料	粒径/mm	厚度/mm
1	重质矿石（如石榴石、磁铁矿等）	0.5~1.0	50
2	重质矿石（如石榴石、磁铁矿等）	1~2	50
3	重质矿石（如石榴石、磁铁矿等）	2~4	50
4	重质矿石（如石榴石、磁铁矿等）	4~8	50
5	砾石	8~16	100
6	砾石	16~32	本层顶面高度至少应高出配水系统孔眼 100mm

注：配水系统如用滤砖且孔径为 4mm 时，第 6 层可不设。

如果采用中小阻力配水系统，且配水孔眼数量多、尺寸小，配水本身已很均匀，滤料也不会从孔眼漏掉的话，承托层可以完全省去，或者适当减小。

f 配水系统

配水系统的主要作用在于使反冲洗水在整个滤池平面上均匀分布，同时在过滤时均匀收集滤后水。

根据滤池冲洗水通过该系统时的阻力大小，可分为大阻力、中阻力和小阻力配水系统。

（1）大阻力配水系统（见图 2-14）。常用的是“穿孔管式大阻力配水系统”，中间为一干管或干渠，在两侧接出若干根间隔相等的彼此平行的支管，支管下方开有两排与中心线成 45°交错排列的小孔。若干管（渠）较大，在其顶部也开配水孔。

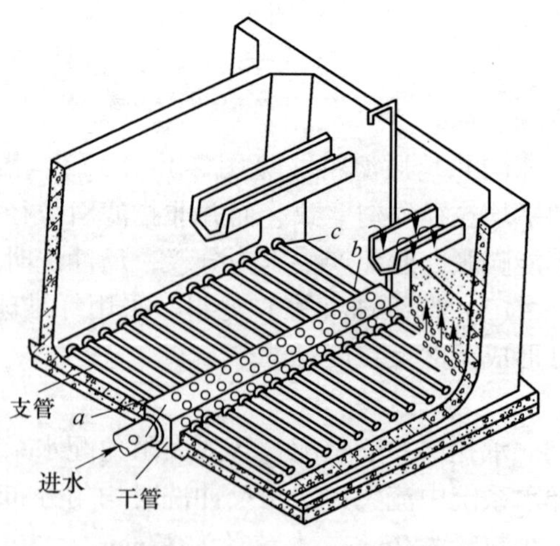

图 2-14 穿孔管大阻力配水系统

大阻力配水系统的优点是配水均匀性好，但结构复杂，孔口水头损失大，冲洗时需设专用设备，动力耗能多，不能用于冲洗水头有限的虹吸滤池、无阀滤池及移动罩冲洗滤池。

（2）中、小阻力配水系统。中阻力配水系统和小阻力配水系统没有明确界限。一般认为，当开孔比为 0.4~1.0 之间、水头损失

在 0.5~3.0m 之间的即为中阻力配水系统，可用于虹吸滤池、移动冲洗罩滤池，同样由于节能原因也可用于双阀滤池。当开孔比增大，水头损失进一步减小时即为小阻力配水系统。小阻力配水系统开孔比相差很大，最大开孔比可至 20%，水头损失小于 0.5m。

常用的中阻力配水系统有滤球式穿孔滤砖（见图 2-15）等。

我国常采用的小阻力配水系统有三角槽孔板式、长柄滤头及钢筋混凝土孔板式（见图 2-16）。钢筋混凝土穿孔滤板上应铺设一层或两层尼龙网。长柄滤头可单独用于水冲洗时的配水系统，也可在气-水反冲洗时同时用于配水和配气。

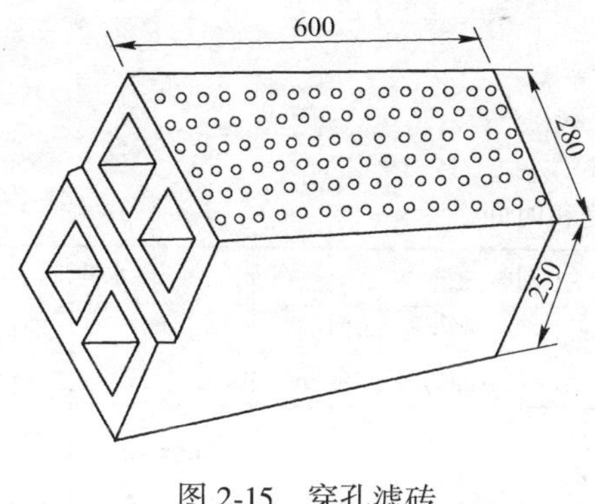

图 2-15　穿孔滤砖

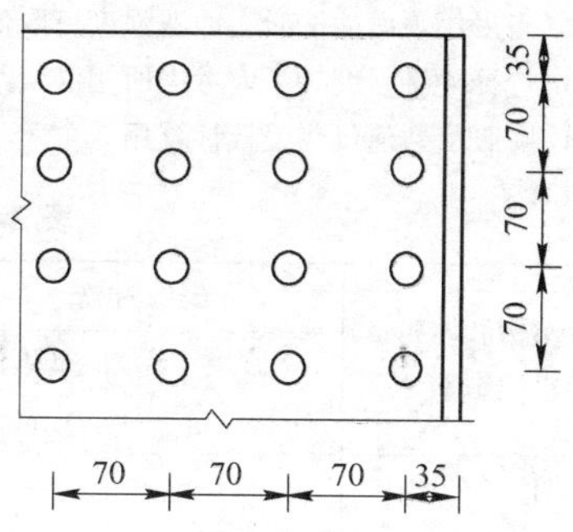

图 2-16　钢筋混凝土穿孔滤板

中阻力和小阻力配水系统的均匀性都不如大阻力配水系统。由于中阻力和小阻力配水系统结构相似，它们的划分又没有明确界限，一般把它们通称为小阻力配水系统，以有别于穿孔管式大阻力配水系统。

B　滤层冲洗

a　冲洗方法及要求

冲洗的目的是去除截留在滤料层中的杂质，使滤料层在短时间内恢复过滤能力。滤池冲洗有三种方法：高速水流反冲洗、表面助冲加中强度或低强度水反冲洗、气-水反冲洗。

（1）高速水流反冲洗。利用高速水流反向通过滤料层、使滤层膨胀呈流态化、在水流剪切力和滤料颗粒间碰撞摩擦的双重作用，把截留在滤料层中的杂质从滤料表面剥落下来，然后被冲洗水带出滤池。为了保证冲洗效果，要求必须有一定的冲洗强度、适宜的滤层膨胀度和足够的冲洗时间。

（2）气-水反冲洗。将压缩空气压入滤池，利用上升空气气泡产生的振动和擦洗作用，将附着于滤料表面的杂质清除下来并使之悬浮于水中，然后再用水反冲洗把杂质排出池外。

（3）表面辅助冲洗加高速水流反冲洗。在滤料砂面以上 50~70mm 处放置穿孔管。先用穿孔管孔眼或喷嘴喷出的高速水流冲洗掉表层滤料中的污泥，然后再进行水反冲洗。

高速水流反冲洗是我国当前广泛采用的冲洗方法。它具有池子结构和设备简单、操作方便等优点。

滤层膨胀度对冲洗效果影响很大，而膨胀度的大小取决于冲洗强度。国外推荐的最佳膨胀度为 20%~30%，我国使用数值可参考表 2-5、表 2-6。

表 2-5 水洗滤池的冲洗强度、膨胀度和冲洗时间

序号	滤料组成	冲洗强度/L·(sm²)⁻¹	膨胀度/%	冲洗时间/min
1	单层石英砂滤料	12~15	45	7~5
2	双层滤料	13~16	50	8~6
3	三层滤料	16~17	55	7~5

注：1. 表中所列数值为设计水温按20℃时计。当水温、水质发生变化时，应适当调整冲洗强度。一般水温每增减1℃，冲洗强度相应增减1%。

2. 当采用表面冲洗时，冲洗强度可取低值。

3. 选择冲洗强度时，应考虑所用混凝剂品种。

4. 膨胀度数值仅作设计计算用。

表 2-6 气-水冲洗强度和时间

滤料层结构和水冲洗时滤料层膨胀率	先气冲洗		气-水同时冲洗			再水冲洗	
	强度/L·(s·m²)⁻¹	时间/min	气强度/L·(s·m²)⁻¹	水强/L·(s·m²)⁻¹	时间/min	强度/L·(s·m²)⁻¹	时间/min
双层滤料膨胀率40%~45%	20~25	3~2				65~10	6~5
级配石英砂膨胀率30%~45%	15~20 12~18	3~1 1	 12~18	 3~4	 4~3	8~10 7~9	7~5 3~2
均粒石英砂不膨胀或微膨胀	13~17 (13~17)	1 (1)	13~17 (13~17)	3~4 (3~4.5)	4~3 (4~3)	5~8 (4~6)	4~3 (4~3)

注：表中均粒石英砂栏，无括号数值适用于无表面扫洗水的滤池；括号内数值适用有表面扫洗水的滤池，扫洗水强度为1.4~2.3L/(s·m²)。

b 冲洗参数

（1）冲洗强度。单位表面积滤层上通过的冲洗流量称为冲洗强度，以L/(s·m²)计；或者换算成冲洗流速，以cm/s计，1cm/s=10L/(s·m²)。

（2）滤层膨胀度。反冲洗时，滤层膨胀后增加的厚度与膨胀前厚度之比，称为滤层膨胀度，用e表示；滤层膨胀度和冲洗强度在滤料颗粒大小及水温一定时，两者成直线关系，即冲洗强度越大，滤层膨胀度也就越大。

（3）冲洗时间。一般可参照表2-6选用，也可视冲洗废水的允许浊度决定。

c 冲洗水的供给

普通快滤池反冲洗水供给方式有两种：冲洗水泵和水塔（箱）。冲洗水泵投资省，但操作管理麻烦；同时由于滤池冲洗水量大，短时间内耗电量大，使电网负荷猛然剧增，会影响其他设备正常运行。冲洗水塔造价高，但操作简单，冲洗强度由大到小，对洗净滤料有利；补充冲洗水的水泵小，并允许在较长时间内完成，耗电均匀。如有地形或其他条件可利用时，采用水塔（箱）冲洗较好。

d 冲洗水的排除

滤池冲洗水由排水槽汇集到废水渠后排入排水系统。为达到及时排除冲洗废水，排水槽设计应符合以下要求：

（1）反冲洗废水应自由跌落进入排水槽，再由排水槽自由跌落进入废水渠后排入下

水道，避免形成壅水，使排水不畅而影响均匀冲洗。一般情况下，排水槽内水面以上要有7cm 左右的超高，而废水渠的水面应较排水槽底低（一般低 0.2m）。

（2）每单位槽长的溢入流量必须相等。所以每槽集水面积要相等，且槽口要尽可能做到水平，误差限制在 2mm 以内。

（3）排水槽总平面积应小于滤池面积的 25%，以免影响上升水流的均匀性。

（4）相邻两槽中心距为 1.5~2.1m。间距过大也会影响排水均匀性。槽长不大于 6m。

（5）排水槽高度要适当。槽口太高，废水排除不净；槽口太低，会使滤料流失。为避免冲走滤料，滤层膨胀面应在槽底以下。

排水槽底可以做成平坡，整条槽断面相同；也可以具有一定坡度，起端深度等于末端深度的一半。

废水渠的布置视滤池面积大小而定。一般沿池壁一侧布置，当滤池面积很大时，也可布置在滤池中间以使排水均匀。废水渠一般为矩形断面。

2.2.3.4　常见滤池类型

A　普通快滤池

普通快滤池的基本组成包括池体、滤料、配水系统与承托层、反冲洗装置等几部分，如图 2-17 所示。工作过程是过滤、反冲洗两个阶段交替进行。过滤即截留污染物，反冲洗即把被截留的污染物从滤料层中洗去。

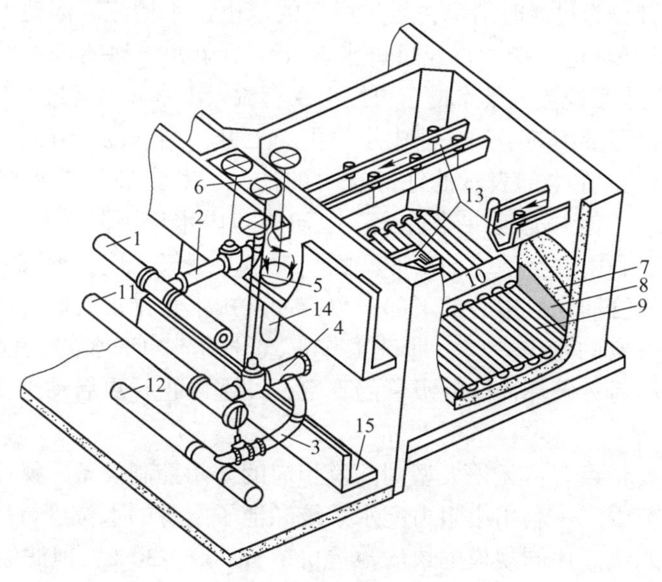

图 2-17　普通快滤池构造

1—进水总管；2—进水支管；3—清水支管；4—冲洗水支管；5—排水阀；6—浑水渠；7—滤料层；8—承托层；9—配水支管；10—配水干管；11—冲洗水总管；12—清水总管；13—冲洗排水槽；14—排水管；15—废水渠

从过滤开始到反冲洗结束的一段时间称为快滤池工作周期，一般为 12~24h。从过滤开始至过滤结束称为过滤周期。快滤池的产水量主要取决于滤速。滤速相当于滤池负荷（单位时间、单位表面积滤池过滤水量），单位 $m^3/(m^2 \cdot h)$，常简化为 m/h，《给水排水标准规范》规定有具体的数据。

过滤开始时，原水从进水管经集水渠、洗砂排水槽分配进入滤池，在池内水自上而下穿过滤料层、承托层，由配水系统收集，并经清水管排出。经过一段时间的过滤后，滤料层被悬浮颗粒阻塞，水头损失逐渐增大到一个极限值，滤池的出水量锐减；但同时，水流的冲刷力又会使一些已经截留的悬浮颗粒从滤料表面剥离下来而被带出，影响出水水质。此时，滤池应停止工作，进行反冲洗。

反冲洗时，关闭混水管及清水管，开启排水阀及反冲洗进水管，使反冲洗水自下而上通过配水系统、承托层、滤料层，并由洗砂排水槽收集，经积水渠内的排水管排走。反冲洗过程中，由于反冲洗水的进入会使滤料层膨胀流化，滤料颗粒之间相互摩擦、碰撞，附着在滤料表面的悬浮物质被冲刷下来，由反冲洗水带走。

滤池经过反冲洗后，恢复了过滤和截污能力，又可重新进行过滤。如果刚开始过滤时出水水质较差，则应排入下水道，直至出水合格，称为初滤排水。

B　虹吸滤池

虹吸滤池是利用虹吸原理进水和排走反冲洗水，是快滤池的一种，与普通快滤池相同，采用小阻力配水系统，所不同的是利用虹吸原理进水和排走反冲洗水。

虹吸滤池由6～8个单元滤池组成，滤池的形状主要是矩形，水量少时可建成圆形。图2-18所示为虹吸滤池构造和工作示意。滤池中心部分相当于普通快滤池的管廊，滤池进水和冲洗水的排出由虹吸管完成。

图2-18的右半部分为过滤时情况，经过澄清的水由进水槽流入滤池上部的配水槽。经进水虹吸管流入单元滤池进水槽，再经过进水堰（调节单元滤池的进水量）和布水管流入滤池。水经滤层和配水系统流入集水槽，再经出水管流入出水井，通过控制堰流出滤池。

由于滤层中的含污量不断增加，池内水位不断上升，当水位上升到一定高度时，滤层就要进行冲洗。图2-18左半部表示滤池冲洗时的情况，首先破坏进水虹吸管的真空，则配水槽的水不再进入滤池，滤池继续过滤。起初滤池内水位下降较快，但很快无显著下降，此时开始冲洗。利用真空系统抽出冲洗虹吸管中的空气，使它形成虹吸，并把滤池内的存水通过冲洗虹吸管抽到池中心的下部，再由冲洗排水管排走。此时池内水位较低，当清水槽与池内形成一定的水位差时，冲洗工作正式开始。冲洗水的流程与普通快滤池相似。当滤料冲洗干净后，破坏冲洗虹吸管的真空，冲洗停止，再启动进水虹吸管，滤池又可以进行过滤。

虹吸滤池的主要特点有：无须大型阀门及相应的开闭控制设备，操作管理方便，易于实现自动化，应用范围广；利用小阻力配水系统和池子本身的水位进行反冲洗，不需要设置冲洗水塔或冲洗水泵。比同规模的快滤池造价节省20%～30%，但滤池较深，有5～6m。适用于中小型污水处理厂。

C　重力式无阀滤池

如图2-19所示，水由进水管进入滤池，经过滤层自上而下进行过滤，滤后清水从连通管进入清水箱（冲洗水箱）内储存。水箱充满后，水从出水管溢流入清水池。滤池运行过程中，滤层不断截留悬浮物，滤层阻力增加，虹吸上升管内的水位不断升高。当水位达到虹吸辅助管管口时，水自管中落下，并通过气管不断将虹吸下降管中的空气带走，使虹吸管内形成真空，发生虹吸作用，水槽中的水自下而上通过滤层，对滤料进行反冲洗。

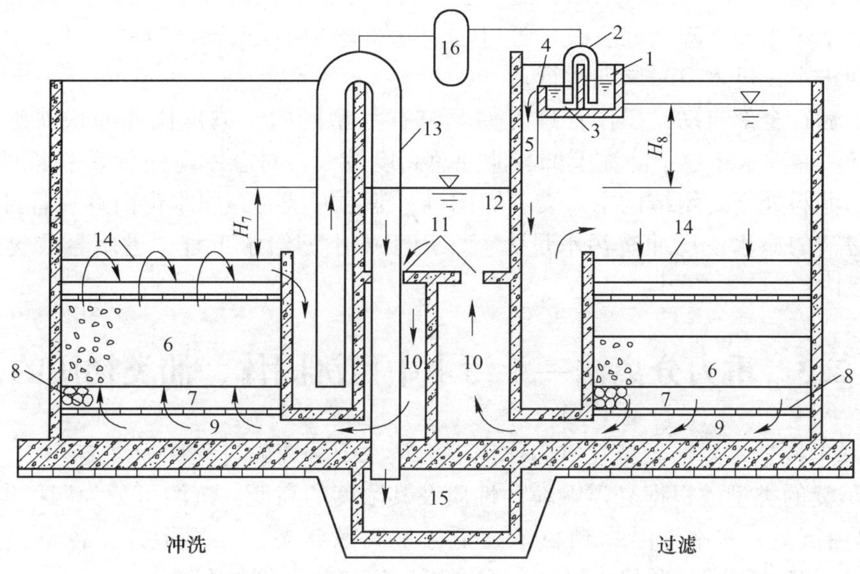

图 2-18　虹吸滤池构造及工作过程示意图

1—进水总渠；2—进水虹吸管；3—进水槽；4—溢流堰；5—布水管；6—滤料层；7—承托层；8—配水系统；9—底部配水空间；10—清水室；11—连通孔；12—清水渠；13—排水虹吸管；14—排水槽；15—排水渠；16—真空系统

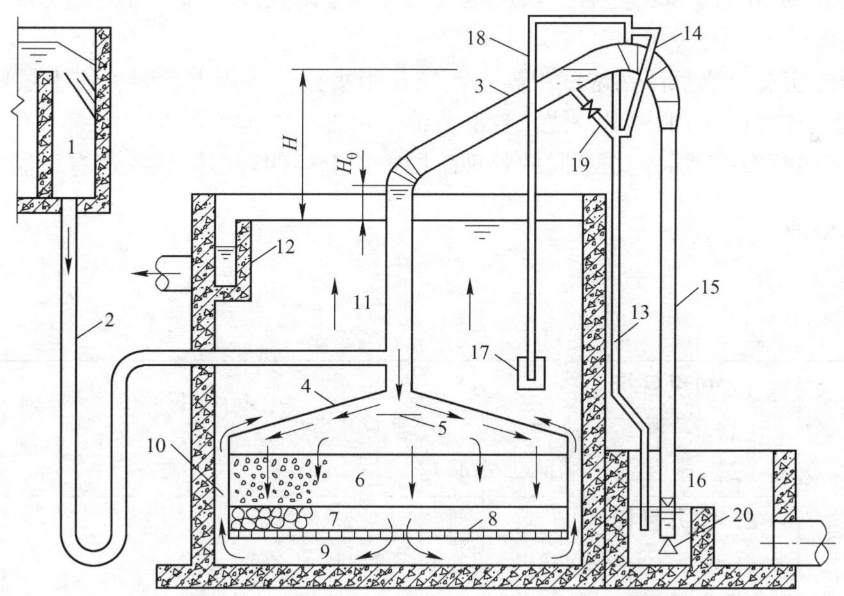

图 2-19　重力无阀滤池构造及工作过程示意图

1—进水分配槽；2—进水管；3—虹吸上升管；4—伞形顶盖；5—配水挡板；6—滤料层；7—承托层；8—配水系统；9—底部配水空间；10—连通渠（管）；11—冲洗水箱；12—出水渠；13—虹吸辅助管；14—抽气管；15—虹吸下降管；16—水封井；17—虹吸破坏斗；18—虹吸破坏管；19—强制冲洗管；20—冲洗强度调节器

此时滤池仍在进水，反冲洗开始后，进水和冲洗排水同时经虹吸上升管、下降管排至排水井。当冲洗水箱水面下降到虹吸破坏管口时，空气进入虹吸管破坏虹吸作用，滤池反冲洗结束。滤池进水，进入下一周期运行。

优点：运行全部自动，操作管理方便，节省大型阀门，造价比普通快滤池低30%~50%。缺点：冲洗水箱建于滤池上部，滤池总高度较大，对总体高程布置带来困难；池体结构复杂，滤料处于封闭结构中，装、卸困难；滤池冲洗时，原水也由虹吸管排出，浪费了一部分澄清的原水，反冲洗污水量大。多用于中小型给水工程，进水悬浮物浓度宜在100mg/L以内。

任务2.3 重力分离法——污水中可沉固体、油类物质的去除

（1）基本概念。悬浮颗粒在重力作用下，从水中分离的过程称为沉淀。

（2）沉淀的类型。根据悬浮颗粒的性质及其浓度的高低，沉淀可分为四种类型：

1）自由沉淀。水中悬浮物颗粒浓度低，呈离散状态；互不干扰，各自完成沉淀过程。颗粒在下沉过程中的形状、尺寸、密度不发生变化。例如沉砂池。

2）絮凝沉淀。水中悬浮物浓度不高，但有絮凝性能。在沉淀过程中互相碰撞发生凝聚，其粒径和质量均随沉淀距离增加而增大，沉淀速度加快。例如二沉池、混凝沉淀。

3）拥挤沉淀（分层沉淀）。水中悬浮物浓度较高，颗粒下沉受到周围其他颗粒的干扰，沉速降低，颗粒碰撞互相“凝聚”而共同下沉，形成一明显的泥、水界面。沉淀过程实质是泥、水界面下降的过程，沉淀速度为界面下降速度。如二沉池的上部、污泥浓缩池上部。

4）压缩沉淀。当悬浮物浓度很高、颗粒互相接触、互相支承时，在上层颗粒的重力作用下将下层颗粒间的水挤出，使颗粒群浓缩。例如二沉池污泥斗、浓缩池底部。

对于不同类型的污水，在不同的处理阶段中，上述四种沉淀现象都有可能发生。

2.3.1 沉砂池

任务描述

<table>
<tr><td rowspan="3">任务目标</td><td>1. 知识目标
（1）了解沉砂池的类型、处理对象等
（2）掌握沉砂池的工作原理</td></tr>
<tr><td>2. 能力目标
沉砂池的运行管理</td></tr>
<tr><td>3. 素质目标
具备自学、语言表达、计算机应用技术、沟通技巧、团队合作等基本素质</td></tr>
<tr><td>任务内容</td><td>1. 讲述沉砂池的工作过程、适用范围、在污水处理流程中的位置
2. 沉砂池的运行管理</td></tr>
</table>

知识链接

2.3.1.1　基本概念和工作原理

沉砂池的功能是去除比重较大的无机颗粒（如泥沙、煤渣等，它们相对密度约为 2.65）。沉砂池一般设在泵站前以便减小无机颗粒对水泵、管道的磨损；也可设在沉淀池前，以减轻沉淀池负荷及改善污泥处理构筑物的处理条件。

沉砂池的工作原理是以重力分离为基础，即将进入沉砂池的污水流速控制在只能使比重大的无机颗粒下沉，而有机悬浮颗粒被水流带走的区间。

2.3.1.2　分类

A　平流沉砂池

平流沉砂池（见图 2-20）是最常用的一种沉砂池形式，由入流渠、出流渠、闸板、水流部分及沉砂斗组成。它具有截流无机颗粒效果好、工作稳定、构造简单、排砂方便等优点；但砂中夹有有机物，使沉砂的后续处理增加了难度；占地大，配水不均匀；容易出现短流和偏流。

B　曝气沉砂池

曝气沉砂池（见图 2-21）克服了平流沉砂池的缺点；但增加了曝气装置运行费用较高；工作稳定，通过调节气量可控制污水的旋流速度；应设有泡装置。

曝气沉砂池从 20 世纪 50 年代开始使用，具有以下特点：（1）沉砂中含有有机物的量低于 5%；（2）由于池中设有曝气设备，具有预曝气、脱臭、防止污水厌氧分解、除泡作用以及加速污水中油类的分离等作用。这些特点对后续的沉淀、曝气、污泥消化池的正常运行以及对沉砂的干燥脱水提供了有利条件。

曝气沉砂池的构造如图 2-21 所示，曝气沉砂池是一矩形渠道，沿渠壁一侧的整个长度方向，距池底 60~90cm 处安设曝气装置，在其下部设集砂斗，池底有一定的坡度，以保证砂粒滑入。横断面呈矩形，底坡坡比 $i=0.1\sim0.5$，坡向砂槽；砂槽上方设曝气器，曝气器安装高度距池底 0.6~0.9m。

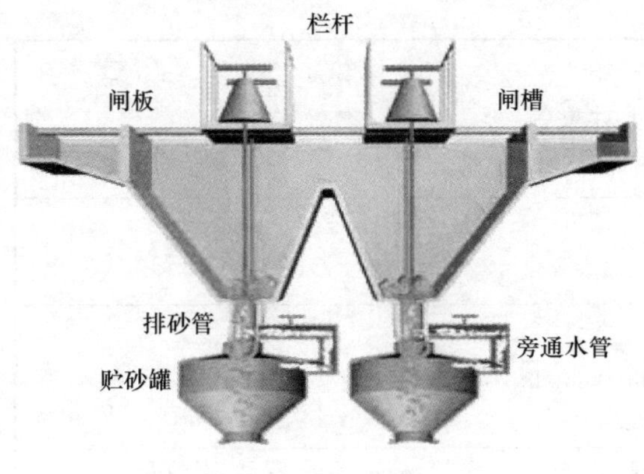

图 2-20　平流沉砂池

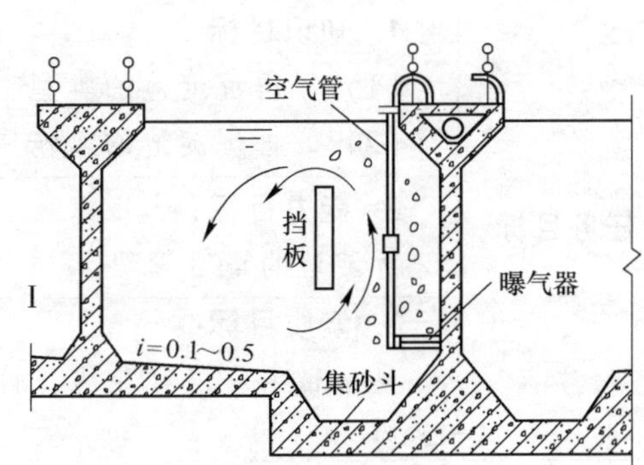

图 2-21　曝气沉砂池

工作原理：污水在池中存在两种运动形式，其一为水平流动（流速一般取 0.1m/s，不得超过 0.3m/s）；同时，由于在池的一侧有曝气作用，因而在池的横断面上产生旋转运动，整个池内水流产生螺旋状前进的流动形式。旋转速度在过水断面的中心处最小，而在池的周边则为最大。空气的供给量应保证在池中污水的旋流速度达到 0.25~0.3m/s。

由于曝气以及水流的螺旋旋转作用，污水中悬浮颗粒相互碰撞、摩擦并受到气泡上升时的冲刷作用，使黏附在砂粒上的有机污染物得以去除，沉于池底的砂粒较为纯净。有机物含量只有 5%左右的砂粒，长期搁置也不易腐化。

曝气沉砂池的形状应尽可能不产生偏流和死角，在砂槽上方宜安装纵向挡板，进出口布置应防止产生断流。

C　竖流沉砂池

竖流沉砂池（见图 2-22）具有占地小，排泥方便；运行管理易行等优点；但池深大、施工困难、造价高、耐冲击负荷和温度的适应性差、池径受到限制，过大的池径会使布水不均匀。

图 2-22　竖流式沉砂池

2.3.2　沉淀池

任务描述

<table>
<tr><td rowspan="3">任务目标</td><td>1. 知识目标
(1) 了解沉淀池的类型、处理对象等
(2) 掌握沉淀池的工作原理</td></tr>
<tr><td>2. 能力目标
沉淀池的运行管理</td></tr>
<tr><td>3. 素质目标
具备自学、语言表达、计算机应用技术、沟通技巧、团队合作等基本素质</td></tr>
<tr><td>任务内容</td><td>1. 讲述沉淀池的工作过程、适用范围、在污水处理流程中的位置
2. 沉淀池的运行管理</td></tr>
</table>

知识链接

利用悬浮颗粒的重力作用来分离固体颗粒的设备称为沉淀池。

2.3.2.1　平流式沉淀池

A　基本概念

平流式沉淀池（见图 2-23）是沉淀池的一种类型。平流沉淀池是一个底面为长方形的钢筋混凝土或是砖砌的，用以进行混凝反应和沉淀处理的水池。其特点是构造简单、造价较低、操作方便和净水效果稳定。池体平面为矩形，进口和出口分设在池长的两端。池的长宽比不小于 4，有效水深一般不超过 3m，池子的前部的污泥设计。平流式沉淀池沉淀效果好，使用较广泛，但占地面积大。常用于处理水量大于 15000m^3/d 的污水处理厂。

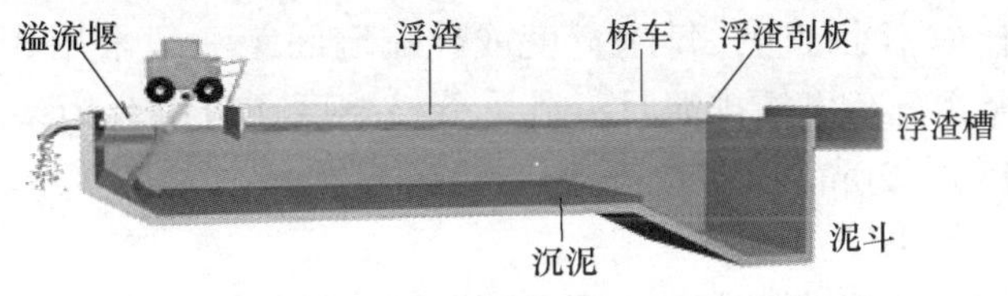

图 2-23　平流式沉淀池

B　主要结构

（1）进水区。进水区也是平流沉淀池的混合反应区，原水与混凝剂在此混合，并起反应，形成絮凝体，然后进入沉淀池；此外由于断面突然扩大，流速骤降，絮凝体借自重而不断沉降。进水区是为了防止水流干扰，使进水均匀地分布在沉淀池的整个断面，并使流速不致太大，以免矾花破碎。

（2）沉淀区。沉淀区的作用是使悬浮物沉降。

（3）出水区。沉淀后的水应从出水区均匀，不能跑“矾花”，如图 2-24 所示。

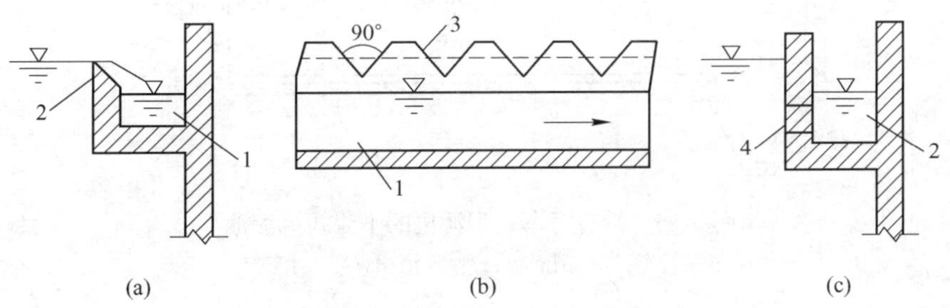

图 2-24　出水区的三种布置

（a）溢流堰式；（b）锯齿三角堰式；（c）淹没孔口式

1—集水槽；2—自由堰；3—锯齿三角堰；4—淹没孔口

（4）存泥区和排泥。存泥区是为存积下沉的泥，同时供排泥用。为了排泥，沉淀池底部可采用斗形底，可采取穿孔排泥和机械虹吸排泥等形式。

C　平流式沉淀池优缺点

（1）优点：1）处理水量大小不限，沉淀效果好；2）对水量和温度变化的适应能力强；3）平面布置紧凑，施工方便，造价低。

（2）缺点：1）进、出水配水不易均匀；2）多斗排泥时，每个斗均需设置排泥管（阀），手动操作，工作繁杂，采用机械刮泥时容易锈蚀。

D　平流式沉淀池适用范围

（1）适用于地下水位高、地质条件较差的地区；（2）大、中、小型污水处理工程均可采用。

E　平流式沉淀池设计要点

（1）混凝沉淀时，出水浊度宜小于 10mg/L，特殊情况应不大于 15mg/L。

（2）池数或分隔数一般不少于 2。

（3）沉淀时间一般为 1.0~3.0h，当处理低温低浊水或高浊度水时可适当延长。

（4）沉淀池内平均水平流速一般为 10~25mm/s。

（5）有效水深一般为 3.0~3.5m，超高为 0.3~0.5m。

（6）池的长宽比应不小于 4，每隔宽度或导流墙间距一般采用 3~8m，最大为 15m，当采用虹吸式或泵吸式行车机械排泥时，池子分格宽度还应结合桁架的宽度（8m、10m、12m、14m、16m、18m、20m）。

（7）池长深比应不小于 10。

（8）进水区采用穿孔花墙配水时，穿孔墙距进水墙池壁的距离应不小于 1~2m，同时在沉淀面以上 0.3~0.5m 处至池底部分的墙不设孔眼。

（9）采用穿孔墙配水或溢流堰集水，溢流率可采用 $500m^3/(m \cdot d)$。

（10）池泄空时间一般不长于 6h。

（11）雷诺数一般为 4000~15000，弗劳德数一般为 1×10^{-4}~1×10^{-5}。

图 2-25 所示为带有行车式刮泥机的平流式沉淀池。

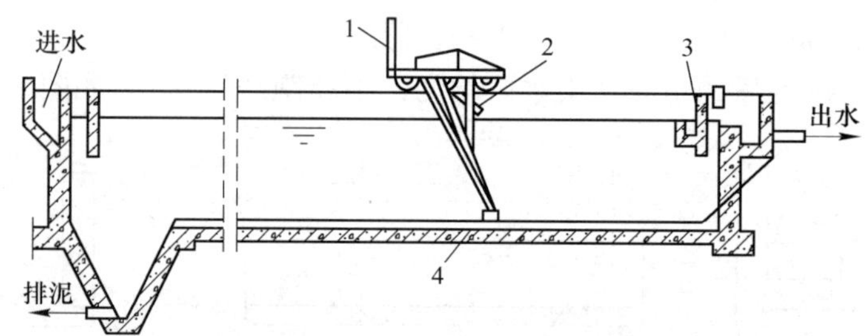

图 2-25　带有行车式刮泥机的平流式沉淀池

1—行车；2—刮渣板；3—浮渣槽；4—刮泥板

2.3.2.2　竖流式沉淀池

A　基本概念

竖流式沉淀池池体平面多为圆形或方形，水由设在池中心的进水管自上而下进入池内（管中流速应小于 30mm/s），管下设伞形挡板使废水在池中均匀分布后沿整个过水断面缓慢上升（对于生活污水一般为 0.5~0.7mm/s，沉淀时间采用 1~1.5h），悬浮物沉降进入池底锥形沉泥斗中，澄清水从池四周沿周边溢流堰流出。堰前设挡板及浮渣槽以截留浮渣，保证出水水质。池的一边靠池壁设排泥管（直径大于 200mm），靠静水压将泥定期排出。

竖流式沉淀池的优点是占地面积小、排泥容易，缺点是深度大、施工困难、造价高。

B　竖流式沉淀池工作原理

竖流式沉淀池中，水流方向与颗粒沉淀方向相反，其截留速度与水流上升速度相等，上升速度等于沉降速度的颗粒悬浮在混合液中形成一层悬浮层，对上升的颗粒进行拦截和过滤，因而竖流式沉淀池的效率比平流式沉淀池要高。

C　竖流式沉淀池适用范围

污水物化处理混合沉淀池，常用于处理水量小于 20000m^3/d 的污水处理厂。

D　竖流式沉淀池设计要点

（1）池直径或正方形边长与有效水深的比值应不大于 3，池直径一般采用 4~7m。

（2）当池直径或正方形边长小于 7m 时，澄清水沿周边流出。个别当直径不小于 7m 时，应设辐射式集水支渠。

（3）污水在中心管内的流速对悬浮颗粒的去除有一定的影响。当中心管底部不设反射板时，其流速不应大于 30mm/s，如设置反射板，流速可取 100mm/s。

（4）中心管下口的喇叭口和反射板要求：1）反射板板底距泥面不小于 0.3mm；2）反射板直径及高度为中心管直径的 1.35 倍；3）反射板直径为喇叭口直径的 1.3 倍；4）反射板表面对水平面的倾角为 17°；5）中心管下端至反射板表面之间的缝隙高为0.25~0.5m，缝隙中心污水流速，在初次沉淀池中不大于 30mm/s，在二次沉淀池中不大于 20mm/s；

（5）排泥管下端距池底不大于 0.2m，管上端超出水面不小于 0.4m；

（6）浮渣挡板距集水槽 0.25~0.5m，高出水面 0.1~0.15m，淹没深度 0.3~0.4m。

图 2-26 所示为竖流式沉淀池结构。

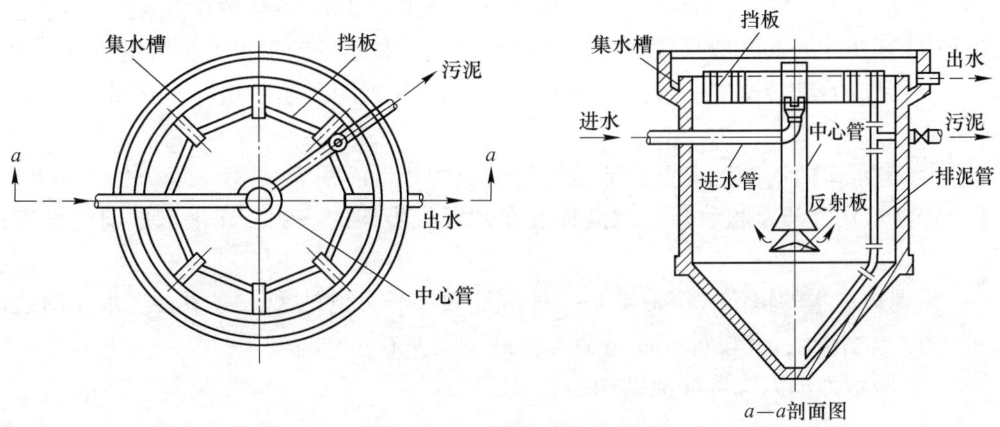

图 2-26　竖流式沉淀池结构

2.3.2.3　辐流式沉淀池

A　基本概念

辐流式沉淀池是一种池深较浅的圆形构筑物，原水由中心引入，再沿池半径方向以辐射形式流至环形周边集水槽溢出。辐流式和竖流式沉淀池都为圆形，但他们的几何参数

D/H 值（D 为池子直径；H 为池子有效水深）不同，前者不小于 3.5~6；后者 D/H 不大于 1.5~2。这样就构成了不同的水流条件和池型类别。

B 辐流沉淀池的应用

辐流式沉淀池多用于大、中型污水处理厂，是活性污泥法处理污水工艺过程中的理想沉淀设施，适用于初沉池或二沉池，主要功能是为去除沉淀池中沉淀的污泥以及水面表层的漂浮物。

辐流式沉淀池一般用于大、中型水厂高浊度水的预沉或一级沉淀。当原水最高含砂量为 $20kg/m^3$ 左右时，可采用自然沉淀方式；当原水含砂量最高为 $100kg/m^3$ 时，可采用混凝沉淀方式。自然沉淀时，表面负荷为 $0.07 \sim 0.08m^3/(h \cdot m^2)$，总停留时间为 4.5~13.5h，排泥浓度 $150 \sim 250kg/m^3$，出水浊度小于 1000 度。混凝沉淀时，表面负荷为 $0.4 \sim 0.5m^3/(h \cdot m^2)$，总停留时间 2~6h，排泥浓度 $300 \sim 400kg/m^3$，出水浓度 100~500 度。辐流式沉淀池的直径一般为 50~100m，池周边水深常采用 2.4~2.7m，池底坡向中心，坡度不小于 5%，池中心水深多为 4~7.2m。沉淀池超高 0.5~0.8m，刮泥机转速 15~53min/周，外缘线速度 3.5~6m/min。

C 辐流式沉淀池设计参数

（1）池子直径（或正方形一边）与有效水深的比值，一般采用 6~12。

（2）池径不宜小于 16m。

（3）池底坡度一般采用 0.05~0.10。

（4）一般均采用机械刮泥，也可附有空气提升或静水头排泥设施。

（5）当池径（或正方形的一边）较小（小于 20m）时，也可采用多斗排泥。

（6）进出水的方式可分为：1）中心进水周边出水；2）周边进水中心出水；3）周边进水周边出水。

（7）池径小于 20m，一般采用中心转动的刮泥机，其驱动装置设在池子中心走道板上，池径大于 20m 时，一般采用周边传动的刮泥机，其驱动装置设在桁架的外缘。

（8）刮泥机的旋转速度一般为 1~3r/h，外周刮泥板的线速不超过 3m/min，一般采用 1.5m/min。

（9）在进水口的周围应设置整流板，整流板的开口面积为过水断面积的 6%~20%。

（10）浮渣用浮渣刮板收集，刮渣板装在刮泥机桁架的一侧，在出水堰前应设置浮渣挡板。

（11）周边进水的辐流式沉淀池是一种沉淀效率较高的池型，与中心进水、周边出水的辐流式沉淀池相比，其设计表面负荷可提高 1 倍左右。

图 2-27 所示为辐流式沉淀池结构。

2.3.2.4 斜板斜管沉淀池

A 基本概念

斜板（管）沉淀池是根据“浅层沉淀”理论，在沉淀池中加设斜板或蜂窝斜管，以提高沉淀效率的一种新型沉淀池。它具有沉淀效率高、停留时间短、占地少等优点。斜板（管）沉淀池应用于城市污水的初次沉淀池中，其处理效果稳定，维护工作量也不大。斜板（管）沉淀池应用于工业废水处理中更为普遍，因为在城市污水的二次沉淀过程中，

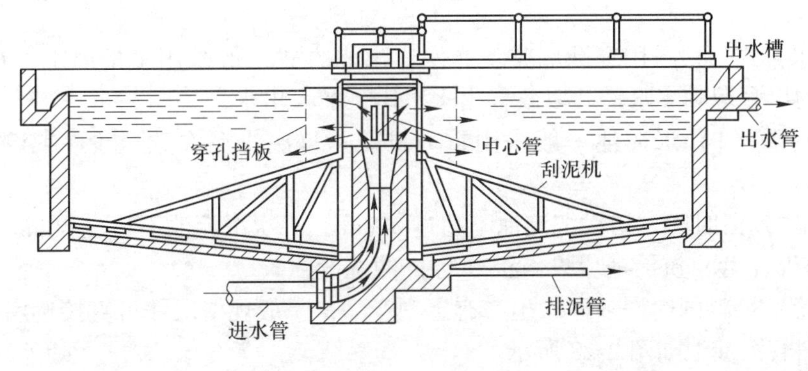

(a)

(b)

图 2-27　辐流式沉淀池结构

（a）中心进水；（b）周边进水

当固体负荷过大时，其处理效果不太稳定，耐冲击负荷的能力较差。斜板（管）设备在一定条件下有滋生藻类等问题，给维护管理工作带来一定困难。

B　分类

按水流与污泥的相对运动方向，斜板（管）沉淀池可分为同向流、异向流、侧向流三种形式，在城市污水处理中主要采用升流式异向流斜板（管）沉淀池。

C　斜板、斜管沉淀池设计参数

（1）在需要挖掘原有沉淀池潜力，或需要压缩沉淀池占地面积等技术经济要求下，可采用斜板（管）沉淀池。

（2）升流式异向流斜板（管）沉淀池的表面负荷，一般可比普通沉淀池的设计表面负荷提高 1 倍左右。对于二次沉淀池应以固体负荷核算。

（3）斜板垂直净距一般采用 80~120m，斜管孔径一般采用 50~80mm。

（4）斜板（管）斜长一般采用 1.0~1.2m。

（5）斜板（管）区底部缓冲层高度一般采用 0.5~1.0m。

（6）斜板（管）倾角一般采用 60°。

（7）斜板（管）区上部水深，一般采用 0.5~1.0m。

（8）在池壁与斜板的间隙处应装设阻流板，以防止水流短路；斜板上缘宜向池子进水端倾斜安装。

（9）进水方式一般采用穿孔墙整流布水，出水方式一般采用多槽出水，在池面上增设几条平行的出水堰和集水槽，以改善出水水质，加大出水量。

（10）斜板（管）沉淀池一般采用重力排泥。每次排泥次数至少 1～2 次，或连续排泥。

（11）池内停留时间，初次沉淀池不超过 30min，二次沉淀池不超过 60min。

（12）斜板（管）沉淀池应设斜板（管）冲洗设施。

斜板（管）填料国内许多厂家生产有定型产品，一般规格尺寸可直接选用。

斜板、斜管沉淀池如图 2-28 所示。

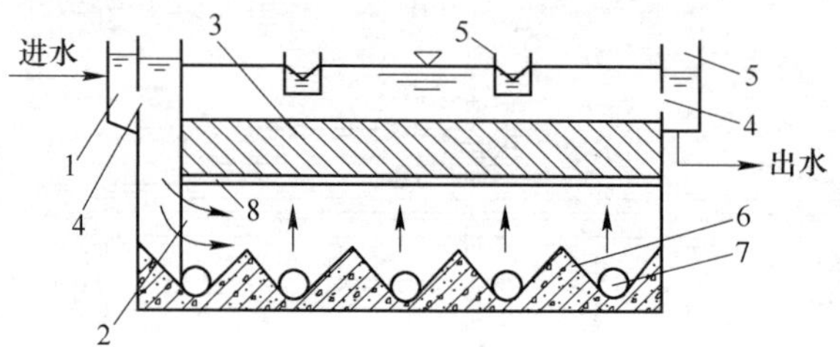

图 2-28　斜板、斜管沉淀池

1—配水槽；2—整流墙；3—斜板、斜管体；4—淹没孔口；
5—集水槽；6—污泥斗；7—穿孔排泥管；8—阻流板

2.3.3　隔油池

任务描述

<table>
<tr><td rowspan="3">任务目标</td><td>1. 知识目标
（1）了解含油污水的来源、特征
（2）了解污水中油类污染物的类型和存在状态
（3）掌握隔油池的类型、工作原理等</td></tr>
<tr><td>2. 能力目标
隔油池的运行管理</td></tr>
<tr><td>3. 素质目标
具备自学、语言表达、计算机应用技术、沟通技巧、团队合作等基本素质</td></tr>
<tr><td>任务内容</td><td>1. 讲述隔油池的类型及工作过程
2. 隔油池的运行管理</td></tr>
</table>

知识链接

2.3.3.1　基本概念

隔油池的作用是利用自然上浮法分离、去除含油废水中可浮性油类物质的构筑物。隔油池能去除污水中处于漂浮和粗分散状态的密度小于 1.0 的石油类物质，而对处于乳化、溶解及分散状态的油类几乎不起作用。

2.3.3.2　分类

常用隔油池的类型有平流式和斜板式两种，也有在平流式隔油池内安装有斜板，即成为具有平流式和斜板式双重优点组合式隔油池。

A　平流式隔油池

平流式隔油池（见图 2-29）平面呈长方形，污水从池子一端流入，另一端流出。在池子中由于流速降低，相对密度小于 1 且较大颗粒的油珠上浮，相对密度大于 1 的颗粒沉于池底。出水端水面上设置有集油管，作用是将浮油排出。大型隔油池一般设置有刮油刮泥机，同时刮除水面浮油和池底沉渣。污水在池内停留时间一般为 1.5~2.0h，水平流速一般为 2~5mm/s，最大不超过 10mm/s，较低的水平流速有利于油的上浮和渣的沉降。池长和池深比一般小于 4。

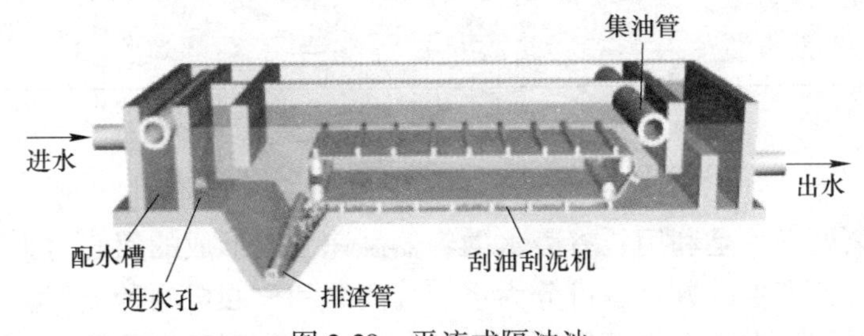

图 2-29　平流式隔油池

优点：平流式隔油池构造简单，便于运行管理，除油效果稳定。可去除的最小油珠粒径为 100~150μm。可将废水中含油量从 400~1000mg/L 降至 150mg/L 以下，去除效率达 70%以上。

缺点：池体较大，占地面积大，处理能力低，排泥困难，出水中仍可能含有乳化油等形式的油分，一般难于达到排放标准。

B　斜板式隔油池

斜板隔油池（见图 2-30）是在普通隔油池中设倾角为 45°的斜板进行油分上浮分离及与重油、杂质下沉分离的含油废水处理构筑物。斜板间距为 30~40mm，倾角不小于 45°，油珠粒截留速度为 0.2mm/s，可除去油粒粒径为 60μm，池的体积相应仅为普通隔油池的 1/4~1/2。污水沿斜板表面向下流动，从出水堰排

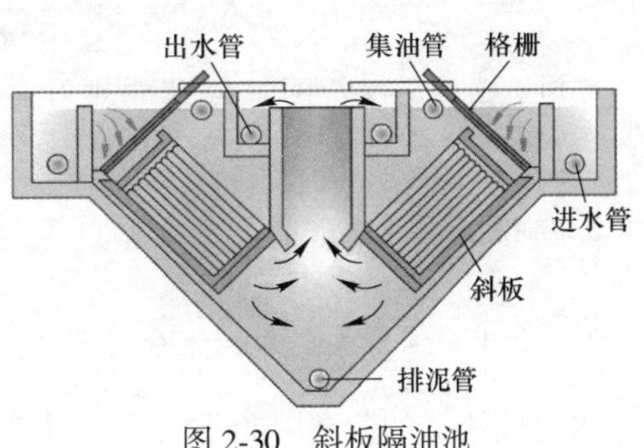

图 2-30　斜板隔油池

出。油珠沿板下表面向上流动，经集油管收集排出；悬浮物则沉降到斜板上表面，落入池底泥斗经排泥管排出。

任务 2.4　离心分离法

任务描述

<table>
<tr><td rowspan="3">任务目标</td><td>1. 知识目标
（1）理解离心分离原理
（2）掌握旋流分离器、离心机工作原理</td></tr>
<tr><td>2. 能力目标
（1）压力式、重力式水力旋流分离器运行维护
（2）离心机运行维护</td></tr>
<tr><td>3. 素质目标
具备自学、语言表达、计算机应用技术、沟通技巧、团队合作等基本素质</td></tr>
<tr><td>任务内容</td><td>1. 讲述水力旋流分离器、离心机工作过程
2. 水力旋流分离器、离心机运行维护</td></tr>
</table>

知识链接

废水离心分离处理法是利用装有废水的容器高速旋转形成的离心力去除废水中悬浮颗粒的方法。按离心力产生的方式，可分为水旋分离器和离心机两种类型。分离过程中，悬浮颗粒质量大，受到较大离心力的作用被甩向外侧，废水则留在内侧，各自通过不同的出口排出，使悬浮颗粒从废水中分离出来。

2.4.1　离心分离原理

离心分离因数用 K_c 表示，是反映离心分离设备性能的重要指标。

$$K_c = \frac{F_c}{F_g} = \frac{mu_T^2/r}{mg} = \frac{u_T^2}{rg} = \frac{r\omega^2}{g} = \frac{\pi^2 n^2 r}{900g}$$

n 和 r 越大，设备的分离性能越好。当离心设备的转速提高时，分离效率也会大大提高。

2.4.2　旋流分离器

2.4.2.1　压力式水力旋流分离器

水力旋流器的分离因数不太高。目前水力旋流器都用来去除液体中密度较大的砂粒等悬浮颗粒，而它的分离效率又与悬浮粒直径密切相关。分离效率是 50% 的颗粒直径称为极限直径，它是判别水力旋流器分离程度的主要标准之一。压力式水力旋流器的优点是体积小、单位容积处理能力高、构造简单、易安装维修；缺点是设备易磨损、动力消耗大。

图 2-31 所示为压力式水力旋流分离器。

2.4.2.2　*重力式水力旋流沉淀池*

重力式水力旋流器（见图 2-32）是水流在分离器内的旋转靠进出口的水位差压力。废水从切线方向进入器内，造成旋流，在离心力和重力作用下，悬浮颗粒甩向器壁并向器底水池集中，随时水得到净化。

重力式水力旋流池设备容积大，由于它是靠进出水的水力差为动力，故能耗低，但表面负荷也低得多。

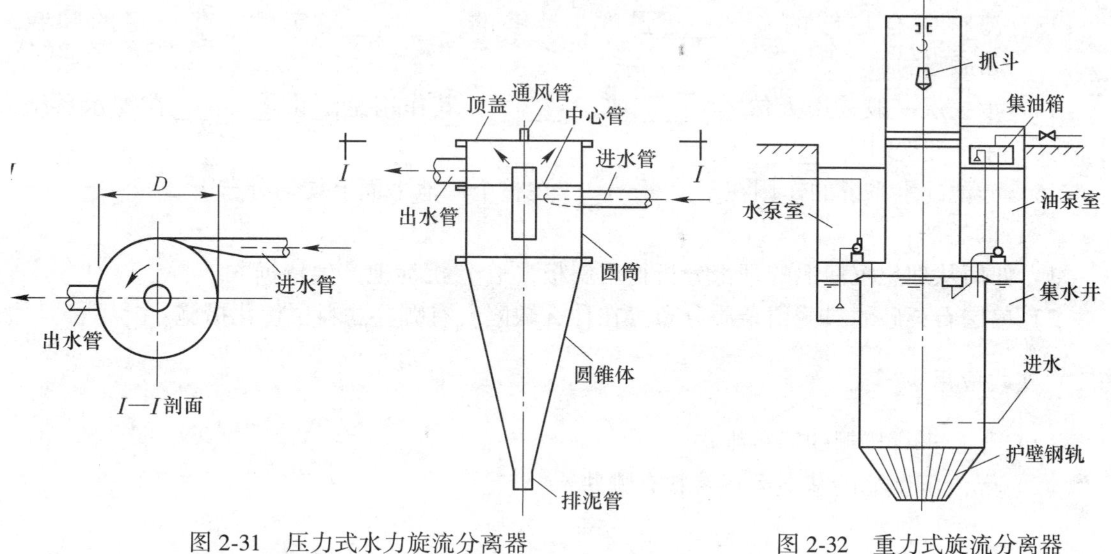

图 2-31　压力式水力旋流分离器　　图 2-32　重力式旋流分离器

2.4.3　离心分离机

离心机的主要部件是一高速旋转的转鼓。转鼓安装在竖直或水平的轴上，由电动机带动旋转，同时也带动要处理的液体一起旋转。

离心机的种类很多，按其离心因数的大小来区分有常速离心机（$K_c<3000$），主要用于一般悬浮液的分离和污泥的脱水；高速离心机（$K_c>3000$），主要用于细粒状悬浮液；超速离心机（$K_c>12000$），主要用于分离颗粒极细的乳化液、油类。

总结归纳

（一）应知应会

（1）填空：

1）废水的物理处理法的去除对象是________、________。

2）格栅按清渣方式分为________、________。

3）格栅按条间隙大小分为________、________、________。

4）调节池的作用有________、________和________三种作用。

5）均衡水质的方法有________、________、________、________。

6）油类在水中的存在形式可分为________、________、________和________四类。

7）平流隔油池设计计算方法有两种：一是按________计算，二是按________计算。

8）滤层反冲洗常用的方法有________、________和________。

9）过滤两阶段理论是由________和________两部分理论组成。

10）沉淀池的形式按池内水流方向的不同，可分为________式、________式、________式和________式四种。

11）最常用的过滤介质有________、________、________等。

12）水中悬浮颗粒在颗粒状滤料中的去除机理是________和________。

13）滤料应有足够的________强度、足够的________稳定性，有一定的颗粒________和适当的________。

14）承托层一般采用天然________或________，其作用是防止________在配水系统中流失。在反冲洗时________。

15）滤池配水系统的作用在于使________在整个滤池平面上均匀分布。

（2）简答题：

1）如何从理想沉淀池的理论分析得出斜板（管）沉淀池产生依据？

2）单层石英砂滤料截留杂质分布存在什么缺陷？有哪些滤料层优化措施？

（二）实践应用

（1）怎样进行格栅的运行维护？

（2）曝气沉砂池的基本运行参数有哪些？

项目 3 污水生物处理法（二级处理）

任务 3.1 活性污泥法

任务描述

<table>
<tr><td rowspan="3">任务目标</td><td>1. 知识目标
（1）了解什么是活性污泥、活性污泥评价指标
（2）掌握活性污泥降解污水中有机污染物的原理
（3）掌握活性污泥基本工艺流程、运行特征、操作、异常情况处理等
（4）掌握曝气池、曝气设备的类型、工作原理、特征、运行方式等</td></tr>
<tr><td>2. 能力目标
（1）氧化沟工艺操作
（2）A^2/O 工艺操作
（3）AB 工艺操作
（4）SBR 工艺操作</td></tr>
<tr><td>3. 素质目标
具备自学、语言表达、计算机应用技术、沟通技巧、团队合作等基本素质</td></tr>
<tr><td>任务内容</td><td>1. 讲述活性污泥法基本工艺流程、各构筑物的作用
2. 各种工艺流程（氧化沟、AB 法、A^2/O 法等）的讲解，以及工艺操作
3. 讲述曝气池、曝气设备的工作过程</td></tr>
</table>

知识链接

3.1.1 活性污泥基本知识

3.1.1.1 活性污泥的定义及组成

活性污泥是由细菌、菌胶团、原生动物、后生动物等微生物群体及吸附的污水中有机和无机物质组成的，有一定活力的，具有良好的净化污水功能的絮绒状污泥。菌胶团是活性污泥的重要组成部分，有较强的吸附和氧化有机物的能力，在废水处理中具有重要作用。活性污泥性能的好坏，主要可根据所含菌胶团多少、大小及结构的紧密程度来确定。

活性污泥的固体物质含量低于1%，主要由四部分组成：（1）具有活性的生物群（M_a）；（2）微生物自身氧化残留物（M_e），这部分物质难于生物降解；（3）原污水带入的不能为微生物降解的惰性有机物质（M_i）；（4）原污水带入并附着在活性污泥上的无机物质（M_{ii}）。

3.1.1.2 衡量活性污泥数量和性能好坏的指标

（1）混合液悬浮固体浓度（MLSS）（mixed liquor suspended solids）：

$$MLSS = M_a + M_e + M_i + M_{ii} \quad mg/l, \ g/m^3$$

（2）混合液挥发性悬浮固体浓度（MLVSS）（mixed volatile liquor suspended solids）：

$$MLVSS = M_a + M_e + M_i$$

在条件一定时，MLVSS/MLSS是较稳定的，对城市污水，一般是0.75~0.85。

（3）污泥沉降比（SV）（sludge volume）：是指将曝气池中的混合液在量筒中静置30min，其沉淀污泥与原混合液的体积比，一般以%表示；能相对反映污泥数量以及污泥的凝聚、沉降性能，可用以控制排泥量和及时发现早期的污泥膨胀；正常数值为20%~30%。

（4）污泥体积指数（SVI）（sludge volume index）：曝气池出口处混合液经30min静沉后，1g干污泥形成的污泥体积，单位是mL/g。

$$SVI = \frac{SV(mL/L)}{MLSS(g/L)} = \frac{SV(\%) \times 10(mL/L)}{MLSS(g/L)}$$

污泥体积指数能更准确地评价污泥的凝聚性能和沉降性能，其值过低，说明泥粒小，密实，无机成分多；其值过高，说明其沉降性能不好，将要或已经发生膨胀现象；城市污水的SVI一般为50~150mL/g。

3.1.1.3 活性污泥的增殖规律及其应用

活性污泥中微生物的增殖是活性污泥在曝气池内发生反应、有机物被降解的必然结果，而微生物增殖的结果是活性污泥的增长。

活性污泥的增殖曲线如图3-1所示。

（1）适应期。是活性污泥微生物对于新的环境条件、污水中有机物污染物的种类等的一个短暂的适应过程；经过适应期后，微生物从数量上可能没有增殖，但发生了一些质的变化：1）菌体体积有所增大；2）酶系统也已做了相应调整；3）产生了一些适应新环境的变异；等等。BOD_5、COD等各项污染指标可能并无较大变化。

（2）对数增长期。F/M值高（$>2.2_{kgBOD_5/kgVSS \cdot d}$），所以有机底物非常丰富，营养物质不是微生物增殖的控制因素；微生物的增长速率与基质浓度无关，呈零级反应，它仅由微生物本身特有的最小世代时间控制，即只受微生物自身的生理机能的限制；微生物以最高速率对有机物进行摄取，也以最高速率增殖，而合成新细胞；此时的活性污泥具有很高的能量水平，其中的微生物活动能力很强，导致污泥质地松散，不能形成较好的絮凝体，污泥的沉淀性能不佳；活性污泥的代谢速率极高，需氧量大；一般不采用此阶段作为运行

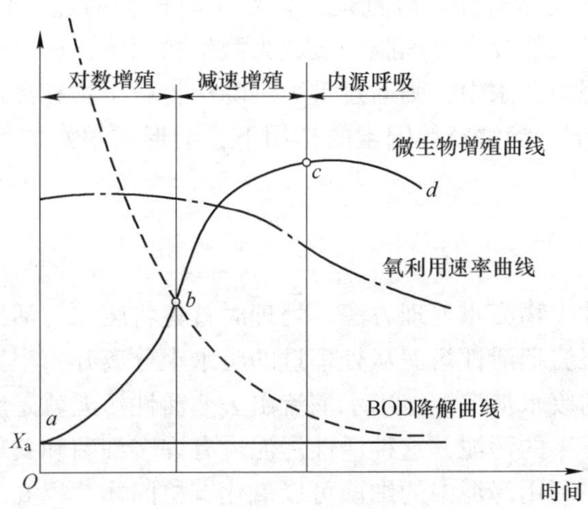

图 3-1　活性污泥的增殖曲线

注意：①间歇静态培养；②底物是一次投加；③图中同时还表示了有机底物降解和氧的消耗曲线。

工况，但也有采用的，如高负荷活性污泥法。

（3）减速增长期。F/M 值下降到一定水平后，有机底物的浓度成为微生物增殖的控制因素；微生物的增殖速率与残存的有机底物呈正比，为一级反应；有机底物的降解速率也开始下降；微生物的增殖速率在逐渐下降，直至在本期的最后阶段下降为零，但微生物的量还在增长；活性污泥的能量水平已下降，絮凝体开始形成，活性污泥的凝聚、吸附以及沉淀性能均较好；由于残存的有机物浓度较低，出水水质有较大改善，并且整个系统运行稳定；一般来说，大多数活性污泥处理厂是将曝气池的运行工况控制在这一范围内的。

（4）内源呼吸期。内源呼吸的速率在本期之初首次超过了合成速率，因此从整体上来说，活性污泥的量在减少，最终所有的活细胞将消亡，而仅残留下内源呼吸的残留物，而这些物质多是难于降解的细胞壁等；污泥的无机化程度较高，沉降性能良好，但凝聚性较差；有机物基本消耗殆尽，处理水质良好；一般不用这一阶段作为运行工况，但也有采用的，如延时曝气法。

3.1.1.4　污水中有机物的去除机理

（1）初期去除与吸附作用。由于活性污泥表面积很大，而且具有多糖类黏质层，因此，可使污水中悬浮的胶体物质被絮凝和吸附，迅速从水中去除。其去除量与污水中悬浮胶体的数量有关，如污水中悬浮胶体有机物多则去除率高；反之，如可溶解性的有机物高则去除率低。这种初期的去除只是在一个短短的时间里完成，有机物像一种备用的食物一样，吸附在微生物细胞的表面，经过几小时后才慢慢地被摄入进行代谢。

（2）微生物的代谢作用。活性污泥微生物以污水中的有机物作为营养，在有氧的情况下，将其中一部分有机物合成新的细胞物质，对另一部分有机物则氧化分解提供给合成新细胞所需的能量，并最终形成 CO_2 和 H_2O 等稳定的物质。在这个过程中，新细胞合成增长的同时也有一部分微生物细胞物质进行氧化分解，并供应能量，这种细胞物质的氧化称为自身氧化或内源呼吸。

（3）絮凝体的形成与絮凝体沉降性能。污水中有机物通过生物降解，一部分氧化分解形成 CO_2 和 H_2O，另一部分合成细胞物质成为微生物菌体，如果微生物菌体不从污水中分离出去，即有机物仍留在水中，则通过重力沉降法将微生物和污水分离。微生物菌体在适当的污泥负荷、pH 值、溶解氧等因素的作用下，会形成很好的絮凝体在沉淀池中沉降分离。

3.1.2　活性污泥法

活性污泥法是一种生物废水处理方法。处理时首先将废水与活性污泥的混合液搅拌并加以曝气；之后经过沉淀把活性污泥从处理过的废水中分离开，根据需要活性污泥可以排掉或者回用。处理过的废水从沉淀池出水堰流出去。活性污泥就是废水经过一段时间自然曝气和搅拌之后沉淀下来的污泥，这种活性污泥含有许多细菌和其他微生物，当污泥与饱含氧的原废水混合时，利用污泥中的细菌可以氧化有机固体、提高混凝和絮凝效果、把胶体固体和悬浮固体转变为可降解的固体。

3.1.2.1　影响活性污泥法的因素

（1）溶解氧。活性污泥法是好氧的生物处理法，氧是好氧微生物生存的必要条件，供氧不足会妨碍微生物的代谢过程，造成丝状菌等耐低溶氧环境的微生物滋长，使污泥不易沉淀。活性污泥混合液中溶解氧浓度以 2mol/L 左右为宜。

（2）营养物。微生物生长需要一定的营养物。除碳外，微生物生长繁殖还需要各种微量元素，一般对氮磷的需求应满足 BOD_5：N：P＝100：5：1。

（3）pH 和温度。为维持活性污泥法处理设施的正常运转，混合液的 pH 应控制在 6.5～9.0 之间，温度应控制在 20～30℃。

（4）有毒物质。应控制有毒物质的浓度。毒物，如重金属、H_2S 等无机物和氰、酚等有机物，会对细菌有毒害作用，或者会破坏细菌细胞某些必要的生理结构，或是抑制细菌的代谢。

3.1.2.2　活性污泥法的基本工艺流程

图 3-2 所示为活性污泥法工艺流程。

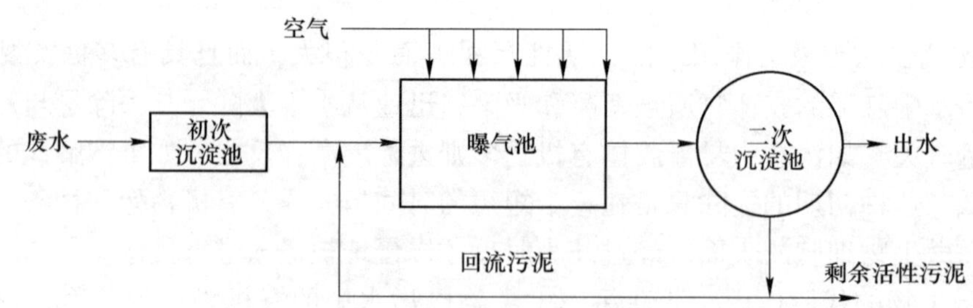

图 3-2　活性污泥法工艺流程

活性污泥法的基本组成：

（1）曝气池。反应主体。

（2）二沉池。1）进行泥水分离，保证出水水质；2）保证回流污泥，维持曝气池内的污泥浓度。

（3）回流系统。1）维持曝气池的污泥浓度；2）改变回流比，改变曝气池的运行工况。

（4）剩余污泥排放系统。1）是去除有机物的途径之一；2）维持系统的稳定运行。

（5）供氧系统。提供足够的溶解氧。

3.1.2.3　曝气池

A　推流式曝气池

推流曝气池亦称作长廊式曝气池，是水流流动形式为推流式的曝气池（见图 3-3）。推流式曝气池一般采取与鼓风曝气系统相结合的内部曝气方式，其水力特征是污水由长池的池首流入，以推进形式沿池长方向流经整个曝气池后，由池尾流出，在此过程中完成与空气、回流污泥的相互接触混合。根据池横断面上的水流情况，又可将推流式曝气池分为平流推流和旋转推流两种形式。真正有回流的推流系统污水处理效果较好，但由于水流过程中纵向扩散现象存在，难以得到真正的推流状态。缺点是耐冲负荷较差。活性污泥生物处理过程中的传统活性污泥法、阶段曝气法、生物吸附法等方法均采用推流式曝气池。

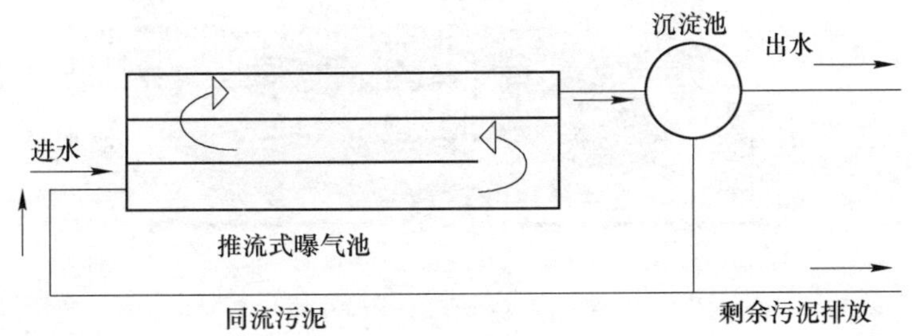

图 3-3　推流式曝气池

推流式曝气池呈长条形，长宽比 5~10，宽深比（有效宽度与有效水深）1~2，有效水深 3~9m。长池可以折流，污水从一端进，另一端出。进水方式不限，出水多为溢流堰，一般采用鼓风曝气。

平移推流式曝气池底密布曝气器，池中污水主要沿池长方向流动，横断面方向的混合不太剧烈，这种池形的宽深比可以大些，旋转推流曝气池的曝气器装在池长边的一侧，气泡上升带动混合液形成旋流，污水除了沿池长方向流动外，还有横断面上的旋转运动，形成旋转推流。旋转推流曝气池的横向混合较为显著，为形成良好的旋流运动，应将池底角做成 45°坡角。

B　完全混合式曝气池

完全混合式曝气池一般采取与竖式表面曝气机相结合的表面充氧方式。为了与曝气机叶轮的作用范围相适应，池形以圆形、方形和多边形为主。竖式表面曝气机设置在池的表层中心，污水由池的底部中心进入，在表面曝气机的提升搅拌作用下，污水一进池就立即与全池混合液充分混合，因而全池各部位的水质基本均匀，不像推流式那样首尾端水质有明显的区别，当入流出现冲击负荷时，因为瞬间完全混合，曝气池混合液的组成变化较小，故耐冲击负荷能力较大。

完全混合法抗冲击负荷能力强、处理效果好、污泥自动回流、工艺简单、操作管理方便。通过延长污泥龄，可实现延时曝气，故具有剩余污泥量少、稳定性高、无须再进行厌氧硝化处理的特点，而且可省去初次沉淀池，是一种典型的流程简洁、处理效果好及管理方便的一体化污水处理工艺。

完全混合曝气池具有如下特点：(1) 可以方便地通过对 F/M 的调节，使反应器内的有机物降解反应控制在最佳状态；(2) 进水一进入曝气池，就立即被大量混合液所稀释，所以对冲击负荷有一定的抵抗能力；(3) 适合于处理较高浓度的有机工业废水。但也存在一定的问题：微生物对有机物的降解动力低，易产生污泥膨胀；处理水水质较差。

完全混合曝气池常采用叶轮供氧，多以圆形、方形或多边形池子作单元，这是和叶轮所能作用的范围相适应。其池型分为两种类型：圆形曝气沉淀池（见图3-4）和方形曝气沉淀池（见图3-5）。

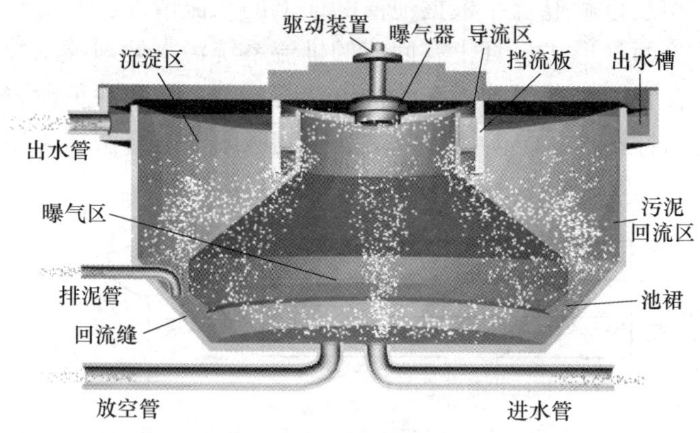

图3-4 圆形曝气沉淀池

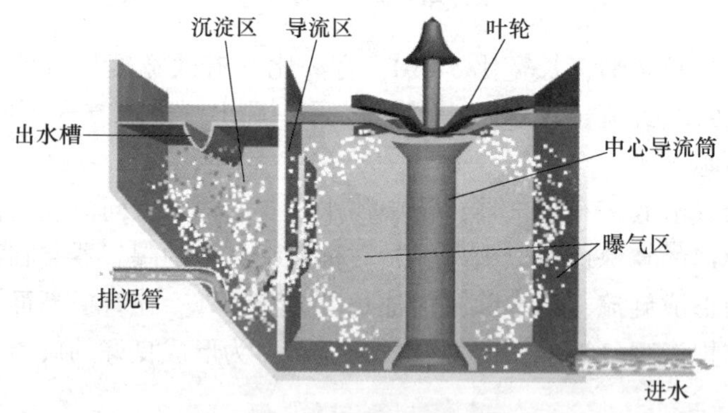

图3-5 方形曝气沉淀池

C 氧化沟

a 氧化沟简介

氧化沟利用循环式反应池（continuous loop reator）作为生物反应池，并使用一种带方向控制的曝气和搅动装置向反应池中液体传递水平速度，从而使液体在池中循环。氧化沟是活性污泥法的一种变形，在水力流态上不同于传统的活性污泥法，氧化沟是一种首尾相连的循环流动曝气沟渠。最早的氧化沟渠是土沟渠，间歇进水、间歇曝气，从这一点上来说，氧化沟最早是以序批方式处理污水的。1954 年荷兰建成了世界上第一座氧化沟污水处理厂，为一个环形跑道，斜坡式池壁反应池，采用间歇运行方式，白天做曝气池用，晚上做沉淀池用，结构简单，处理效果好。

氧化沟处理污水的整个过程（如进水、曝气、沉淀、污泥稳定和出水）全部集中在氧化沟内完成，最早的氧化沟不需要设初次沉淀池、二沉池和污泥回流设备，采用延时曝气、连续进出水，所产生的污泥在污水净化的同时得到稳定，处理设施大大简化。

在我国，氧化沟技术的研究和工程实践始于 20 世纪 70 年代，目前氧化沟以其经济简便的突出优势已成为中小型城市污水厂的首选工艺。

氧化沟一般由沟体、曝气设备、进出水装置、导流和混合设备组成，沟体的平面形状一般呈椭圆形，也可以是方形的、圆形的或其他形状的，沟截面形状多为矩形和梯形。

b 氧化沟的主要优点

（1）氧化沟法由于具有较长的水力停留时间和较长的污泥龄，因此相比传统活性污泥法，有的还可以省略二沉池。氧化沟能保证较好的处理效果，这主要是因为结合了 CLR 形式和曝气装置的特定的定位布置，使得氧化沟具有独特的水力学特征和工作特性。

（2）氧化沟结合了推流和完全混合的特点，有利于克服短路，提高缓冲能力。氧化沟内的污水在短期内（如一个循环）呈推流状态，能使入流至少经历一个循环而避免短路；在长时期内（污水在池内一般会经过几十圈的循环多次循环），污水呈混合状态，即使某个时刻有高浓度和有毒废水进入，进入沟内的高浓度和有毒废水会被大量循环液混合稀释，因此氧化沟系统又具有很强的耐冲击负荷能力。

（3）氧化沟具有明显的溶解氧浓度梯度，特别适用于硝化-反硝化生物处理工艺。氧化沟从整体上来说又是完全混合的，而液体流动却保持着推流前进，加上曝气装置的定位，因此，混合液在曝气区内溶解氧浓度是上游高，然后延沟长逐步下降，到下游区溶解氧浓度就很低，基本上处于缺氧状态。氧化沟的设计可按要求安排好好氧区和缺氧区，实现硝化-反硝化工艺。

（4）沟内的功率密度的不均匀分配，有利于充氧、液体混合及污泥絮凝。

（5）氧化沟的整体功率密度较低，可节约能耗。氧化沟的混合液一旦被加速到沟中的平均流速，对于维持循环仅需克服延程和弯道的水头损失，因此氧化沟可比其他系统以低得多的整体功率密度来维持混合液和活性污泥悬浮状态。据国外的一些报道，氧化沟比常规的活性污泥法能耗可降低 20%～30%。

（6）与其他污水生物处理法相比，氧化沟具有处理流程简单、操作管理方便、出水水质好、工艺可靠性强、基建投资省、运行费用低等特点。

氧化沟处理系统如图 3-6 所示。图 3-7 所示为典型的奥贝尔氧化沟。

3.1.2.4 曝气设备

活性污泥系统的正常运行，除要有性能良好的活性污泥之外，必须有充足的溶解氧。曝气设备是污水生物处理工艺的核心设备，其作用是向曝气池供氧，同时曝气设备还有混合搅拌的功能，以增强污染物在水处理系统中的传质条件，提高处理效果。

A 曝气原理

双膜理论：污水生物处理领域中广泛应用的气体传递理论。这一理论的基本点可归纳

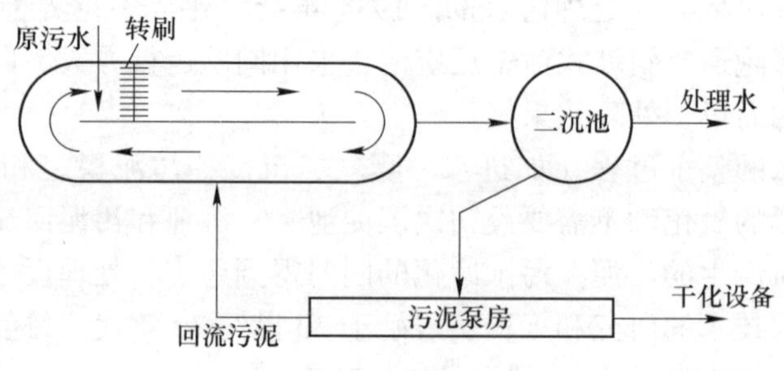

图3-6　氧化沟处理系统

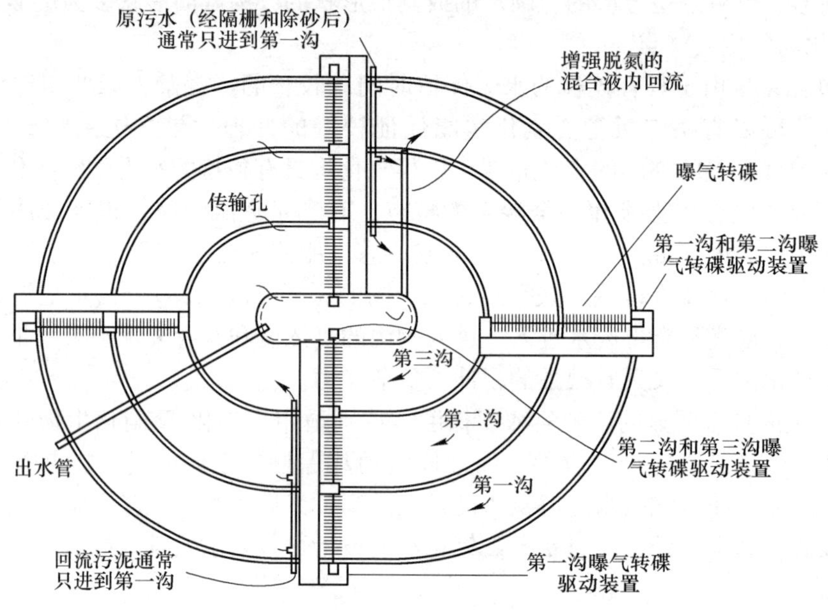

图3-7　典型的奥贝尔氧化沟

如下：在曝气过程中，氧分子通过气、液界面由气相转移到液相的过程中：（1）在气、液两相接触的界面两侧存在着处于层流的气膜和液膜，在其外侧分别是气相和液相的主体（紊流）。（2）在气、液两相中，不存在传质阻力，气体分子从气相主体传递到液相主体的阻力，主要存在于气膜和液膜中。（3）在气膜中存在氧的分压梯度，液膜中存在氧的浓度梯度，都是氧转移的推动力。（4）气膜中氧分子的传递动力很小，界面处的溶解氧浓度值是氧分压为 p 条件下的饱和浓度值。（5）氧难溶于水，因此氧转移主要阻力主要来自液膜，O_2通过液膜的转移速率是氧扩散转移全过程的控制速率。

B　曝气方法与设备

a　鼓风曝气

鼓风曝气就是利用风机或空压机向曝气池充入一定压力的空气，一方面供应生化反应所需要的氧量，同时保持混合液悬浮固体均匀混合。扩散器是鼓风曝气的关键部件，其作用是将空气分散成空气泡，增大气液接触界面，将空气中的氧溶解于水中。曝气效率取决于气泡大小、水的亏氧量、气液接触时间和气泡的压力等因素。

目前常用的空气扩散器主要有：（1）微孔扩散器（见图 3-8）；（2）中气泡扩散器；（3）大气泡扩散器；（4）射流扩散器（见图 3-9）；（5）固定螺旋扩散器（见图 3-10）。

图 3-8　微孔扩散器

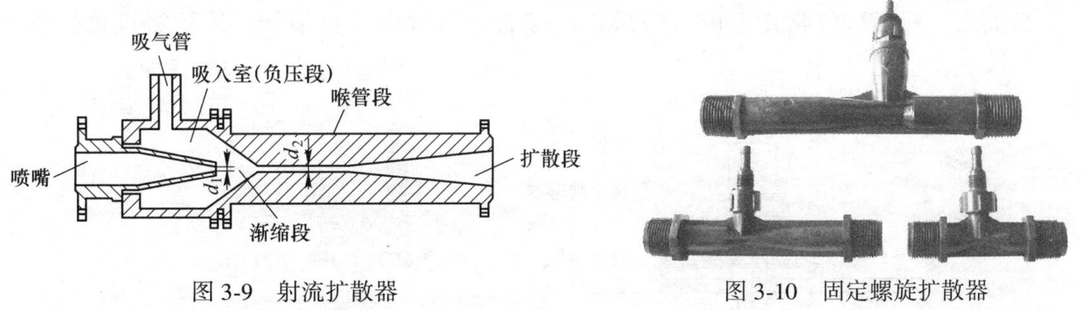

图 3-9　射流扩散器

图 3-10　固定螺旋扩散器

鼓风曝气系统中常用的鼓风机为罗茨鼓风机（见图 3-11）和离心式鼓风机（见图 3-12）。罗茨鼓风机在中小型污水厂较为常用，单机风量在 $80m^3/min$ 以下，缺点是噪声大，必须采取消音、隔音措施。当单机风量大于 $80m^3/min$ 时，一般采用离心式鼓风机，噪声较小、效率较高，适用于大中型污水厂。

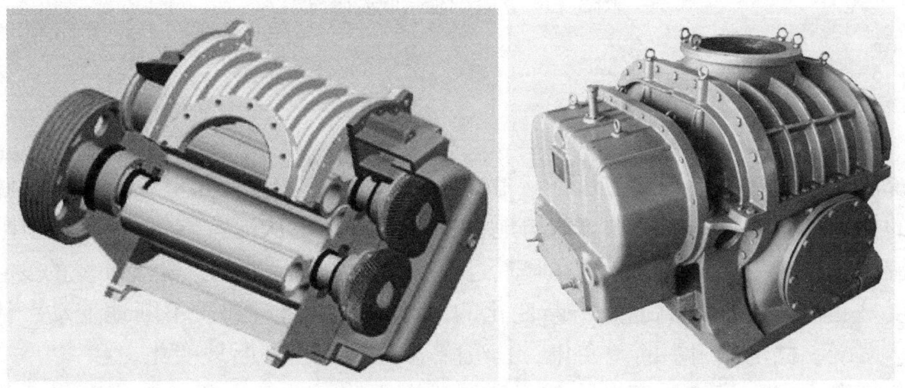

图 3-11　罗茨鼓风机

b　机械曝气

机械曝气也称为表面曝气，机械曝气器大多靠装在曝气池水面的叶轮快速转动进行表

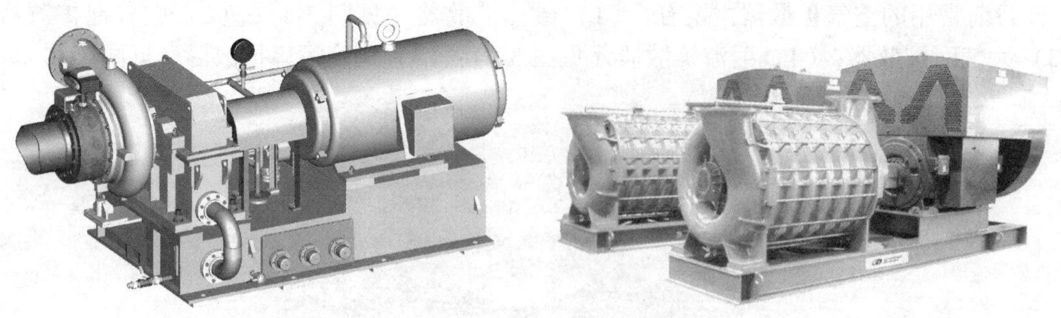

图 3-12 离心式鼓风机

层充氧。按转轴方向不同，可分为立式和卧式两类。常用的立式表面曝气机有平板叶轮、倒伞形叶轮（见图 3-13）和泵型叶轮等；卧式表面曝气机有转刷曝气机（见图 3-14）和转盘曝气机等。曝气叶轮的充氧能力和提升能力同叶轮浸没深度、叶轮的转速等因素有关，在适宜的浸深和转速下，叶轮的充氧能力最大，并可保证池内污泥浓度和溶解氧浓度均匀。

一般而言，机械曝气常用于曝气池较小的场合，可减少动力消耗，维护管理也较方便。鼓风曝气供应空气的伸缩性较大，曝气效果也较好，一般用于较大的曝气池。

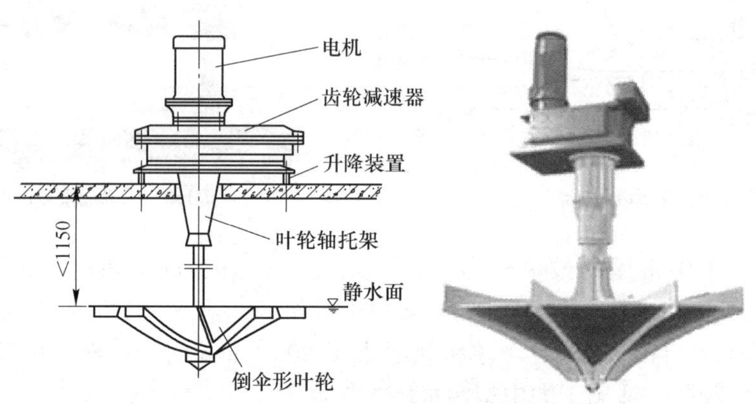

图 3-13 立式倒伞形叶轮曝气机

3.1.2.5 活性污泥处理工艺

A 传统活性污泥法

传统活性污泥法如图 3-15 所示，一般为推流式，曝气池表面呈长方形，在曝气和水力条件的推动下，曝气池中的水流均匀地推进流动，废水从池首端进入，从池尾端流出，前段液流与后段液流不发生混合。在曝气过程中，从池首至池尾，随着环境的变化，生物反应速度是变化的，F/M 值也是不断变化的，微生物群的量和质不断地变动，活性污泥的吸附、絮凝、稳定作用不断地变化，其沉降-浓缩性能也不断地变化。

工艺特点：(1) 废水浓度自池首至池尾逐渐下降，由于在曝气池内存在这种浓度梯度，废水降解反应的推动力较大，效率较高；(2) 推流式曝气池可采用多种运行方式；(3) 对废水的处理方式较灵活。但推流式曝气也有一定的缺点，由于沿池长均匀供氧，

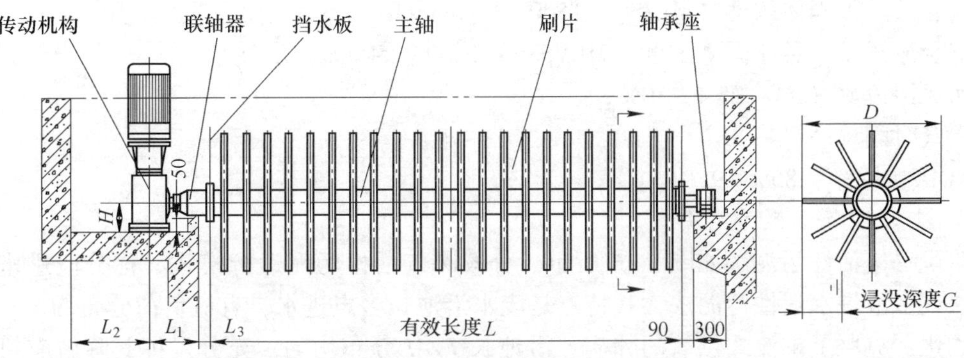

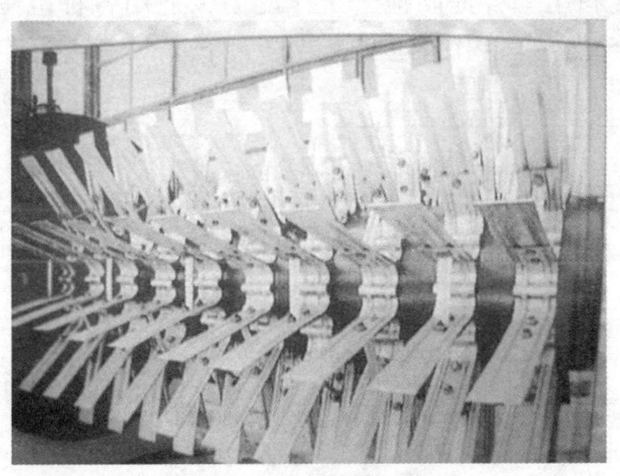

图 3-14　转刷曝气机

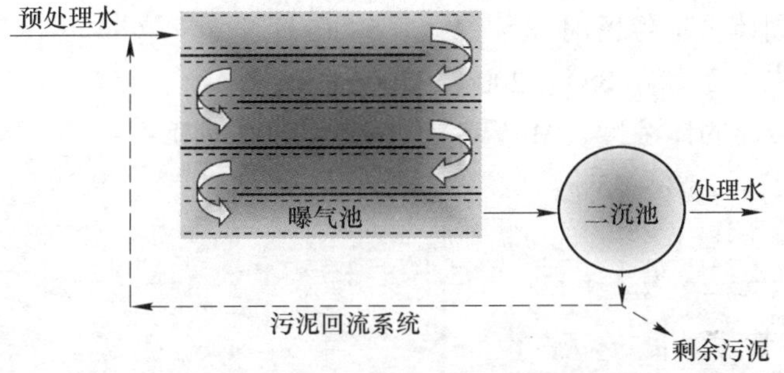

图 3-15　传统推流式活性污泥法

会出现池首曝气不足、池尾供气过量的现象，增加动力费用。

推流式曝气池一般为廊道型，根据所需长度可建成单廊道、二廊道或多廊道。廊道的长宽比一般不小于 5∶1，以避免短路。

推流式曝气池用于处理工业废水的各项设计参数的参考值大体如下：

BOD 负荷（N_s）：0.2~0.4kgBOD$_5$/(kgMLSS·d)；

容积负荷（N_v）：0.3~0.6kgBOD$_5$/(m^3·d)；

污泥龄（生物固体平均停留时间）（θ_r、t_s）：5~15d；

混合液悬浮固体浓度（MLSS）：1500～3500mg/L；

混合液挥发性悬浮固体浓度（MLVSS）：1200～2500mg/L；

污泥回流比（R）：25%～50%；

曝气时间（t）：4～8h；

BOD_5去除率：85%～95%。

B 阶段曝气活性污泥法

阶段曝气活性污泥法如图3-16所示。分段曝气活性污泥运行模式又称分段进水活性污泥法或多段进水活性污泥法，其特点是废水沿池长多点进水，有机负荷分布均匀，使供氧量均化，克服了推流式供氧的弊病。沿池长F/M分布均匀，充分发挥其降解有机物的能力。该法可提高空气利用率，提高池子工作能力，适用各种范围水质。该工艺的不足是：进水若得不到充分混合，会引起处理效果的下降。

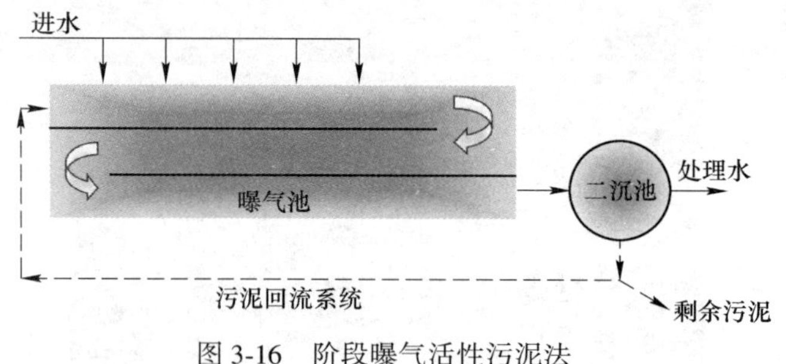

图3-16 阶段曝气活性污泥法

阶段曝气法处理工业废水的各项设计参数如下：

BOD负荷（N_s）：0.2～0.4kgBOD_5/(kgMLSS · d)；

容积负荷（N_v）：0.6～1.0kgBOD_5/(m^3 · d)；

污泥龄（生物固体平均停留时间）（θ_r）：5～15d；

混合液悬浮固体浓度（MLSS）：2000～3500mg/L；

混合液挥发性悬浮固体浓度（MLVSS）：1600～2800mg/L；

污泥回流比（R）：25%～75%；

曝气时间（t）：3～8h；

BOD_5去除率：85%～95%。

C 吸附再生活性污泥法

吸附-再生活性污泥法（见图3-17）又称生物吸附法或接触稳定法。这种运行方式的主要特点是将活性污泥对有机污染物降解的两个过程——吸附、代谢，分别在各自的反应器内进行。

废水在再生池得到充分再生，具有很强活性的活性污泥同步进入吸附池，两者在吸附池中充分接触，废水中大部分有机物被活性污泥吸附，废水得到净化。由二次沉淀池分离出来的污泥进入再生池，活性污泥在这里将所吸附的有机物进行代谢活动，使有机物降解，微生物增殖，微生物进入内源代谢期，污泥的活性、吸附功能得到充分恢复，然后再与废水一同进入吸附池。

吸附-再生活性污泥法的特点是：（1）废水与活性污泥在吸附池的接触时间较短，吸

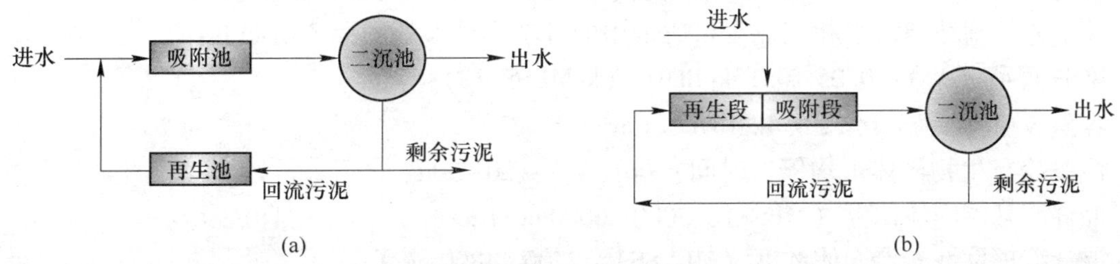

图 3-17 吸附-再生活性污泥法

(a) 分建式；(b) 合建式

附池容积较小，由于再生池接纳的仅是浓度较高的回流污泥，因此，再生池的容积亦小，吸附池与再生池容积之和仍低于传统法曝气池的容积；(2) 该方法能承受一定的冲击负荷，当吸附池的活性污泥遭到破坏时，可由再生池内的污泥予以补救。

该方法的主要缺点：对废水的处理效果低于传统法；对溶解性有机物含量较高的废水处理效果更差。该系统处理工业废水的各项设计参数如下：

BOD 负荷 (N_s)：0.2~0.6kgBOD_5/(kgMLSS · d)；

容积负荷 (N_v)：1.0~1.2kgBOD_5/(m^3 · d)；

污泥龄（生物固体平均停留时间）(θ_r)：5~15d；

混合液悬浮固体浓度 (MLSS)：1000~3000mg/L；

混合液挥发性悬浮固体浓度 (MLVSS)：再生池 4000~10000mg/L，吸附池 800~2400mg/L，二沉池 3200~8000mg/L；

反应时间：吸附池 0.5~1.0h，再生池 3~6h；

污泥回流比 (R)：25%~100%；

曝气时间 (t)：3~6h；

BOD_5去除率：80%~90%。

D 延时曝气活性污泥法

该工艺又称为完全氧化活性污泥法（见图 3-18）。工艺的主要特点是：有机负荷低，污泥持续处于内源代谢状态，剩余污泥少，且污泥稳定、不需再进行消化处理，这种工艺可称为废水、污泥综合处理工艺。该工艺还具有处理水质稳定性较高，对废水冲击负荷有较强的适应性和不需设初次沉淀池的优点；主要缺点是池容大、曝气时间长、建设费和运行费用都较高，而且占用较多的土地等。

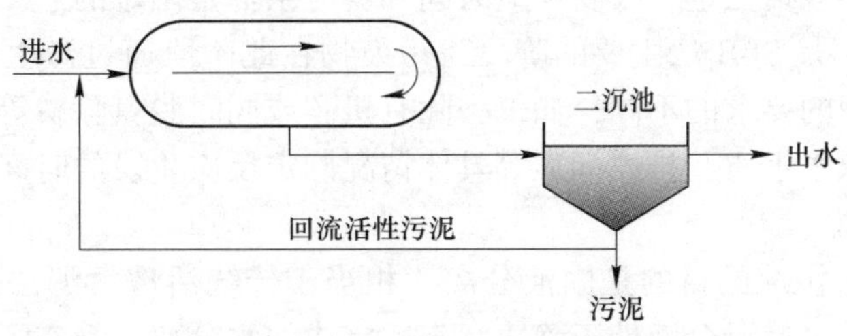

图 3-18 延时曝气活性污泥法

该工艺适用于对处理水质要求高，又不宜采用单独污泥处理的小型城镇污水和工业废水。工艺采用的曝气池均为完全混合式或推流式。

该工艺处理城镇污水和工业废水所采用的各项设计参数的参考值如下：

BOD 负荷（N_s）：0.05～0.15kgBOD$_5$/(kgMLSS · d)；

容积负荷（N_v）：0.1～0.4kgBOD$_5$/(m^3 · d)；

污泥龄（生物固体平均停留时间）（θ_r、t_s）：20～30d；

混合液悬浮固体浓度（MLSS）：3000～6000mg/L；

混合液挥发性悬浮固体浓度（MLVSS）：2400～4800mg/L；

污泥回流比（R）：75%～100%；

曝气时间（t）：18～48h；

BOD$_5$去除率：75%～95%。

从理论上来说，延时曝气活性污泥法是不产生污泥的，但在实际上仍会产生少量的剩余污泥，其成分主要是一些无机悬浮物和微生物内源代谢的残留物。

E 序批活性污泥法

序批活性污泥法又称 SBR 法，由于运行中采用间歇式的形式，因此每一反应池是一批一批地处理污水，故此得名。由于 SBR 运行操作的高度灵活性，在大多数场合都能代替连续活性污泥法，实现与之相同或相近的功能。

SBR 的工作过程

SBR 工艺的基本运行模式由进水、反应、沉淀、出水和闲置五个基本过程组成，从污水流入到闲置结束构成一个周期，在每个周期里上述过程都是在一个设有曝气或搅拌装置的反应器内依次进行的。在较短的时间内把污水加入反应器中，并在反应器充满水后开始曝气，污水里的有机物通过生物降解达到排放要求后停止曝气，沉淀一定时间将上清液排出。

（1）进水阶段。指从反应器开始进水至到达反应器最大容积时的一段时间。进水阶段所用时间需根据实际排水情况和设备条件确定。在进水阶段，曝气池在一定程度上起到均衡污水水质、水量的作用，因而，SBR 对水质、水量的波动有一定的适应性。在此期间可分为三种情况：曝气（好氧反应）、搅拌（厌氧反应）及静置。在曝气的情况下有机物在进水过程中已经开始被大量氧化，在搅拌的情况下则抑制好氧反应。对应这三种方式就是非限制曝气、半限制曝气和限制曝气。运行时可根据不同微生物的生长特点、废水的特性和要达到的处理目标，采用非限制曝气、半限制曝气和限制曝气方式进水。通过控制进水阶段的环境，可实现在反应器不变的情况下完成多种处理的功能。而连续流中由于各构筑物和水泵的大小规格已定，改变反应时间和反应条件是困难的。

（2）反应阶段。是 SBR 法主要的阶段，污染物在此阶段通过微生物的降解作用得以去除。根据污水处理的要求的不同，如仅去除有机碳或同时脱氮除磷等，可调整相应的技术参数，并可根据原水水质及排放标准等具体情况确定反应阶段的时间及是否采用连续曝气的方式。

（3）沉淀阶段。沉淀的目的是固液分离，相当于传统活性污泥法的二次沉淀池的功能。停止曝气和搅拌，使混合液处于静止状态，完成泥水分离，静态沉淀效果良好。经过沉淀后分离出的上清液即可排放，沉淀的目的是固液分离、污泥絮体和上清液分离。由于在沉淀时反应器内是完全静止的，在 SBR 系统中这个过程效率更高。沉淀过程一般是由时间控制的，沉淀时间在 0.5～1h 之间，甚至可能达到 2h，以便于下一个排水工序。污泥层要求保持在排水设备的下面，并且在排放完成之前不上升超过排水设备。随着测量仪器的发展，已经可自动监测污泥泥液面，因此可根据污泥沉淀性能改变沉淀时间。可以预先在自动控制系统上设定一个值，一旦污泥界面计监测到的污泥界面高度达到该数值便可结束沉淀工序。

(4) 排水阶段。目的是从反应器中排除污泥的澄清液，一直恢复到循环开始时的最低水位，该水位离污泥层还要有一定的保护高度。反应器底部沉降下来的污泥大部分作为下一个周期的回流污泥，过剩的污泥可在排水阶段排除，也可在待机阶段排除。SBR 排水一般采用滗水器。滗水所用的时间由滗水能力决定，一般不会影响下面的污泥层。现在也可在沉淀的同时就开始排水，当然要控制好滗水速度以不影响沉淀为原则。这样就把沉淀和滗水两个阶段融合在一起。

(5) 待机（闲置）阶段。沉淀之后到下个周期开始的期间称为待机工序。根据需要可进行搅拌或曝气。在多池系统中，待机的目的是在转向另一个单元前为一个反应器提供时间以完成它的整个周期。待机不是一个必需的步骤，可以去掉。在待机期间根据工艺和处理目的；可以进行曝气、混合、去除剩余污泥。待机期的长短由处理水量决定。排除剩余污泥是 SBR 运行中另一个重要步骤，它并不作为五个基本过程之一，这是因为排除剩余污泥的时间不确定。与传统的连续式系统一样，排除剩余污泥的量和频率由运行要求决定。

序批式活性污泥工序如图 3-19 所示。

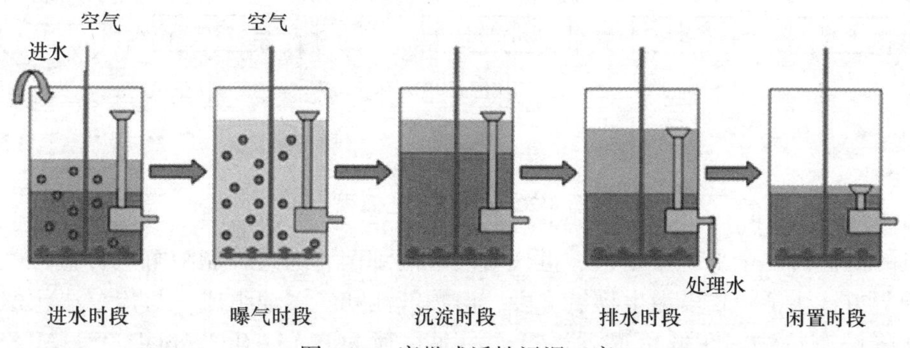

图 3-19 序批式活性污泥工序

与连续流相比，SBR 有许多优点：

(1) 运行管理简单。系统控制硬件（如电动阀、气动阀、电磁阀、液位传感器、流量计、时间控制器及微电脑）已产品化，能够为 SBR 系统提供可靠的自动化控制，大大缩短了管理人员的操作时间，甚至可以实现无人化管理。

(2) 降低了造价，减少占地。由于 SBR 将曝气与沉淀两个过程合并在一个构筑物中进行，不需要二次沉淀池和污泥回流系统，甚至在大多数情况下可以不设初次沉淀池，所以占地面积可缩小 1/3～1/2，基建投资节省 20%～40%。

(3) 耐冲击负荷。SBR 充水时可作为均化池，对水质、水量的变化具有调节作用。在采用长时间进水和每周期换水体积很小的运行模式时，SBR 可以模拟完全混合式流态，对进水有稀释作用，这也是 SBR 耐冲击负荷的一个原因。

(4) 出水水质好。主要原因是：第一，SBR 系统可随时调整运行周期和反应曝气时间等的长短，使处理水达标后才排放；第二，沉淀是在静止条件下进行的，没有进出水的干扰，泥水分离效果好，可避免短路、异重流的影响；第三，可根据泥水分离情况的好坏控制沉淀时间，使出水 SS 最少；第四，SBR 不仅可以处理一般有机物，还可以去除氮、磷等营养物，某些难降解物也可得到降解。

(5) 可抑制活性污泥丝状菌膨胀。废水进入反应池后，浓度随反应时间而逐渐降低，因此，存在有机物的浓度梯度。这一浓度梯度的存在对于抑制丝状菌膨胀、保持良好的污泥性状具有重要作用。同时，缺氧、好氧状态并存，能够抑制专性好氧丝状菌的繁殖。研究和工程应用表明，SBR 污泥的 SVI 值多在 100 左右，能有效地抑制丝状菌污泥膨胀。

(6) 脱氮除磷。适当控制运行条件，SBR 系统可在不投加任何化学药剂的情况下，同时去除氮、磷等营养物，十分简便。

F　吸附-生物降解活性污泥法（AB 法）

吸附-生物降解工艺简称 AB 法或 AB 工艺，其工艺流程如图 3-20 所示，整个系统由预处理段、A 段、B 段三个部分组成，预处理段只设格栅、沉砂池等简易处理设施，不设初沉池；A 段和 B 段是两个串联的活性污泥系统，A 段为吸附段，由吸附池和中间沉淀池组成，主要用于污染物的吸附去除，其污泥负荷达 2.0~6.0kgBOD$_5$/(kgMLSS · d)，为传统法的 10~20 倍，泥龄短（0.3~0.5d），水力停留时间短（约 30min）。

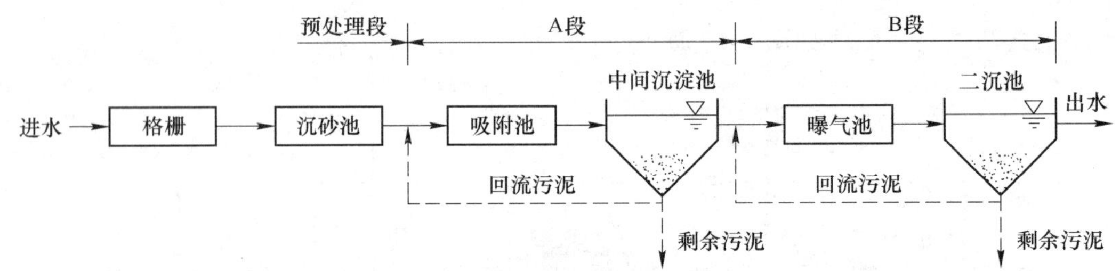

图 3-20　AB 法工艺流程

A 段的活性污泥全部是繁殖快、世代时间短的细菌，通过控制溶解氧含量，可使其以好氧或缺氧方式生活；B 段为生物氧化段，由曝气池和二沉池组成，与传统法相似，主要用于氧化降解有机物，在低负荷下运行，污泥负荷为 0.15~0.3kgBOD$_5$/(kgMLSS · d)，水力停留时间较长（2~6h），泥龄较长（15~20d）；A 段与 B 段各自拥有独立的污泥回流系统，两段完全分开，每段能够培育出适于本段水质特征的微生物种群。

污水经过 A 段处理后，BOD$_5$去除率为 40%~70%，同时重金属、难降解物质以及氮、磷营养物质等也得到一定的吸附去除，不仅大大减轻了 B 段的有机负荷，而且污水的可生化性提高，有利于 B 段的生物降解作用。B 段发生硝化和部分的反硝化，活性污泥沉淀性能好，出水 SS 和 BOD$_5$一般小于 10mg/L。

G　完全混合活性污泥法

在阶段曝气法基础上，进一步在增加进水点数的同时增加回流污泥的入流点数，即形成如图 3-21 所示的完全混合活性污泥法工艺，污水与回流污泥进入曝气池即与池内混合液充分混合，改变了传统法曝气池中混合液不均匀的状况，池内需氧均匀，因此，完全混合活性污泥法动力消耗低、耐冲击负荷能力强，但有机物降解动力低，因而出水水质一般低于传统法，且活性污泥易产生膨胀现象。其曝气方式多采用机械曝气，也有采用鼓风曝气的，曝气池和二沉池可以合建，也可以分建，比较常见的是合建式圆形池。这种方法多用于工业废水的处理，特别是污染物浓度较高的工业废水。

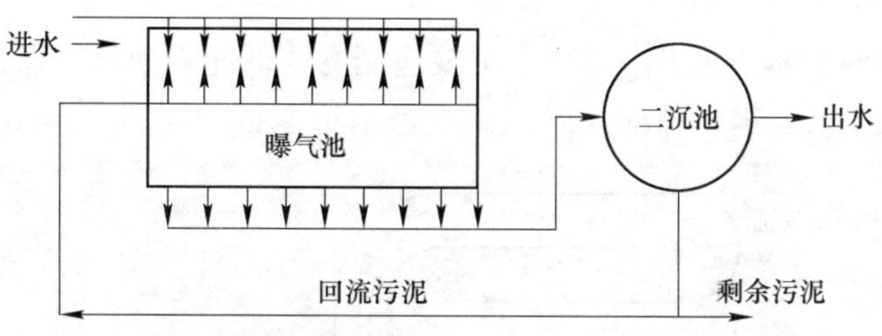

图 3-21 完全混合活性污泥法工艺流程

完全混合活性污泥法具有如下特征：(1) 进水在水质、水量方面的变化对活性污泥产生的影响较小，即耐冲击负荷能力较强；(2) 可以通过对污泥负荷值的调整，将整个曝气池的工况控制在最佳条件，使活性污泥的净化功能得以良好发挥，在处理效果相同的条件下，其负荷率高于推流式曝气池；(3) 曝气池内各个部位的需氧量相同，能最大限度地节约动力消耗。

H 氧化沟工艺

氧化沟作为传统活性污泥法的变形工艺，其曝气池呈封闭的沟渠形，由于污水和活性污泥混合液在渠内呈循环流动，因此被称为“氧化沟”，又称“环形曝气池”。流程形式如图 3-22 所示。

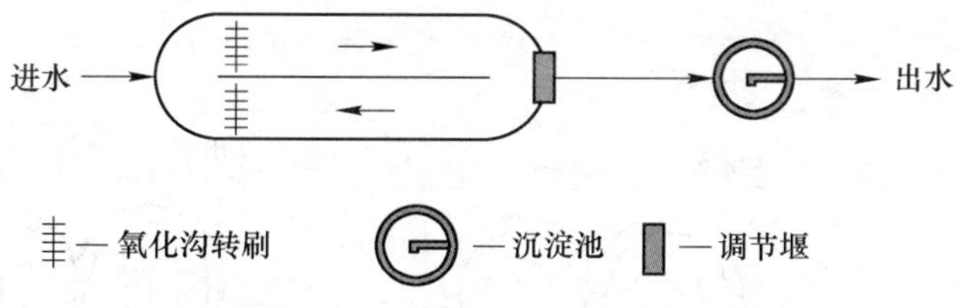

图 3-22 氧化沟工艺流程

氧化沟的工艺运行特点主要有以下几方面：

(1) 预处理得到简化。由于氧化沟的水力停留时间和污泥龄一般较其他生物处理法长，因此悬浮有机物和溶解性有机物可同时得到较彻底的去除，因而经氧化沟处理后的剩余污泥已得到高度稳定。所以氧化沟通常不必设初沉池，也不需要进行厌氧消化，可直接进行浓缩与脱水。

(2) 占地小。由于在工艺流程中省去了初沉池、污泥消化系统，甚至还省去了二沉池和污泥回流装置，因此污水厂总占地面积不仅没有增大，相反还可缩小。

(3) 流态的特征呈推流式。由于环形曝气的特点，使氧化沟具有推流特性，溶解氧浓度在沿池长方向呈浓度梯度，并形成好氧、缺氧和厌氧条件，因此通过合理的设计与控制，氧化沟系统可以取得较好的除磷脱氮效果。

(4) 取消二沉池使工艺更简化。通过将氧化沟和二沉池合建的一体设计形式，可取消二沉池，从而可大大简化处理流程。

同活性污泥法一样，氧化沟的形式和构造也是多种多样的，自从第一座氧化沟问世以来，氧化沟已演变成多种工艺方法和设备。

按构造和运行特征以及不同的发明者和专利情况，氧化沟可分为如下几种有代表性的类型：

（1）卡鲁塞尔氧化沟（见图 3-23）。主要应用立式低速表面曝气器供氧并推动水流前进，为适应脱磷脱氮的要求，目前又开发了卡鲁塞尔 2000 等类型的氧化沟。

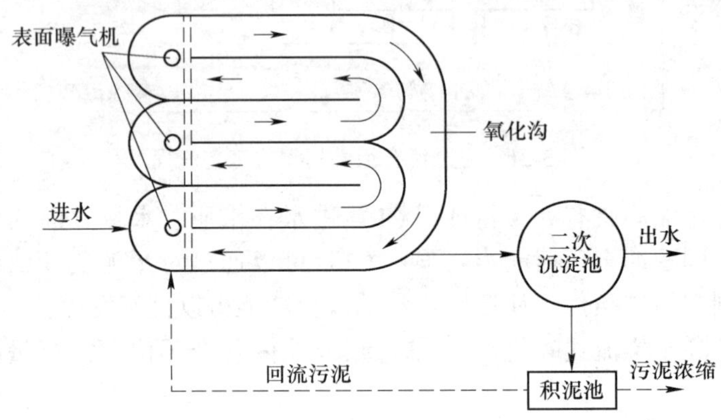

图 3-23　卡鲁塞尔氧化沟

（2）交替式氧化沟（见图 3-24）。主要是双沟（D 型）氧化沟，即双沟式交替地在好氧和沉淀的状态下工作，以免除分离式的二次沉淀池，并可完成硝化与反硝化。但由于双沟式氧化沟设备闲置率较高（大于 50%），因此又开发了三沟式（T 型）氧化沟，从而提高了设备利用率（大于 58. 3%）。

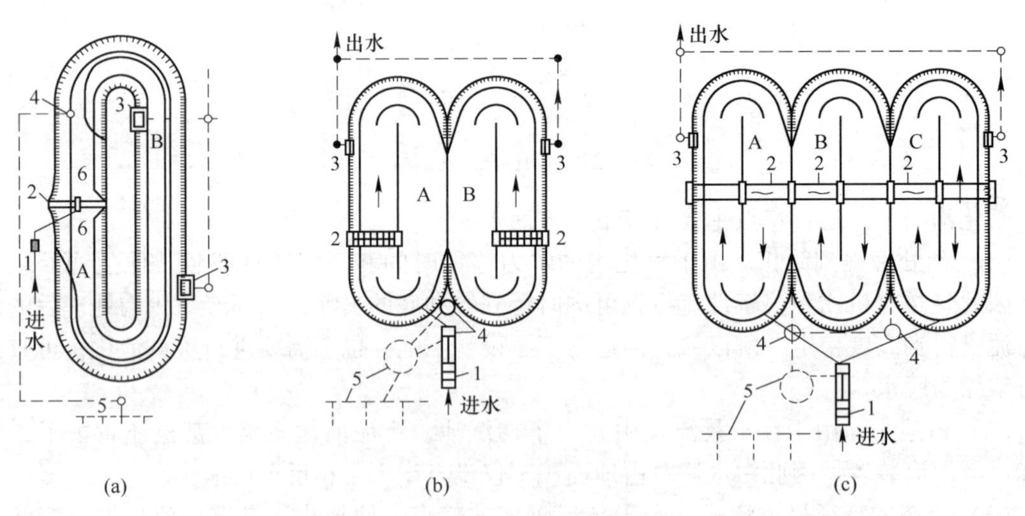

图 3-24　交替式氧化沟

（a）交替工作式氧化沟（VR 型）；（b）双沟交替工作式氧化沟（D 型）；

（c）三沟交替工作式氧化沟系统（T 型）

1—沉砂池；2—曝气转刷；3—出水堰；4—排泥管；5—污泥井；6—氧化沟

（3）Orbal 氧化沟（见图 3-25）。由多个同心的沟渠组成，污水从外沟依次流入内沟。各沟内有机物浓度和溶解氧浓度均不相同，因此可实现脱氮除磷的目的。

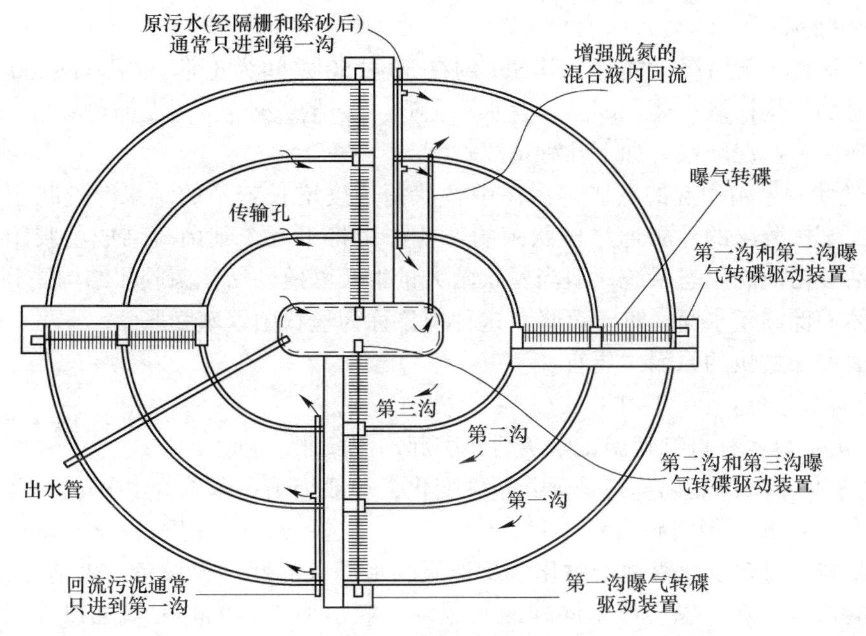

图 3-25　典型的 Orbal 氧化沟

（4）一体化氧化沟（见图 3-26）。将氧化沟和二沉池合为一体的氧化沟，该工艺可节省污泥回流系统和基建投资。

（5）其他类型氧化沟。包括射流曝气（JAC）系统、U 型化沟和采用微孔曝气的逆流氧化沟等。

目前氧化沟工艺在国内外均有较多应用，是活性污泥法中应用较多的工艺流程。

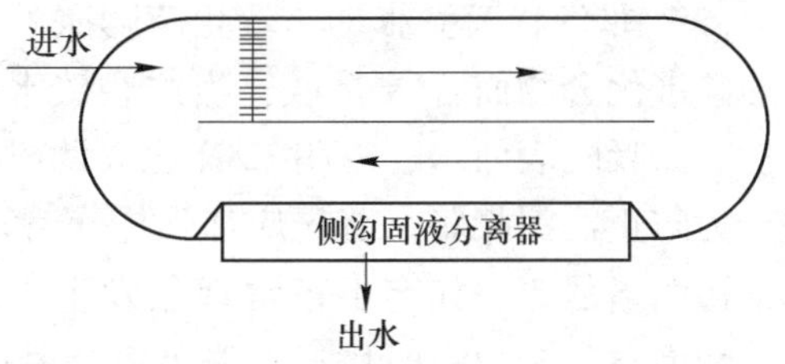

图 3-26　带侧沟固液分离器的一体化氧化沟

3.1.2.6　活性污泥法系统的运行管理

A　活性污泥的培养与驯化

（1）活性污泥的培养：

1）引生活污水调节 BOD_5 至 200～300mg/L，在曝气池内进行连续曝气，一般在 15～20℃下经一周，出现活性污泥絮体，掌握换水和排放剩余污泥，以补充营养和排除代谢产物。当出现大量絮体时停止曝气，静止沉淀 1～1.5h，排放约占总体积的 60%～70%，调节生活污水进水量，继续曝气，当沉降比接近 30%时，说明池中混合液污泥浓度已满足要求。从引水—曝气—污泥成熟—具良好凝聚和沉降性，一般 7～10 天为周期，BOD_5 去除率达 95%左右。

2）扩大培养。连续换水—曝气—投入使用，回流 50%，两周成熟，投入正常运行。

（2）活性污泥的驯化。如果进行工业废水处理，可在培养成熟的活性污泥中逐渐增加工业废水的比例，直到满负荷，活性污泥为正常运行。

B　活性污泥法运行中常见的问题

a　污泥膨胀

正常的活性污泥沉降性能好，其 *SVI* 约在 50~150 之间为正常，当 *SVI*>200 并继续上升时，污泥的结构松散、体积膨胀，含水率上升，澄清液变少，污泥颜色异常，这种情况称为污泥膨胀。污泥膨胀有如下几种情况：

（1）丝状菌繁殖引起的膨胀。污泥中丝状菌过度增长繁殖的结果，丝状菌作为菌胶团的骨架，细菌分泌的外酶通过丝状菌的架桥作用将千万个细菌凝结成菌胶团吸附有机物，形成活性污泥的生态系统。但当丝状菌大量生长繁殖，活性菌胶团结构受到破坏，形成大量絮体而漂浮于水面，难于沉降。这种现象称为丝状菌繁殖膨胀。

丝状菌增长过快的原因主要有：

1）溶解氧过低：<0.7~2.0mg/L。

2）冲击负荷：有机物超出正常负荷，引起污泥膨胀。

3）进水化学条件变化：一是营养条件变化，一般细菌在营养为 BOD_5：N：P=100：5：1 的条件下生长，但若磷含量不足，C/N 升高，这种营养情况适宜丝状菌生活。二是硫化物的影响，过多的化粪池的腐化水及粪便废水进入活性污泥设备，会造成污泥膨胀。含硫化物的造纸废水，也会产生同样的问题。一般是加 5~10mL/L 氯加以控制，或者用预曝气的方法将硫化物氧化成硫酸盐。三是碳水化合物过多会造成膨胀。四是 pH 值和水温的影响，pH 值过低，温度高于 35℃ 易引起丝状菌生长。

（2）非丝状菌膨胀。非丝状菌膨胀的原因是污泥含有大量表面附着水，水质含有很高的碳水化合物而含 N 量低，当这些碳水化合物被细菌降解时形成多糖类物质，使代谢产物表面吸附表面水，说明 C/N 比失调或水温过低。

为防止污泥膨胀，首先应加强操作管理，监测污水水质、曝气池内溶解氧、污泥沉降比、污泥指数等，如有不正常现象发生，及时采取预防措施。一般的处理方法主要有调整、加大空气量、及时排泥，或采取分段进水的方式，减轻二沉池的负担。

如污泥膨胀问题已经发生，可针对引起膨胀的原因采取相应的措施。以下列举几种污泥膨胀的一般解决办法：

第一类：应急措施。适用于临时应急，主要方法是投加药物增强污泥沉降性能或是直接杀死丝状菌。投加铁盐铝盐等混凝剂可以直接提高污泥的压密性，保证沉淀出水。另外，投加一些化学药剂，如氯气，加在回流污泥中也可以达到消除污泥膨胀现象。投加过氧化氢和臭氧也可以起到破坏丝状菌的效果。

采用这种方法一般能较快降低 *SVI* 值，但这些方法并没有从根本上控制丝状菌的繁殖，一旦停止加药，污泥膨胀现象又会卷土重来。而且投药有可能破坏生化系统的微生物生长环境，导致处理效果降低，所以，这种办法只能作为临时应急时用。

第二类：改善生化环境。污水厂发生污泥膨胀的时候，一般无法通过工艺流程、池型和曝气方式的改变来解决，只能在正在运行的流程基础上通过改变生化池内的微生物生长环境来抑制或消除丝状菌的过度繁殖。

在不同的工艺和水质的情况下，很难有一个放之四海而皆准的解决方案。但生化工艺常遇见的几种应该注意的问题必须加以注意。

1）污水性质的控制。首先应该检查和调整 pH 值，当 pH 值低于 5 以下时，不仅对污泥膨胀会有利，而且对正常的生化反应也会有一定的危害，所以当 pH 值偏低时应及时调整。另外在北方寒冷地区一定要注意冬季时的水温，若水温偏低应加热，因为低温也会导致污泥膨胀的发生。采用鼓风曝气能有效地在冬季保持较高的水温。

当污水中营养成分不足或失衡时，应补充投加。N、P 含量应控制在 BOD：N：P = 100：5：1 左右。

若污水处理生化系统前已有消化现象的发生，产生的低分子有机酸将有利于丝状菌的生长，这时可以通过对废水在调节池内预曝气来加以改善。一般采用空气扩散器向 3~5m 有效水深的调节池曝气，供气量可以控制在 0.5~1.0m^3/(m^3废水 · h)。它能使调节池的废水保持新鲜，并有效防止由于厌氧所带来的臭气。

2）保持池内足够的溶解氧对于高负荷的生化系统特别重要，一般至少应控制 DO>2mg/L。

3）沉淀池内的污泥应及时排出或回流，防止其发生厌氧现象。若发生厌氧现象，产生的各种气体吸附在污泥上，也会使污泥上浮，沉降性能变差；而且发生厌氧的污泥回流也会引发丝状菌的大量繁殖。发生这种情况时除排泥和清除沉淀池内的死角，并缩短污泥在池内的停留时间外，还应提高曝气池 DO 值，使出入沉淀池的水保持较大的溶解氧，或者在污泥回流进入生化池前曝气再生。

在解决了以上问题后，如果污泥膨胀现象仍得不到控制，就得根据实际情况加以分析。

b 污泥上浮

污泥在二沉池中呈块状上浮的现象称为污泥上浮，污泥上浮主要有以下两种情况：

(1) 污泥脱氮上浮。污泥（脱氮）上浮是由于曝气池内污泥泥龄过长，硝化进程较高（一般硝酸盐达 5mg/L 以上），但却没有很好的反硝化，因而污泥在二沉池底部产生反硝化，硝酸盐成为电子受体被还原，产生的氮气附于污泥上，从而使污泥比重降低，整块上浮。另外，曝气池内曝气过度，使污泥搅拌过于激烈，生成大量小气泡附聚于絮凝体上，或流入大量脂肪和油类时，也可能引起污泥上浮。

加污泥回流量或及时排除剩余污泥，在脱氮之前将污泥排除；或降低混合液污泥浓度，缩短污泥龄和降低溶解氧等，使之不进行到硝化阶段；加强反硝化功能都可减少该问题的发生。

(2) 污泥腐化上浮。污泥腐化是由二沉池污泥长期滞留而厌氧发酵产生 H_2S、CH_4 等气体导致的大块污泥上浮。污泥腐化上浮与污泥脱氮上浮不同，腐化的污泥颜色变黑，并伴有恶臭。此时不是全部污泥上浮，而是部分长期沉积在死角的污泥腐化上浮，大部分污泥正常排出或回流。

通常是由于二沉池泥斗构造不合理，污泥难下滑或刮泥设备有故障，使污泥长期滞留沉积在死角而引起污泥腐化。

可通过加大二沉池池底坡度或改进池底刮泥设备，不使污泥滞留于池底；清除死角，加强排泥；安设不使污泥外溢的浮渣清除设备等减少该问题的发生。

c　产生泡沫

泡沫是活性污泥法处理厂运行中常见的现象。泡沫可在曝气池上堆积很高，并进入二沉池随水流走，产生一系列卫生问题。

（1）化学泡沫。曝气池中产生大量泡沫，主要是由于废水中含洗涤剂等表面活性物质。

化学泡沫处理较容易，可以喷水消泡或投加除沫剂（如机油、煤油等，投量约为 0.5～1.5mg/L）等。此外，用风机机械消泡，也是有效措施。

（2）生物泡沫。生物泡沫多呈褐色，在冬天能结冰，清理起来异常困难。夏天生物泡沫会随风飘荡，产生不良气味。预防医学还认为产生生物泡沫的诺卡氏菌极有可能为人类的病原菌。如果采用表曝设备，生物泡沫还能阻止正常的曝气充氧，使曝气池混合液中的溶解氧浓度降低。生物泡沫还能随排泥进入泥区，干扰浓缩池及消化池的运行。

生物泡沫处理比较困难，有的处理厂曾尝试用加氯、增大排泥、降低 SRT 等方法，但均不能从根本上解决问题。因此，对生物泡沫要以预防为主。

d　污泥问题

活性污泥法是目前世界上应用最广泛的废水生物处理技术，但会产生大量的剩余污泥。污泥的处理费用较高，占废水处理厂总运行费用的 25%～40%，甚至高达 60%，成为废水处理厂的沉重负担。由此可见，对剩余污泥的处理是很有必要的。

（1）加入代谢解偶联剂降低污泥产率。活性污泥法处理废水过程中，细菌对有机物进行代谢降解，细菌能量产生途径是和生长紧密偶联的，解偶联就是细菌的分解代谢和合成代谢不再与 ATP 的合成与分解反应偶联在一起，细菌在保持正常分解底物的同时，自身合成速度减慢，表观产率系数降低，从而达到降低污泥产量的目的。有机质子载体具有很强的解偶联能力，可成为解偶联剂，如 2，4，5-三氯苯酚（TCP）。向废水生物处理系统中投加代谢解偶联剂可以大大降低剩余污泥的产量，其作用机理是有机质子载体通过与氢离子的结合，降低细胞膜对氢离子的阻力，携带氢离子跨过细胞膜，使膜两侧的质子梯度降低，降低后的质子梯度不足以驱动 ATP 酶合成 ATP，从而减少氧化磷酸化作用合成的 ATP 量，氧化过程中所产生的能量最终以热的形式被释放。

（2）剩余污泥和厨余垃圾的混合中温厌氧消化。将剩余活性污泥单独进行厌氧消化时，挥发性固体（VS）的去除率和产气量都很低，这是因为剩余活性污泥的可生物降解能力很低，水解过程是剩余活性污泥进行厌氧消化的限速步骤。为此有很多研究都集中在采用各种预处理手段提高剩余活性污泥的可生物降解能力，如常采用的有热解法、机械法、化学法以及生物法等。将剩余活性污泥和厨余垃圾混合后采用现有的污水厂消化池进行处理也是一种很好的方法，不需要很多的额外投资，又解决了厨余垃圾的污染问题。混合消化可以稀释污泥中的有毒成分，促进物料中营养物质的平衡，提高消化池的容积利用效率，还可获得更大的单位产气量。

3.1.2.7　活性污泥法的应用

活性污泥法是采用人工曝气的手段，使活性污泥均匀分散并悬浮于反应器（曝气池）中和污水充分接触，并在有溶解氧的情况下，对污水中所含的有机物进行分解代谢活动。在这一活动过程中，有机物质被微生物所利用，得以降解、去除。近几十年来，活性污泥法在生物学、反应动力学的理论方面以及在工艺变形方面都获得了长足的发展，出现了多种能够适应各种条件的工艺流程，使得它的适用性、有效性更加完善。它在城市污水和一些工业废水的处理中，特别是在规模较大的场合，已占有极大的优势，成为主体处理工艺。

A　有机废水的处理

活性污泥在曝气过程中，对有机物的降解过程可分为两个阶段，即吸附阶段和稳定阶段。在曝气初期，活性污泥表面富集着的许多活性很强的微生物，和污水充分混合、接触后，微生物细胞壁外围的黏液层将污水中的有机物迅速吸附到活性污泥上来。这个吸附过程进行得相当快，大约在不到 30min 之内就可将污水中的有机物（以 BOD 计）去除大部分，BOD 去除率可达 70% 以上。有机物的吸附去除是微生物摄取营养物质的第一步。这一吸附去除过程的本身是一个物理过程，为下一步的物质转化过程做准备。

随着曝气过程的延续，被活性污泥吸附的大量有机物将接着为微生物所利用。先是有机物在好氧微生物的作用下，被氧化分解为中间产物，接着有些中间产物合成为细胞物质，另一些中间产物氧化为无机的终点产物，这个过程就是物质的转化过程，是一个生化反应过程，也称为稳定过程。这个过程是物质由不稳定到稳定的过程，即高分子有机物降解为简单的、稳定的、低分子的无机物。这个稳定有机物的过程，较之前面的吸附有机物过程要长得多。

B　重金属废水的处理

传统上处理重金属废水的方法主要是物理化学方法，如吸附法、离子交换法、化学沉淀法、膜分离法、氧化还原法等，但这些方法都具有二次污染严重、处理成本高等问题。近年来人们开始为重金属废水的处理寻找新的方法。过去人们普遍认为活性污泥法不宜用来处理重金属废水，因为重金属废水中有机物质较少，而且重金属对污泥中的微生物有很强的毒害作用。但近年的研究结果表明，通过改造现行的活性污泥法可以处理重金属废水。活性污泥法处理重金属废水主要是利用活性污泥中的细菌、原生动物等微生物与悬浮物质、胶体物质混杂形成的具有很强吸附分解能力的污泥颗粒来完成的。

活性污泥处理重金属废水的机理很复杂，通常认为活性污泥对重金属的作用包括沉淀、吸附和胞内积累等。

C　印染废水的处理

纺织行业是我国用水量较大、排放废水量较多的工业部门之一。据不完全统计，国内印染企业每天排放废水量 300 万～400 万吨。排放的废水中含有纤维原料本身的夹带物，以及加工过程中所用的浆料、油剂、染料和化学助剂等，具有生化需氧量高、色度高、pH 值高的特点。运用活性污泥法处理印染废水，既能分解其中大量的有机物质，又能去除部分色素，还可以小量调节 pH 值，运转效率高而费用低，出水水质好。活性污泥法 BOD_5 的去除率一般可达 80%～95%，对于 COD 的去除率一般可达 40%～60%，脱色能力为 30%～50%。

3.1.2.8　生物脱氮除磷工艺

城市污水中的氮、磷主要来自生活污水和部分工业废水。氮、磷的主要危害：一是使受纳水体富营养化；二是影响水源水质，增加给水处理成本；三是对人和生物产生毒害。上述危害严重制约了城市水环境正常功能的发挥，并使城市缺水状况加剧。随着人民生活水平的提高和环境的恶化，对水质的要求也越来越高。为了达到较好的脱氮除磷效果，对一些传统工艺进行了改进或设计出新工艺。

A　生物脱氮原理及主要工艺

a　生物脱氮原理

生物脱氮是利用自然界氮的循环原理，采用人工方法予以控制。首先，将污水中的含氮有机物转化成氨氮，而后在好氧条件下，由硝化菌作用变成硝酸盐氮，这阶段称为好氧硝化。随后在缺氧条件下，由反硝化菌作用，并由外加碳源提供能量，使硝酸盐氮变成氮气逸出，这一阶段称为缺氧反硝化。整个生物脱氮过程就是氮的分解还原反应，反应能量从有机物中获取。在硝化和反硝化过程中，影响其脱氮效率的因素是温度、溶解氧、pH 值以及碳源，生物脱氮系统中，硝化菌增长速度较缓慢，所以，要有足够的污泥泥龄。反硝化菌的生长主要是在缺氧条件下进行，并且要用充裕的碳源提供能量，才可促使反硝化作用顺利进行。

一般来说，生物脱氮过程可分为三步：第一步是氨化作用，即水中的有机氮在氨化细菌的作用下转化成氨氮。在普通活性污泥法中，氨化作用进行得很快，无须采取特殊的措施。第二步是硝化作用，即在供氧充足的条件下，水中的氨氮首先在亚硝酸菌的作用下被氧化成亚硝酸盐，然后再在硝酸菌的作用下进一步氧化成硝酸盐。为防止生长缓慢的亚硝酸细菌和硝酸细菌从活性污泥系统中流失，要求很长的污泥龄。第三步是反硝化作用，即硝化产生的亚硝酸盐和硝酸盐在反硝化细菌的作用下被还原成氮气。这一步速率也比较快，但由于反硝化细菌是兼性厌氧菌，只有在缺氧或厌氧条件下才能进行反硝化，因此需要为其创造一个缺氧或厌氧的环境（好氧池的混合液回流到缺氧池）。

由此可见，生物脱氮系统中硝化与反硝化反应需要具备如下条件：

（1）硝化阶段：足够的溶解氧，DO 值在 2mg/L 以上，合适的温度，最好在 20℃，不能低于 10℃，足够长的污泥泥龄，合适的 pH 值条件。反应方程式如下：

1）硝化反应：

$$NH_4^+ + O_2 \longrightarrow NO_2^- + H_2O + 2H^+$$

$$NO_2^- + O_2 \longrightarrow NO_3^-$$

2）硝化反应总反应式为：

$$NH_4^+ + O_2 \longrightarrow NO_3^- + H_2O + 2H^+$$

（2）反硝化阶段：硝酸盐的存在，缺氧条件 DO 值在 0.2mg/L 左右，充足碳源（能源），合适的 pH 值条件。反应方程式如下：

反硝化反应：

$$2NO_3^- + 12H^+ \longrightarrow N_2 + 6H_2O$$

生物脱氮过程如图 3-27 所示。

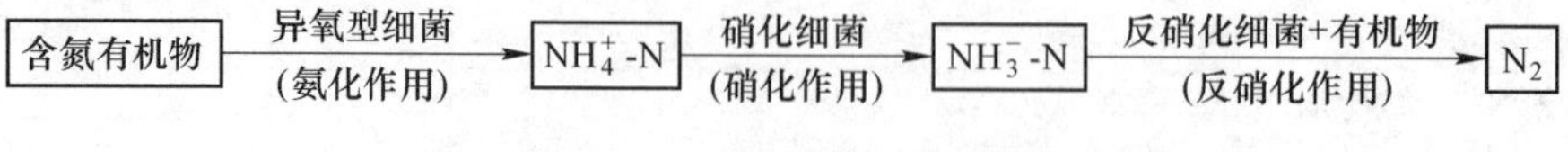

含氮有机物 —异氧型细菌（氨化作用）→ NH_4^+-N —硝化细菌（硝化作用）→ NH_3^--N —反硝化细菌+有机物（反硝化作用）→ N_2

图 3-27　生物脱氮原理示意图

b　生物脱氮主要工艺

(1) 传统活性污泥法脱氮工艺——三级生物脱氮工艺。

传统的生物脱氮技术是以氨化、硝化、反硝化三项反应过程为基础建立的，始于 20 世纪 30 年代，真正应用于 20 世纪 70 年代。以 Barth 开创的三级生物脱氮工艺为起始。工艺流程如图 3-28 所示。

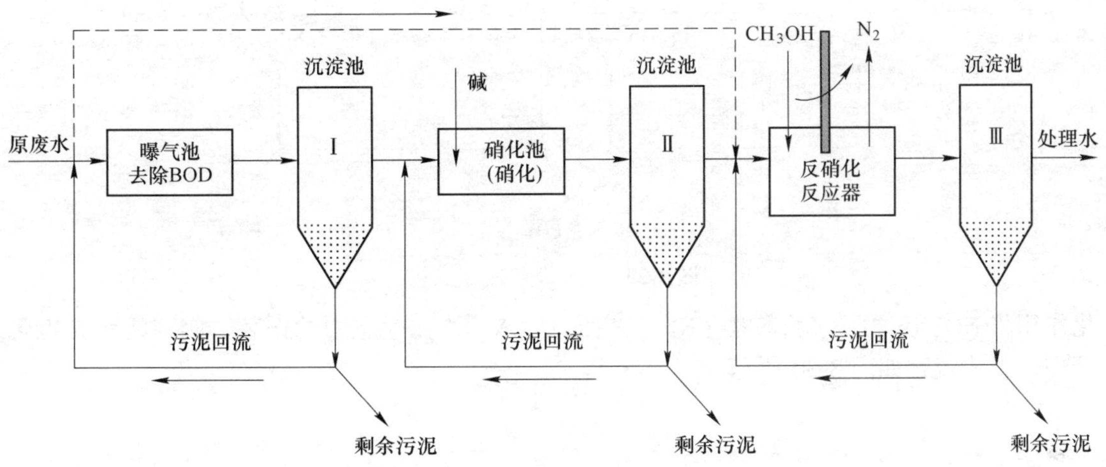

图 3-28　传统活性污泥法脱氮工艺（三级活性污泥法流程）

第一级曝气池为一般的二级处理曝气池，主要功能是去除 BOD、COD，使有机氮转化为无机氮（NH_3、NH_4^+），即氨化过程。经一级沉淀池沉淀后污水进入硝化曝气池，此时污水的 BOD_5 值已降至 15~20mg/L。

第二级为硝化曝气池，主要进行硝化反应，NH_3、NH_4^+ 氧化为 NO_3^--N。消化反应需要一定碱度，因此在消化池需要投碱，防止 pH 值下降。

第三级为反硝化反应器，缺氧条件下将 NO_3^--N 还原为 N_2，逸往大气。采取厌氧-缺氧交替运行的方式。需投加甲醇或引入原污水作为碳源。

该系统的优点是有机物降解细菌、硝化菌、反硝化菌分别在各自反应器中增殖，保证各自的适宜生长条件，各自回流沉淀池中的污泥，保证菌种的类型。反应速度快且处理彻底；缺点是处理设备较多、造价高、运行管理复杂。

(2) 传统活性污泥法脱氮工艺——二级生物脱氮工艺。

二级生物脱氮工艺是在三级生物脱氮工艺基础上将 BOD 去除和硝化两个反应过程合并到一个反应器中进行，工艺流程如图 3-29 所示。

(3) 缺氧-好氧活性污泥法脱氮系统（A/O 法脱氮工艺）。

A/O 工艺将前段缺氧段和后段好氧段串联在一起，A 段 DO 不大于 0.2mg/L，O 段 DO=2~4mg/L。在缺氧段异养菌将污水中的淀粉、纤维、碳水化合物等悬浮污染物和可溶性有机物水解为有机酸，使大分子有机物分解为小分子有机物，不溶性的有机物转化成可溶性有机物，当这些经缺氧水解的产物进入好氧池进行好氧处理时，提高污水的可生化性，提高氧的效率；在缺氧段异养菌将蛋白质、脂肪等污染物进行氨化（有机链上的 N 或氨基酸中的氨基）游离出氨（NH_3、NH_4^+），在充足供氧条件下，自养菌的硝化作用将 NH_3-N（NH_4^+）氧化为 NO_3^-，通过回流控制返回至 A 池，在缺氧条件下，异氧菌的反硝

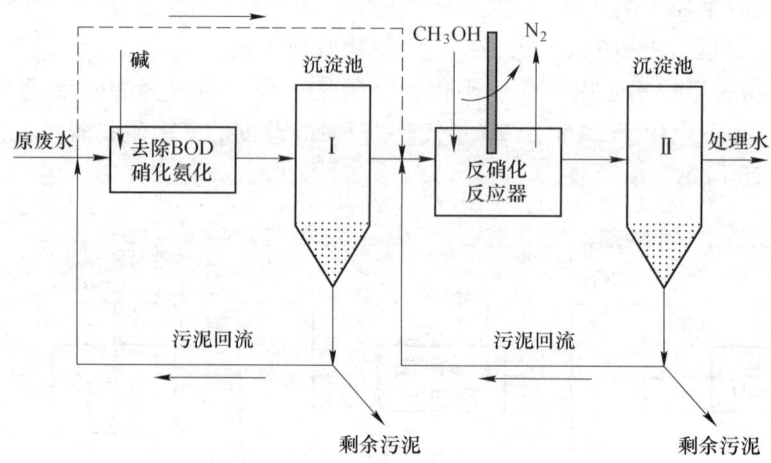

图 3-29　二级生物脱氮工艺

化作用将 NO_3^- 还原为分子态氮（N_2），完成 C、N、O 在生态中的循环，实现污水无害化处理。工艺流程如图 3-30 所示。

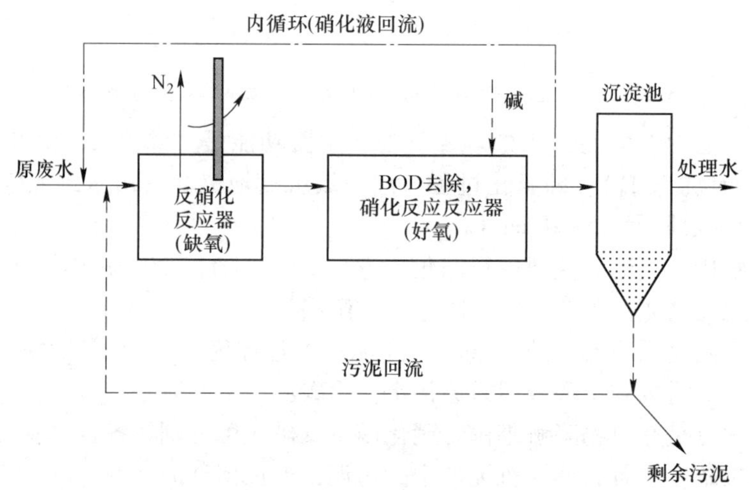

图 3-30　缺氧-好氧活性污泥法脱氮系统

主要工艺特点：缺氧池在前，污水中的有机碳被反硝化菌所利用，可减轻其后好氧池的有机负荷，反硝化反应产生的碱度可以补偿好氧池中进行硝化反应对碱度的需求。好氧在缺氧池之后，可以使反硝化残留的有机污染物得到进一步去除，提高出水水质。BOD_5 的去除率较高，可达 90%~95%以上，但脱氮效率仅为 70%~80%。该工艺还可以将缺氧池与好氧池合建，中间隔以挡板，降低工程造价，所以这种形式有利于对现有推流式曝气池的改造。

为了提高脱氮效果，A/O 工艺主要控制几个因素：

1）MLSS 一般应在 3000mg/L 以上，低于此值 A/O 系统脱氮效果明显降低。

2）TKN/MLSS 负荷率（TKN—凯式氮，指水中氨氮与有机氮之和）：在硝化反应中该负荷率应在 0. 05gTKN/(gMLSS · d)之下。

3）$BOD_5/MLSS$ 负荷率。在硝化反应中，影响硝化的主要因素是硝化菌的存在和活性，因为自养型硝化菌最小比增殖速度为 0.21/d；而异养型好氧菌的最小比增殖速度为 1.2/d。前者比后者的比增殖速度小得多。要使硝化菌存活并占优势，要求污泥龄大于 4.76d；但对于异养型好氧菌，则污泥龄只需 0.8d。在传统活性污泥法中，由于污泥龄只有 2~4d，所以硝化菌不能存活并占有优势，不能完成硝化任务。

要使硝化菌良好繁殖就要增大 MLSS 浓度或增大曝气池容积，以降低有机负荷，从而增大污泥龄。其污泥负荷率（$BOD_5/MLSS$）应小于 0.18kgBOD_5/(kgMLSS·d)。

4）污泥龄 t_s：为了使硝化池内保持足够数量的硝化菌以保证硝化的顺利进行，确定的污泥龄应为硝化菌世代时间的 3 倍，硝化菌的平均世代时间约 3.3d（20℃）。

硝化菌世代时间与污水温度的关系见表 3-1。

表 3-1　硝化菌世代时间与污水温度的关系

污水温度/℃	5	10	15	20
硝化菌世代时间/d	18	10	5	3.5

若冬季水温为 10℃，硝化菌世代时间为 10d，则设计污泥龄应为 30d。

5）污水进水总氮浓度。TN 应小于 30mg/L，NH_3-N 浓度过高会抑制硝化菌的生长，使脱氮率下降至 50%以下。

6）混合液回流比：R 的大小直接影响反硝化脱氮效果，R 增大，脱氮率提高，但 R 增大会增加电能消耗增加运行费。

A/O 工艺脱氮率与混合液回流比关系见表 3-2。

表 3-2　A/O 工艺脱氮率与混合液回流比关系

R/%	50	100	200	300	400	500	600
脱氮率/%	33.3	50	66.7	75	80	83.3	85

7）缺氧池 BOD_5/NO_x-N 比值。$H>4$ 以保证足够的碳/氮比，否则反硝化速率迅速下降；但当进入硝化池 BOD_5 值又应控制在 80mg/L 以下，当 BOD_5 浓度过高时，异养菌迅速繁殖，会抑制自养菌生长，使硝化反应停滞。

8）硝化池溶解氧。DO>2mg/L，一般充足供氧 DO 应保持 2~4mg/L，满足硝化需氧量要求，按计算氧化 1g NH_4^+ 需 4.57g 氧。

9）水力停留时间。硝化反应水力停留时间应大于 6h；而反硝化水力停留时间为 2h，两者之比为 3∶1，否则脱氮效率迅速下降。

10）pH 值。硝化反应过程生成 HNO_3 使混合液 pH 值下降，而硝化菌对 pH 值很敏感，硝化最佳 pH 值=8.0~8.4，为了保持适宜的 pH 值就应采取相应措施，计算可知，使 1g 氨氮（NH_3-N）完全硝化，约需碱度 7.1g（以 $CaCO_3$ 计）；反硝化过程产生的碱度（3.75g 碱度/gNO_x-N）可补偿硝化反应消耗碱度的一半左右。反硝化反应的最适宜 pH 值为 6.5~7.5，大于 8、小于 7 均不利。

11）温度。硝化反应为 20~30℃，低于 5℃硝化反应几乎停止；反硝化反应为 20~40℃，低于 15℃反硝化速率迅速下降。

因此，在冬季应采取提高反硝化的污泥龄 t_s，降低负荷率，提高水力停留时间等措施保持反硝化速率。

B　生物除磷原理及主要工艺

a　生物除磷工艺原理

所谓生物除磷，是指利用聚磷菌一类的微生物，在厌氧条件下释放磷，且在好氧条件下，能够过量地从外部环境摄取磷，在数量上超过其生理需要，并将磷以聚合的形态储藏在菌体内，形成高磷污泥排出系统，达到从污水中除磷的效果。

磷常以磷酸盐（$H_2PO_4^-$、HPO_4^{2-} 和 PO_4^{3-}）、聚磷酸盐和有机磷的形式存在于废水中，生物除磷就是利用聚磷菌，在厌氧状态释放磷，在好氧状态从外部摄取磷，并将其以聚合形态储藏在体内，形成高磷污泥，排出系统，达到从废水中除磷的效果。

生物除磷主要是通过排出剩余污泥而去除磷的，因此，剩余污泥多少将对除磷效果产生影响。一般污泥龄短的系统产生的剩余污泥量较多，可以取得较高的除磷效果。有报道称，当泥龄为 30d 时，除磷率为 40%；泥龄为 17d 时，除磷率为 50%；而当泥龄降至 5d 时，除磷率达到 87%。

大量的试验观测资料已经完全证实，除磷工艺中，经过厌氧释放磷酸盐的活性污泥，在好氧状态下有很强的吸磷能力，也就是说，磷的厌氧释放是好氧吸磷和除磷的前提。但并非所有磷的厌氧释放都能增强污泥的好氧吸磷，磷的厌氧释放可以分为两部分：有效释放和无效释放，有效释放是指磷被释放的同时，有机物被吸收到细胞内，并在细胞内储存，即磷的释放是有机物吸收转化这一耗能过程的偶联过程；无效释放则不伴随有机物的吸收和储存，内源损耗、pH 值变化、毒物作用引起的磷的释放均属无效释放。

在除磷系统的厌氧区中，含聚磷菌的会留污泥与污水混合后，在初始阶段出现磷的有效释放，随着时间的延长，污水中的易降解有机物被耗完以后，虽然吸收和储存有机物的过程基本已经停止，但微生物为了维持基础生命活动，仍将不断分解聚磷，并把分解产物（磷）释放出来，虽然此时释磷总量不断提高，但单位释磷量产生的吸磷能力随无效释放量的加大而降低。一般来说，污水污泥混合液经过 2h 厌氧后，磷的释放已经甚微。在有效释放过程中，磷的释放量与有机物的转化量之间存在着良好的相关性，磷的厌氧释放可使污泥的好氧吸磷能力大大提高，每厌氧释放 1mg P，在好氧条件下可吸收 2. 0～2. 24mg P，厌氧时间加长，无效释放逐渐增加，平均厌氧释放 1mg P，所产生的好氧吸磷能力降至 1mg 以下，甚至达到 0. 5mg。因此，生物除磷并非厌氧时间越长越好，同时在运行管理中要尽量避免 pH 值的冲击，否则除磷能力将大幅度下降，甚至完全丧失。这主要是由于 pH 值降低时，会导致细胞结构和功能损坏，细胞内聚磷在酸性条件下被水解，从而导致磷的快速释放。生物除磷是污水中的聚磷菌在厌氧环境并有充足营养的条件下，受到压抑而释放出体内的磷酸盐，产生能量，以吸收快速降解有机物，并转化为 PHB（聚 β 烃丁酸）储存起来。当这些聚磷菌进入好氧条件下时就降解体内储存的 PHB 产生能量，用于细胞的合成和过量吸磷，形成高磷浓度污泥，随剩余污泥一起排出系统，从而达到除磷的目的。生物除磷的优点在于不增加剩余污泥量，处理成本较低；缺点是为了避免剩余污泥中的磷再次释放，对污泥处理工艺的选择有一定的限制。在厌氧阶段释放 1mg 的磷吸收储存的有机物，经好氧分解后产生的能量用于细胞合成、增殖，能够吸收 2～2. 4mg 的磷。因此磷的吸收取决于磷的释放，而磷的释放取决于污水中存在的可快速降解的有机物的含量，有机物与磷的比值越大，除磷效果就越好。一般的活性污泥法，其剩余污泥中的含磷量为 1. 5%～2%，采用生物除磷工艺的剩余活性污泥中磷的含量可以达到传统活性污泥法 2~3 倍，在设计中往往采用 2%~4%。

生物除磷工艺的前提是聚磷菌必须在厌氧条件下优势增长，而后进入好氧阶段才能增大磷的吸收量。因此，污水除磷的处理工艺必须在曝气池前段设置厌氧段，并对污泥中糖的含量进行控制。生物除磷工艺对磷的去除可以达到出水含磷 1.0mg/L 以下；辅以化学除磷的话，可以保证出水水中磷浓度不高于 0.5mg/L。

生物除磷过程可分为三个阶段，即细菌的压抑放磷、过渡积累和奢量吸收。首先将活性污泥处于短时间的厌氧状态时，储磷菌把储存的聚磷酸盐进行分解，提供能量，并大量吸收污水中的 BOD，释放磷（聚磷酸盐水解为正磷酸盐），使污水中 BOD 下降，磷含量升高。然后在好氧阶段，微生物利用被氧化分解所获得的能量，大量吸收在厌氧阶段释放的磷和原污水中的磷，完成磷的过渡积累和最后的奢量吸收，在细胞体内合成聚磷酸盐而储存起来，从而达到去除 BOD 和磷的目的。反应方程式如下：

（1）聚磷菌摄取磷：

$$ADP + H_3PO_4 + 能量 \longrightarrow ATP + H_2O$$

（2）聚磷菌的放磷：

$$ATP + H_2O \longrightarrow ADP + H_3PO_4 + 能量$$

b　生物除磷主要工艺

厌氧-好氧活性污泥法除磷系统，又称 A/O 除磷工艺。是在好氧活性污泥处理系统之前增加一段厌氧生物处理环节，工艺流程如图 3-31 所示。经预处理的污水与回流污泥一起进入厌氧段，再进入好氧段。回流污泥在厌氧段吸收一部分有机物，释放出大量磷，进入好氧段后，污水中有机物得到降解，污泥摄取污水中的磷，部分富磷污泥以剩余污泥的形式排出，实现除磷。

厌氧-好氧生物除磷工艺是一种流程简单，既不投药，也无须考虑混合液回流的除磷工艺。它的建设费及运行费都较低，而且由于无混合回流的影响，厌氧反应器能够保持良好的厌氧（或缺氧）状态；但是该工艺在沉淀池内容易产生磷的释放现象，特别是当污泥在沉淀池内停留时间较长时更是如此。

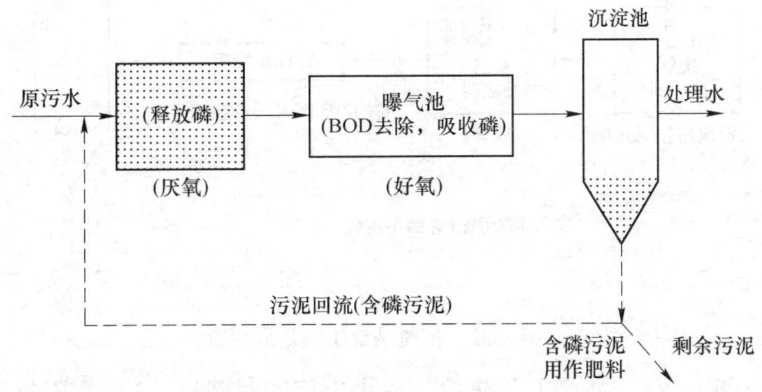

图 3-31　厌氧-好氧活性污泥法除磷系统

根据实际应用情况，该工艺具有如下特征：（1）污水在反应池内的停留时间较短，一般 3~6h；（2）曝气生物反应池内污泥浓度一般在 2700~3000mg/L 之间；（3）BOD 的去除率大致与一般传统活性污泥法系统相同，磷的去除率较好，处理水中磷含量一般都低于 1.0mg/L，去除率大致在 76%左右；（4）沉淀污泥含磷约 4%，污泥的肥效较好；（5）混合液的 SVI 值不高于 100，污泥易沉淀，不膨胀。

同时在长期的实践过程中，也发现了一些问题，如：（1）除磷率难以进一步提高，因为微生物对磷的过量吸收是有一定限度的，特别是当进水 BOD 值不高或废水中含磷量过高时，即 BOD/P 值低时，由于污泥产量低，将更是如此；（2）在沉淀池内容易产生磷的释放现象，特别是当污泥在沉淀池内停留时间较长时更是如此。

大量研究表明，该工艺在运行过程中会受到以下因素的影响，需注意运行条件的控制：

（1）好氧反应池中的溶解氧应维持在 2mg/L 以上。聚磷菌的吸收和释放是可逆的，其控制因素是溶解氧浓度。溶解氧浓度高易于吸收，低则易于释放。

（2）pH 值应控制在 7~8 之间。有研究表明：当 pH 值为 6 以下时，混合液中的磷在 1h 内急剧增加；当 pH 值为 7~8 时，含磷量减少，且比较稳定。

（3）原水中的 BOD_5浓度应在 50mg/L 以上。据研究，向废水中投加有机物可提高磷的吸收率。因此废水中的有机物必须保证有一定的浓度。

（4）好氧池曝气时间不宜过长，污泥在沉淀池中的停留时间宜尽可能短，因为聚磷菌吸收磷是可逆的。

c 同步脱氮除磷工艺

（1）传统 A^2/O 法。A^2/O 是 20 世纪 70 年代在厌氧-缺氧工艺上开发出来的同步除磷脱氮工艺，传统 A^2/O 法即厌氧-缺氧-好氧活性污泥法。污水在流经三个不同功能分区的过程中，在不同微生物菌群作用下，使污水中的有机物、氮和磷得到去除。其流程如图 3-32所示。原污水的碳源物质（BOD）首先进入厌氧池，聚磷菌优先利用污水中易生物降解有机物，成为优势菌种，为除磷创造条件；然后污水进入缺氧池，反硝化菌利用其他可利用的碳源将回流到缺氧池的硝态氮还原成氮气排入大气中，达到脱氮的目的。

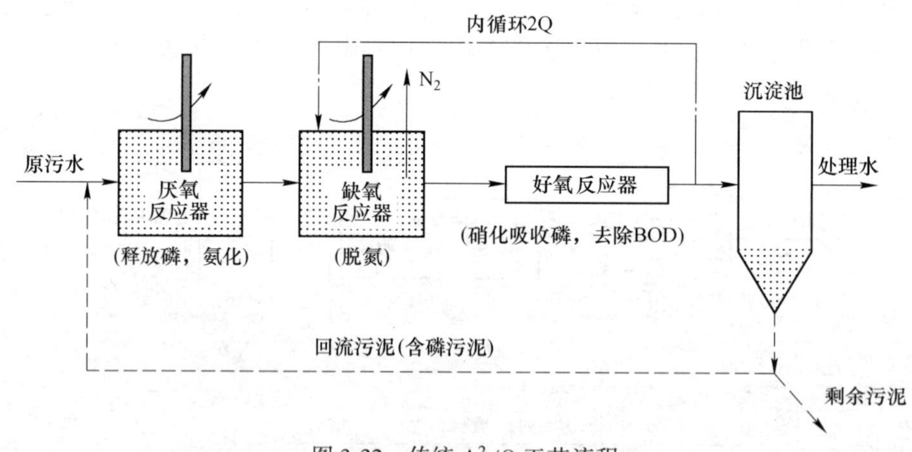

图 3-32 传统 A^2/O 工艺流程

该工艺具有如下特征：1）工艺简单，总水力停留时间短；2）在厌氧-缺氧-好氧交替运行条件下，丝状菌不能大量繁殖，不会形成污泥膨胀的问题，SVI 值一般低于 100；3）污泥含磷高，有良好肥效；4）运行中无须投药，两个 A 段只需轻缓搅拌，以不增加溶解氧为度，运行费用低。

（2）改良型 A^2/O 法。为了克服传统 A^2/O 工艺的一个缺点，即由于厌氧区居前，回流污泥中的硝酸盐对厌氧区产生不利影响，改良 A^2/O 工艺在厌氧池之前增设厌氧/缺氧调节池，来自二沉池的回流污泥 10%左右的进水进入调节池，停留时间 20～30min，微生物利用约 10%进水中有机物去除回流污泥中的硝态氮，消除硝态氮对厌氧池的不利影响，从而保证厌氧池的稳定性。改良 A^2/O 工艺虽然解决了传统 A^2/O 工艺中厌氧段回流硝酸盐对放磷的影响，但增加了调节池，占地面积及土建费用需相应增加。

3.1.2.9　活性污泥法的发展前景

A　膜生物反应器

膜生物反应器可在紧凑的空间内同时实现微生物对污染物质的降解和膜对污染物质的分离，而降解与分离之间又存在着协同作用，是一种高效、实用的污水处理技术。

B　膜分离技术的应用

用膜分离代替沉淀进行泥水分离，可带来活性污泥工艺的以下变化：

(1) 不再存在污泥膨胀问题。在调控活性污泥系统时，不必再考虑污泥的沉降性能问题，从而使工艺控制大大简化；

(2) 曝气池的污泥浓度将大大提高（MLSS 可以大于 20000mg/L），从而使系统可在超大泥龄、超低负荷状态下运行，充分满足去除各种污染物质的需要；

(3) 在同样的处理要求下，可使曝气池容积大大减小，节省处理厂的占地面积；

(4) 污泥浓度的提高，将要求较高的曝气速率，因而纯氧曝气将随着膜分离而被大量采用。

虽然膜分离目前还存在易堵塞等方面的问题，但这些问题正逐步得到解决。实际上，目前已有一批膜分离活性污泥系统在运行，如日本 Hiroshiwa 市的 Higashi 污水处理厂的膜分离系统已连续运行 3 年。

任务 3.2　生物膜法

任务描述

<table>
<tr><td rowspan="3">任务目标</td><td>1. 知识目标
(1) 了解生物膜法的基本概念、工艺类型
(2) 掌握生物膜法净化原理、基本工艺流程、主要特征
(3) 掌握生物滤池、生物转盘、生物接触氧化法、生物流化床各工艺的组成、工作原理、运行特点等</td></tr>
<tr><td>2. 能力目标
生物滤池、生物转盘、生物接触氧化法、生物流化床各工艺的运行</td></tr>
<tr><td>3. 素质目标
具备自学、语言表达、计算机应用技术、沟通技巧、团队合作等基本素质</td></tr>
<tr><td>任务内容</td><td>生物滤池、生物转盘、生物接触氧化法、生物流化床设备运行操作</td></tr>
</table>

知识链接

3.2.1 基本概念

生物膜法是属于好养生物处理的方法，它是将废水通过好氧微生物和原生动物、后生动物等在载体填料上生长繁殖形成的生物膜，吸附和降解有机物，使废水得到净化的方法。生物膜法主要用于从污水中去除溶解性有机污染物，是一种被广泛采用的生物处理方法。根据装置的不同，生物膜法可分为生物滤池、生物转盘、接触氧化法和生物流化床等四类。

3.2.2 生物膜法的发展

1893 年英国 Corbett 在 Salford 创建了第一个具有喷嘴布水装置的生物滤池。

在 20 世纪 50 年代以前，生物膜法一直未被人们重视，其原因主要是因为生产中最早采用的生物膜法构筑物是以碎石为填料的滴滤池。碎石的比表面积小，能够为微生物附着生长的表面积小，因而滴滤池的负荷不可能很大，使其占地面积较大，卫生状况也不好。

20 世纪 50 年代，由于塑料工业的发展以及塑料填料引入生物膜处理系统，使生物膜法出现了许多具有重要意义的发展。因此，出现了许多新型的生物膜法设备。

20 世纪 70 年代末，为强化生物膜法反应器中的传质，流化床系统被引入生物膜处理中，称为生物流化床。生物流化床兼有活性污泥法和生物膜法的特点，又称为半生物膜和半悬浮生长系统。

3.2.3 生物膜法的机理

生物膜法处理系统的基本流程（见图 3-33）：废水经初次沉淀池后进入生物膜反应器，废水在生物膜反应器中经需氧生物氧化去除有机物后，再通过二次沉淀池出水。

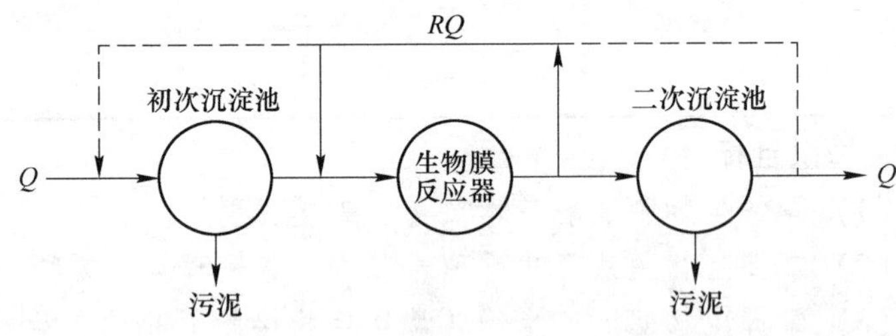

图 3-33 生物膜法基本流程

3.2.3.1 生物膜净化污水的机理

A 生物膜的构造特征

生物膜的构造特征：生物膜（好氧层+兼氧层+厌氧层）+附着水层（高亲水性）。

生物膜降解有机物如图 3-34 所示。

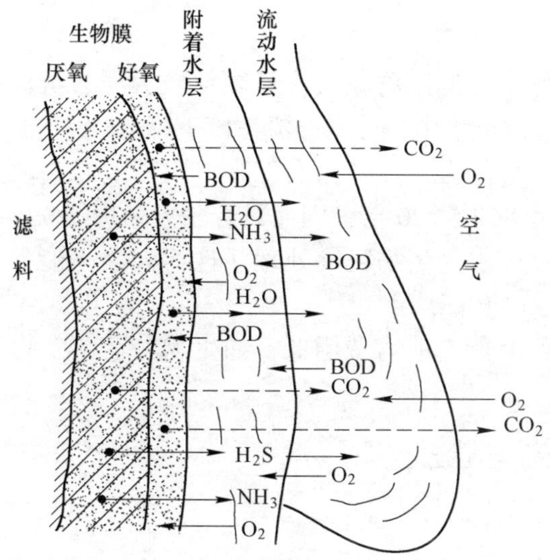

图 3-34　生物膜降解有机物

B　降解有机物的机理

（1）微生物。沿水流方向为细菌—原生动物—后生动物的食物链或生态系统。具体生物以菌胶团为主，辅以球衣菌、藻类等，含有大量固着型纤毛虫（钟虫、等枝虫、独缩虫等）和游泳型纤毛虫（楯纤虫、豆形虫、斜管虫等），它们起到了污染物净化和清除池内生物（防堵塞）作用。

（2）污染物。重→轻（相当多污带→α 中污带→β 中污带→寡污带）。

（3）供氧。借助流动水层厚薄变化以及气-水逆向流动，向生物膜表面供氧。

（4）传质与降解。有机物降解主要是在好氧层进行，部分难降解有机物经兼氧层和厌氧层分解，分解后产生的 H_2S、NH_3 等以及代谢产物由内向外传递进入空气中，好氧层形成的 NO_3^--N、NO_2^--N 等经厌氧层发生反硝化，产生的 N_2 也向外而散入大气中。

（5）生物膜更新。经水力冲刷，使膜表面不断更新（DO 及污染物），维持生物活性（老化膜固着不紧）。

3.2.3.2　生物膜法的特征

A　微生物相

（1）微生物的多样化。生物膜是由细菌、真菌、藻类、原生动物、后生动物以及一些肉眼可见的蠕虫、昆虫的幼虫组成（滤池蝇具有抑制生物膜过速增长的功能）。

（2）生物的食物链长。生物膜上的食物链要长于活性污泥，因此污泥量少于活性污泥系统。

（3）能够长时间存活的微生物。SRT 与 HRT 无关，因此硝化菌和亚硝化菌也得以繁衍、增殖，因此生物膜法的各种工艺都具有硝化功能，采取适当运行方式，可脱氮。

（4）分段运行与优势菌种。生物膜法分多段运行，每段繁衍与本段水质相适应的微生物。

B 处理工艺方面的特征

(1) 对水质、水量变动有较强的适应性。一段时间中断进水，对生物膜也不会有致命影响，通水后易恢复。

(2) 污泥沉淀性良好。污泥比重较大，且颗粒较大、易沉淀；但厌氧层过厚时，脱落的细小非活性悬浮物分散于水中，使水的澄清度下降。

(3) 微生物量多，处理能力大、净化功能强。附着生长，故生物膜含水率低，单位池容的生物量是活性污泥法的5~20倍，因而具有较大处理能力，净化功能显著提高。

(4) 能够处理低浓度废水。生物膜能处理活性污泥法不能处理的低浓度污水和微污染的原水，使 BOD_5降至5~10mg/L。

(5) 易于维护运行，节能，动力费用低，如生物转盘、生物滤池等，去除单位BOD的耗电量较少。

3.2.3.3 生物膜法的主要设施

A 生物滤池

(1) 生物滤池的基本原理。土壤自然净化原理。含有污染物的废水从上而下从长有丰富生物膜的滤料的空隙间流过，与生物膜中的微生物充分接触，其中的有机污染物被微生物吸附并降解，使得废水得以净化。主要净化功能是依靠滤料表面的生物膜对废水中有机物的吸附氧化降解作用。

(2) 生物滤池的分类。生物滤池按其结构可分为普通生物滤池（见图3-35）、高负荷生物滤池及塔式生物滤池（见图3-36）三种。

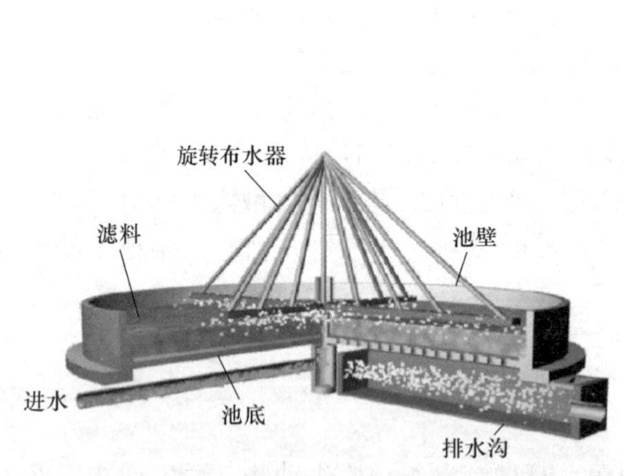

图3-35 普通生物滤池构造

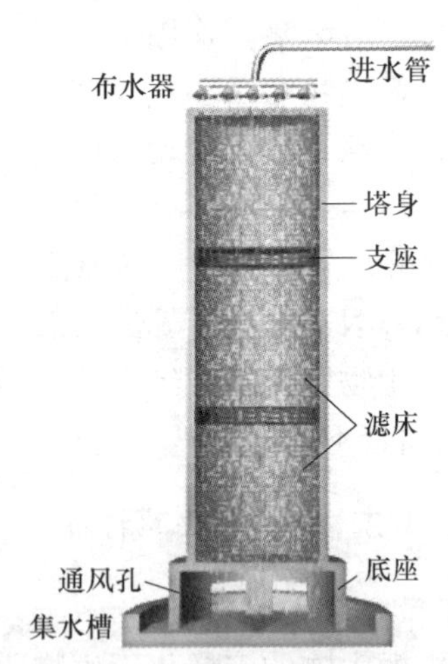

图3-36 塔式生物滤池构造

(3) 生物滤池的构造与组成。生物滤池一般主要由池体、滤料、布水装置、排水系统等四部分组成。

1) 池体。在平面上多为方形、矩形或圆形，高出滤池0.9~1.5m。在寒冷地区，有时需要考虑防冻、采暖或防蝇等措施。

①池壁：围护填料，应该能承受压力，分为有孔池壁和无孔池壁。有孔洞的池壁有利

于滤料的内部通风，但在冬季易受低气温的影响。

②池底：支撑滤料和排除处理后的水，池底四周设置通风口。

2）滤料。一般为实心拳状滤料，如碎石、卵石、炉渣等；工作层的滤料粒径为 25~40mm，承托层滤料粒径为 70~100mm；同一层滤料要尽量均匀，以提高孔隙率；滤料的粒径愈小，比表面积就愈大，处理能力愈高；但粒径过小，孔隙率降低，滤料层易被生物膜堵塞；一般当滤料的孔隙率在 45%左右时，滤料的比表面积约为 65（$100m^2/m^3$）。

理想的滤料应具备下述特性：

①能为微生物附着提供大量的面积；②使污水以液膜状态流过生物膜；③有足够的空隙率，保证通风（即保证氧的供给）和使脱落的生物膜能随水流出滤池；④不被微生物分解，也不抑制微生物的生长，有较好的化学性能；⑤有一定的机械强度；⑥价格低廉。

图 3-37 所示为生物滤池填料。

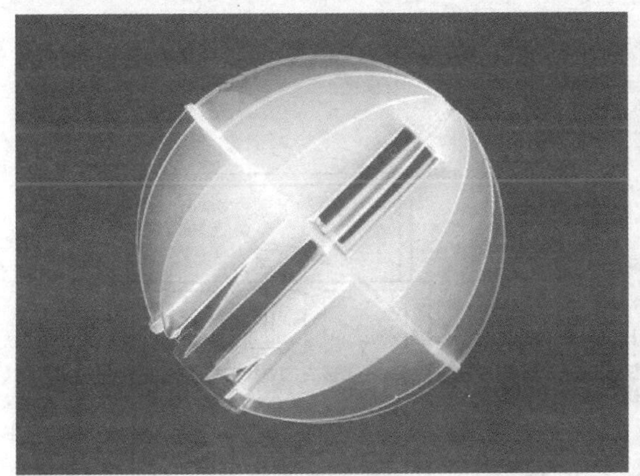

图 3-37　生物滤池填料

3）布水装置。布水装置的目的是将废水均匀地喷洒在滤料上；主要有两种：固定式布水装置（见图 3-38）、旋转式布水装置（见图 3-39）。普通生物滤池多采用固定式布水装置；高负荷生物滤池和塔式生物滤池则常用旋转布水装置。

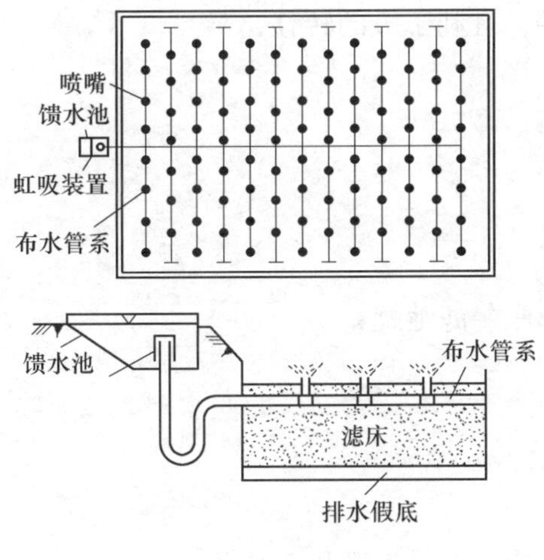

图 3-38　固定式布水装置

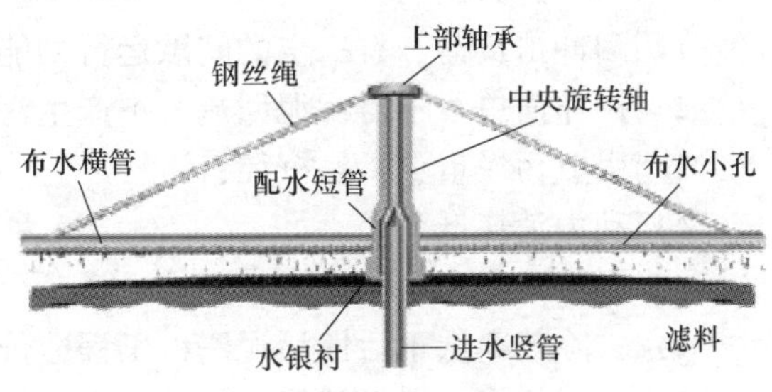

图 3-39　旋转布水器

4）排水系统。排水系统处于滤床的底部，其作用是收集、排出处理后的废水和保证良好的通风。一般由渗水顶板、集水沟和排水渠组成。渗水顶板用于支撑滤料，其排水孔的总面积应不小于滤池表面积的 20%；渗水顶板的下底与池底之间的净空高度一般应在 0.6m 以上，以利通风，一般在出水区的四周池壁均匀布置进风孔。

B　生物接触氧化池

a　生物接触氧化池的构造

生物接触氧化池（见图 3-40）由池体、填料、布水系统和曝气系统等组成。

（1）池形。方形、圆形，顶部稳定水层。

（2）填料。其特性对接触氧化池中生物量、氧的利用率、水流条件和废水与生物膜的接触反应情况等有较大影响；分为硬性填料、软性填料、半软性填料以及球状悬浮型填料等。填料高度一般为 3.0m 左右，填料层上部水层高约为 0.5m，填料层下部布水区的高度一般为 0.5~1.5m 之间。

（3）曝气装置。设在填料底部，可充分利用池容，填料间紊流激烈，生物膜更新快、活性高、不易堵塞；但检修较困难。

b　接触氧化池的分类

接触氧化池按曝气与填料的相对位置可为分流式和直流式。

（1）分流式。国外多用分流式，其特点是填料区水流较稳定，有利于生物膜的生长，但冲刷力不够，生物膜不易脱落；可采用鼓风曝气或表面曝气装置；较适用于深度处理。

（2）直流式。国内用直流式，曝气装置多为鼓风曝气系统；可充分利用池容；填料间紊流激烈，生物膜更新快、活性高、不易堵塞；检修较困难。

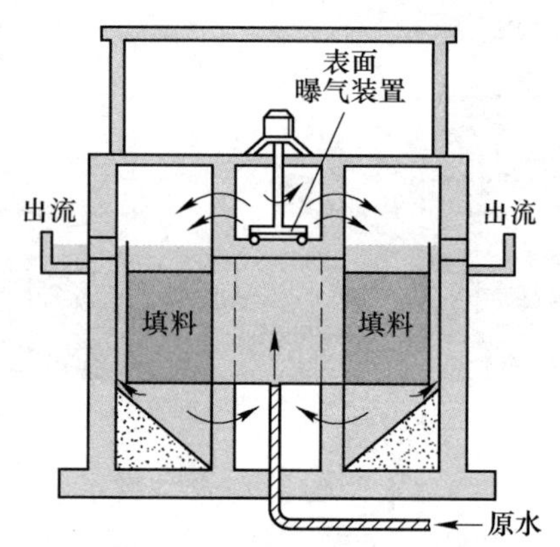

图 3-40　生物接触氧化池构造

c　生物接触氧化法的特征

（1）工艺方面：

1）采用多种形式填料，形成气液固三相共存，有利于氧的转移；

2）填料表面形成生物膜立体结构；

3）有利于保持膜的活性，抑制厌氧膜的增殖；

4）负荷高，处理时间短。

（2）运行方面：

1）耐冲击负荷，有一定的间歇运行功能；

2）操作简单，不需污泥回流，不产生污泥膨胀、滤池蝇；

3）生成污泥量少，易沉淀；

4）动力消耗低。

（3）缺点：

1）去除效率低于活性污泥法，工程造价高；

2）运行不当，填料可能堵塞，布水曝气不易均匀，易出现局部死角；

3）大量后生动物容易造成生物膜瞬时大量脱落，影响出水水质。

C　生物转盘法

a　生物转盘的构造特点

生物转盘由盘片、接触反应槽、转轴、驱动装置四部分组成。

(1) 盘片：

盘片的形状：外缘为圆形、多角形及圆筒形；盘面为平板、凹凸板、波形板、蜂窝板、网状板等以及各种组合。

盘片的厚度与材质：要求质轻、薄，强度高，耐腐蚀，同时还应易于加工，价格低等；一般厚度为 0.5~1.0cm；常用材料有聚丙烯、聚乙烯、聚氯乙烯、聚苯乙烯以及玻璃钢等。

转盘的直径：一般直径为 2.0m、2.5m、3.0m、3.5m 等，常用的是 3.0m。

盘片间的间距：一般为 30mm，高密度型则为 10~15mm。

(2) 接触反应槽。一般可以用钢板或钢筋混凝土制成，横断面呈半圆形或梯形；槽内水位一般达到转盘直径的 40%，超高为 20~30cm；转盘外缘与槽壁之间的间距一般为 20~40cm。

(3) 转轴：长度：0.5~7.0m，其直径 50~80mm，轴中心高于槽液面 150mm，$b/D=0.06\sim0.1$，b 为轴心与液面的距离。

(4) 驱动装置。驱动方式：电力、空气，水力驱动；转速：0.8~3.0r/min，外缘线速度 15~18m/min。

b　净化原理

生物转盘原理如图 3-41 所示。废水处于半静止状态，微生物在转动的盘面上；转盘 40%的面积浸没在废水中，盘面低速转动；盘面上生物膜的厚度与废水浓度、性质及转速有关，一般 0.1~0.5mm。

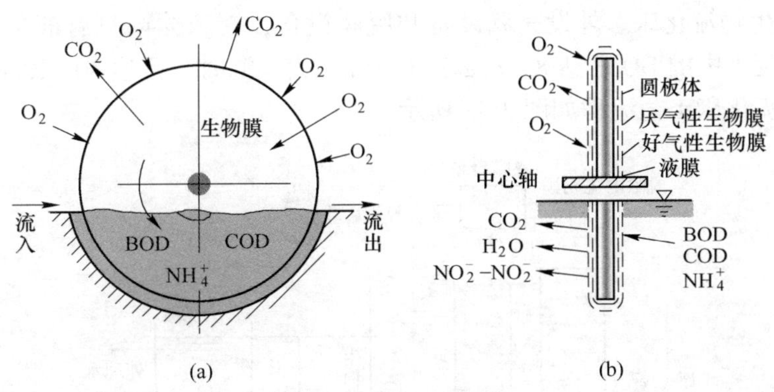

图 3-41　生物转盘原理

(a) 侧面；(b) 断面

c　工艺流程

(1) 生物转盘的布置。生物转盘的转速一般为 18m/min；有一轴一段、一轴多段，以及多轴多段等形式；废水的流动方式有轴直角流与轴平行流。多极布置：盘片面积不变，能提高处理水水质和 DO 含量。

(2) 生物转盘为主体的工艺流程（见图 3-42）。需要有预处理，调节池可小点（与活性污泥相比），高浓度有机废水，中间设沉淀池。

（3）以去除BOD为主要目的的工艺流程：

废水→沉砂池→沉淀池→生物转盘→二沉池→出水。

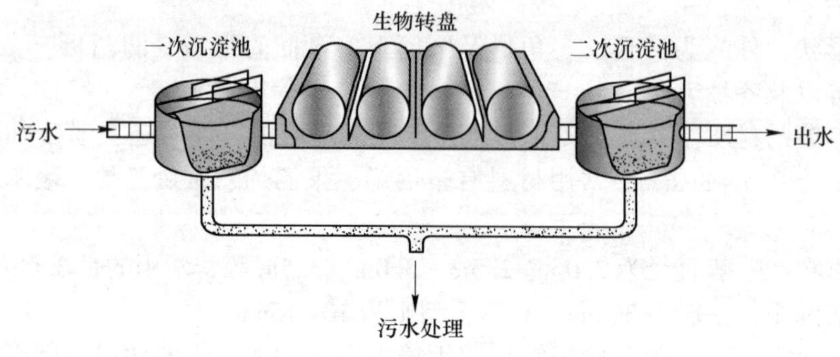

图3-42　生物转盘工艺流程

D　生物流化床

a　生物流化床基本原理

废水和从生物流化床反应器出水的回流水在充氧设备进口处与空气混合后，从反应器的底部进入，自下而上通过反应器，使续料保持在流化的工作状态，经填料上的生物膜处理后的废水，除部分回流到无氧设备进口处外，最后流入二次沉淀池，以便沉掉悬浮的生物量，排出合格的水。

b　生物流化床的工艺类型

根据供氧方式、脱膜方式及床体结构等的不同，可分为两相生物流化床和三相生物流化床。

（1）两相生物流化床。外设充氧设备和脱膜设备，在床体内只有液、固两相；进入反应器之前，废水中的DO可达8~9mg/L（以纯氧为气源时，可达30~40mg/L）。

两相生物流化床工艺流程如图3-43所示。

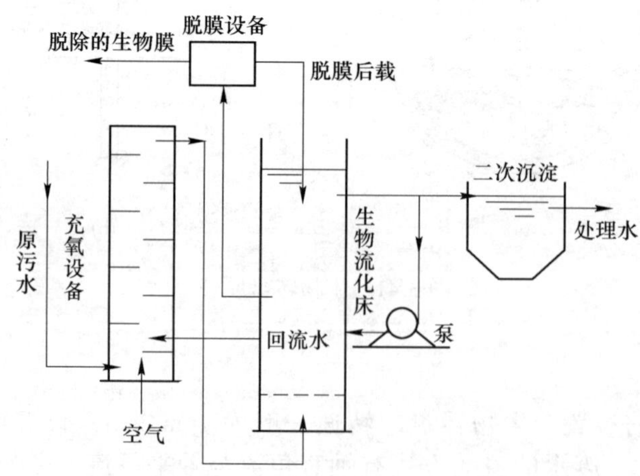

图3-43　两相生物流化床工艺流程

(2) 三相生物流化床。直接向反应器内充氧，床体内有气、固、液三相共存；气体搅动剧烈，载体颗粒之间摩擦剧烈，可使表层的生物膜自行脱落，因此无须体外脱膜装置。

三相生物流化床如图 3-44 所示。

c　生物流化床的特点

(1) 优点：

1) 生物固体浓度高（40～50g/L），因此容积负荷较高（3～6kgBOD_5/(m^3·d)以上），水力停留时间可大大缩短，基建费用较少；

2) 无污泥膨胀或其他生物膜法中的滤料堵塞；

3) 能适应不同浓度范围的废水，能适应较大的冲击负荷；

4) 由于容积负荷和床体高度较大，占地面积较小；

5) 微生物活性高；

6) 传质效果好。

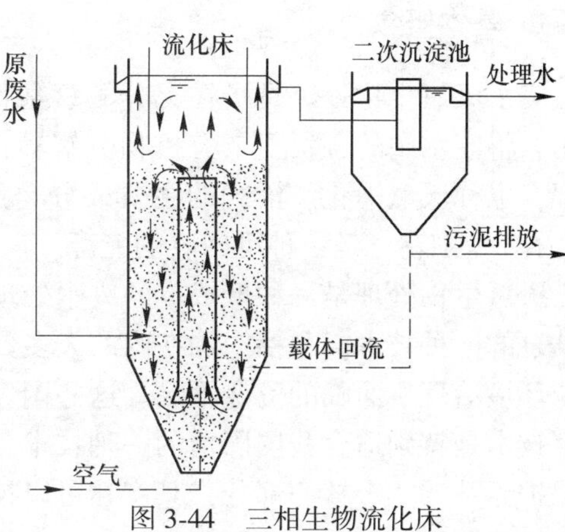

图 3-44　三相生物流化床

(2) 缺点：

1) 投资低，但运转费用高（载体流化的动力消耗）；

2) 实际生产运行的经验较少，对于床体内的流动特征尚无合适的模型描述，在进行放大设计时有一定的不确定性。

任务 3.3　厌氧生物处理法

任务描述

<table>
<tr><td rowspan="3">任务目标</td><td>1. 知识目标
(1) 理解厌氧生物处理基本概念、原理、特征、应用现状等
(2) 掌握各厌氧生物处理反应器工作过程、设备特征等</td></tr>
<tr><td>2. 能力目标
能够完成 UASB 工艺操作</td></tr>
<tr><td>3. 素质目标
具备自学、语言表达、计算机应用技术、沟通技巧、团队合作等基本素质</td></tr>
<tr><td>任务内容</td><td>1. 讲述各厌氧生物处理反应器工作过程及特征
2. 讲述 UASB 反应器的组成、每部分的作用、工作原理，运行 UASB 反应器（包括初次启动，每个阶段的任务，判断标准等）</td></tr>
</table>

知识链接

3.3.1　基本概念

废水厌氧生物处理是指在无分子氧条件下，通过厌氧微生物（包括兼养微生物）的作用，将废水中的各种复杂有机物分解转化成甲烷、二氧化碳等物质（即沼气）和水的过程，也称厌氧消化。沼气的主要成分是约 2/3 的甲烷和 1/3 的二氧化碳，以及少量的 H_2、NH_3、H_2S，是一种可回收的能源。

厌氧生物处理是一种低成本的废水处理技术，它又是把废水的处理和能源的回收利用相结合的一种技术。包括中国在内的大多数国家面临严重的环境问题、能源短缺及经济发展与环境治理所面临的资金不足。这些国家需要既有效、简单又费用低廉的技术。因此，厌氧技术是特别适合我国国情的一种技术。厌氧生物处理技术同时可以作为能源生产和环境保护体系的一个核心部分，其产物可以被积极利用而产生经济价值。例如，处理过的洁净水能被用于鱼塘养鱼、灌溉和施肥；产生的沼气可作为能源；剩余污泥可以作为肥料并用于土壤改良。

3.3.2　厌氧消化三个阶段

（1）水解酸化阶段。复杂的大分子、不溶性有机物先在细胞外酶的作用下水解为小分子、溶解性有机物，然后渗入细胞体内，分解产生挥发性有机酸、醇类等。这阶段主要产生较高级脂肪酸。

（2）产氢产乙酸阶段。在产氢产乙酸细菌作用下，第一阶段产生的各种有机物被分解转化成乙酸和 H_2。

（3）产甲烷阶段。产甲烷细菌将乙酸、乙酸盐、CO_2 和 H_2 等转化为甲烷。此过程由两组生理上不同的产甲烷菌完成，一组把氢和二氧化碳转化成甲烷，另一组从乙酸或乙酸盐脱羧产生甲烷；前者约占总量的 1/3，后者约占 2/3。

虽然厌氧消化过程从机理上分为三个阶段，但在厌氧反应器中，三个阶段是同时进行的，如图 3-45 所示。

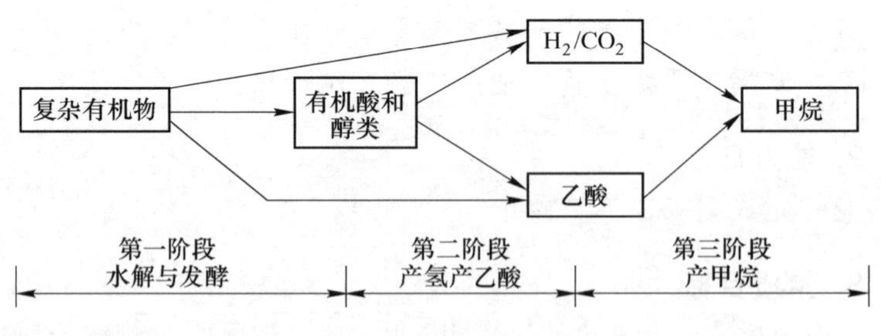

图 3-45　三阶段厌氧消化过程示意图

3.3.3　选择废水厌氧生物处理技术的依据

我国水污染的主要污染物是有机污染，有机废水，尤其是高浓度有机废水的处理方法，主要取决于废水的性质。按性质废水大致可以分为以下三大类：

（1）易生物降解的废水。主要来自农牧产品和禽畜粪便等，如轻工食品发酵废水和禽畜饲养排放的废液等。这类废水有机物浓度高，且可利用成分多。

（2）难生物降解的有机废水。主要来自化学工业、石油化工和炼焦工业等，如制药厂、染料厂、人造纤维厂、焦化厂等。

（3）有害有机废水。主要来自化学工业和发酵工业，如味精废水、糖蜜酒精废水等。这类有机物可能是易于生物降解的，但由于废水中含有某些有害物质，如重金属、高氮、高硫等，对微生物有毒害作用。

对于第一类有机废水，其有机组分主要是糖类、蛋白质和脂类。这类高浓度有机废水的治理，由于有可回收有用物质，如玉米酒精废液采用蒸发浓缩技术回收干酒精槽，应优先考虑采用厌氧处理技术，不仅高效高、能耗低，并能回收大量生物能。对于第二类高浓度有机废水，由于主要是难生物降解的高分子有机物，单独采用好氧生物处理技术往往达不到满意的处理效果，而采用厌氧技术则可提高其可生化性或可降解性。因此，采用厌氧-好氧串联工艺是最佳选择。对于第三类高浓度有机废水，首先要通过适当的化学或物化法预处理，去除废水中有毒有害物质，仍可采用厌氧生物处理技术。

可见，对于高浓度有机废水，应优先考虑采用厌氧生物处理技术，作为去除有机物的主要手段。高浓度有机废水仅通过厌氧生物处理工艺，出水往往达不到排放标准，仍需后续采用好氧生物处理工艺。因此，对于高浓度有机废水采用以厌氧生物处理工艺为主、好氧生物处理工艺为辅的技术路线是理想的选择。

3.3.4 厌氧微生物处理影响因素

（1）温度。控制厌氧消化的主要因素。

（2）pH 值。甲烷菌生长适宜的 pH 值范围约在 6.8~7.2 之间。

（3）有毒物质。主要是重金属和某些阳离子，必须严格控制排入城市排水系统的工业废水中的重金属等离子的含量。

（4）营养物质的配比。碳氮磷比值控制在（200~300）∶5∶1 为宜，好氧法中为 100∶5∶1。碳氮比例对厌氧消化的影响最重要。

（5）搅拌。整个消化池内的温度、底物、甲烷细菌应分布均匀，并避免在消化池表面结成污泥壳，加速消化气的释放。

3.3.5 厌氧生物处理的特点

厌氧生物处理主要适用于城市污水处理厂的污泥、有机废料以及高浓度有机废水的处理，也可用于处理中、低浓度的有机废水。主要特点如下：

（1）应用范围广。

（2）能耗低。

（3）负荷高。

（4）剩余污泥量少。厌氧生物法去除 1kgCOD 只产生 0.02~0.1kg 污泥量，且污泥的浓缩性和脱水性较好。

（5）氮、磷营养需要量较少。好氧生物法一般要求 BOD∶N∶P=100∶5∶1，而厌氧生物法要求 BOD∶N∶P=200∶5∶1。

（6）杀菌效果好。

3.3.6　厌氧生物法与好氧生物法比较

（1）启动和处理时间长。厌氧微生物增长缓慢，厌氧设备启动和处理的时间比好氧设备长。

（2）出水难以直接达标排放。

（3）操作控制复杂。

3.3.7　厌氧生物处理工艺的分类

废水厌氧生物处理技术发展到今天已取得了很大的进展，已开发出各种厌氧反应器种类。为了应用的方便，可以对不同类型的厌氧反应器进行分类。

（1）按发展年代分类。有人把 20 世纪 50 年代以前开发的厌氧消化工艺称为第一代厌氧反应器，如化粪池、稳化池、普通消化池、高速消化池、厌氧接触法等；而把 60 年代以后开发的厌氧消化工艺称为第二代或现代厌氧反应器，如厌氧生物滤池、升流式厌氧污泥层反应器、厌氧膨胀床、厌氧流化床、厌氧生物转盘、厌氧折流板反应器；一般把 EGSB 和 IC 反应器称为第三代厌氧反应器。

（2）按厌氧反应器的流态分类。可分为活塞流型厌氧反应器和完全混合型厌氧反应器，或介于活塞流和完全混合两者之间的厌氧反应器。如化粪池、升流式厌氧滤池和活塞流式消化池接近于活塞流型；而带搅拌的普通消化池和高速消化池是典型的完全混合反应器；升流式厌氧污泥层反应器、厌氧折流板反应器和厌氧生物转盘等是介于完全混合与活塞流之间的厌氧反应器。

（3）按厌氧微生物在反应器内的生长情况不同分类。厌氧反应器又可分为成悬浮生长厌氧反应器和附着生长厌氧反应器。如传统消化池、高速消化池、厌氧接触法和升流式厌氧污泥层反应器等，厌氧活性以絮体或颗粒状悬浮于反应器液体中生长，称为悬浮生长厌氧反应器；而厌氧滤池、厌氧膨胀床、厌氧流化床和厌氧生物转盘等，微生物附着于固定载体或流动载体上生长，称为附着生长厌氧反应器。

把悬浮生长与生长结合在一起的厌氧反应器称为复合厌氧反应器，如 UBF，其下面是升流式污泥床，上面是充填填料厌氧滤池，两者结合在一起，故称为升流式污泥床——过滤反应器，英文缩写称 UBF。

（4）衍生的厌氧反应器。衍生的厌氧反应器有 EGSB、IC 反应器和 USR 等，这几种厌氧反应器均是在 UASB 反应器基础上衍生出的。EGSB 相当于把 UASB 反应器的厌氧颗粒污泥处于流化状态。而 IC 反应器则是把 2 个 UASB 反应器上下叠加，利用污泥床产生的沼气作为动力来实现反应器内混合液的循环。UASB 反应器去掉三相分离器后就成了用于处理高固体的废液的 USR。

（5）按厌氧消化阶段分类。可分为单相厌氧反应器和两相厌氧反应器。单相厌氧反应器是把产酸阶段与产甲烷阶段结合在一个反应器中；两相厌氧反应器是把产酸阶段和产甲烷阶段分别在两个互相串联的反应器进行。由于产酸阶段的产酸菌反应速率快，而产甲烷阶段的反应速率慢，因此两者分离可充分发挥产酸阶段微生物的作用，从而提高系统整体反应速率。

3.3.8 厌氧生物处理工艺

3.3.8.1 第一代废水厌氧生物处理技术

通常把20世纪50年代以前开发的厌氧消化工艺称为第一代厌氧反应器，其中化粪池和隐化池（双层沉淀池）主要用于处理生活废水下沉的污泥，传统消化池与高速消化池用于处理城市污水厂初沉池和二沉池排出的污泥。

第一代厌氧反应器如传统厌氧消化池和高速厌氧消化池的特点是污泥龄（SRT）等于水力停留时间（HRT）。为了使污泥中的有机物达到厌氧消化稳定，必须维持较长的污泥龄，即较长的水力停留时间。所以反应器的容积很大，反应器的处理效能较低。

第一代厌氧反应器有化粪池、稳化池、普通消化池、高速消化池、厌氧接触法等。主要对普通消化池和厌氧接触法进行讨论。

A 普通厌氧消化池

最早用于处理废水的厌氧消化构筑物为普通厌氧消化池。普通消化池的工艺流程是：借助消化池内的厌氧活性污泥对待处理的有机污泥（在工艺中称之为生污泥）进行降解。生污泥从池顶部进入池内，通过搅拌与池中原有的厌氧活性污泥混合接触，进行厌氧消化，使污泥中的有机污染物转化、分解。从消化池池顶收集厌氧消化产生的气体（沼气），消化后的污泥从池底排出。

B 厌氧接触法（厌氧活性污泥法）

在普通厌氧消化池的基础上，为提高处理效率，采取连续搅拌使废水中的有机物与厌氧污泥充分接触，并将间断进排水改为连续进排水；为解决由此产生的厌氧污泥流失问题，可在原有消化池后增设一个沉淀池，将沉淀下来的污泥回流到消化池；为消除消化池出流污泥携带的气泡，可在沉淀池前增设一个脱气装置，保障沉淀池的沉淀效率，由此形成的新的厌氧消化处理工艺称作厌氧接触法。

废水进入消化池后与回流污泥相混合，从消化池排出的混合液，在沉淀池进行固、液分离，废水由沉淀池上部排出，下沉污泥由下部回流至消化池。

由于采取了回流措施，在厌氧消化池内保持了大量的厌氧活性污泥，提高了有机负荷，缩短了水力停留时间。

从研究和实践表明，厌氧接触法适宜处理废水中含有悬浮固体在10000~20000mg/L，入流COD在2000~100000mg/L。

与处理有机废水的传统消化方法相比，厌氧接触法具有负荷高、耐冲击负荷、运行稳定等特点，因此得到了广泛应用。与其他高速厌氧反应器（如UASB、AAFEB、AFB）比较，它的负荷率较低，其负荷率通常只相当于UASB反应器的1/5~1/3。厌氧接触工艺的负荷率受其中污泥浓度低的制约。在高的污泥负荷下，厌氧接触工艺也会产生类似好氧活性污泥的污泥膨胀问题。一般认为反应器中污泥的体积指数（SVI）应在70~150mL/g。当反应器的污泥负荷超过0.25kgCOD/(kgVSS·d)时，污泥的沉淀即可能发生恶化。反应器内厌氧污泥的浓度也是有限度的，当反应器内污泥浓度超过18VSS/L时，污泥的固液分离会更加困难。这是厌氧接触工艺负荷率不能提高的重要原因之一。在一般情况下，完全混合厌氧反应器的污泥活性要低于升流反应器的厌氧颗粒污泥活性，这也是厌氧接触工艺负荷率不高的原因。

3.3.8.2　第二代废水厌氧生物处理技术

一般把20世纪60年代以后开发的厌氧消化工艺称为第二代或现代厌氧反应器。其特点是污泥龄（SRT）与水力停留时间（HRT）分离，两者不相等。可以维持很长的污泥龄，水力停留时间很短，即HRT<SRT。可以在反应器内维持很高的生物量，所以反应器有很高的处理效能。

A　上流式厌氧污泥床法（UASB）

上流式厌氧污泥床反应器（upflow anaerobic sludge blanket，UASB）（见图3-46）是由荷兰Wageningen农业大学的G. Lettinga教授等人在20世纪70年代研制开发的。反应器经历了360L、$6m^3$、$30m^3$、$200m^3$的逐次放大，至今最大的设备容积已达$5500m^3$。继荷兰之后，德国、瑞典等国也相继开展了许多研究工作。国内对UASB的研究是由北京环境保护科学研究所于70年代末首先开始的，在溶剂、酒精、肉类加工、纤维板等生产废水的处理方面，均取得了良好的处理效果。

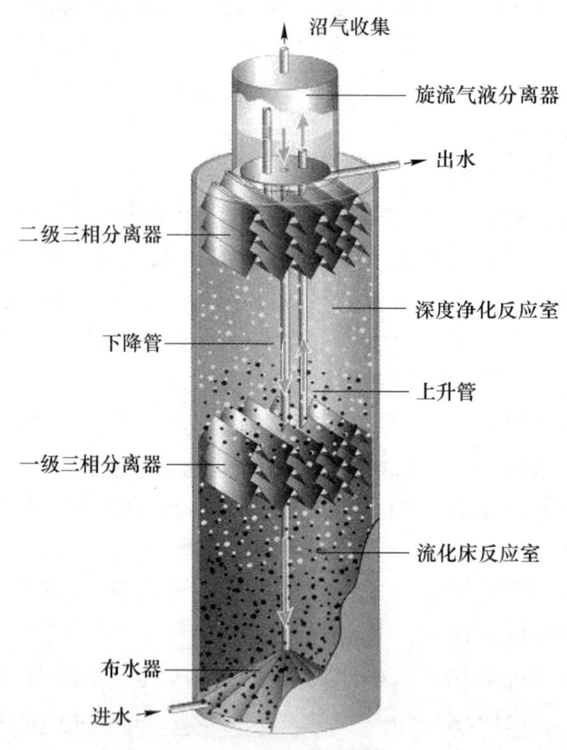

图3-46　上流式厌氧污泥床反应器

a　UASB工作原理

UASB反应器的主体部分是一个无填料的空容器，分为反应区和沉降区两部分。反应区根据污泥的分布情况又可分为污泥悬浮层区和污泥床区。污泥床主要由沉淀和凝聚性能良好的厌氧污泥组成，浓度可达50~100gSS/L或更高。污泥悬浮层主要靠反应过程中产生的气体的上升搅拌作用形成，污泥浓度较低，一般在5~40gSS/L范围内。UASB装置的最大特点在于其上部设置了一个专用的气（沼气）-液（废水）-固（污泥）三相分离器。

当反应器运行时，废水以一定流速从底部布水系统进入反应器，通过污泥床向上流动，料液与污泥中的微生物充分接触并进行生物降解，生成沼气，沼气以微小气泡的形式不断放出。微小气泡在上升过程中将污泥托起，即使在较低负荷下也能看到污泥床有明显膨胀。随着产气量增加，这种搅拌混合作用加强，减少了污泥中夹带的气体释放的阻力，气体便从污泥床内突发性逸出，引起污泥床表面略呈沸腾流化状态。沉淀性能不太好的污泥颗粒或絮体在气体的搅动下，于反应器上部形成悬浮污泥层。气、水、泥混合液上升至三相分离器内，沼气在上升过程中碰到反射板受偏折，穿过水层进入气室，由导管排出反应器。脱气后的混合液进入上部静置的沉淀区，在重力作用下，进一步进行固、液分离，沉降下的污泥通过斜壁返回至反应区内，使反应区内积累大量微生物，澄清的处理水从沉淀区溢流排出。由于在 UASB 反应器中能培养得到一种具有良好沉降性能和高比产甲烷活性的颗粒厌氧污泥（granular anaerobic sludge），因而使其具有一定的优越性。

b　UASB 反应器特性

UASB 反应器常采用钢结构或钢筋混凝土结构。当采用钢结构时，常为圆形断面；采用钢筋混凝土结构时，常为矩形断面。根据三相分离器构造的要求，为便于设计和施工，一般采用矩形断面为宜。

UASB 反应器池顶根据三相分离器的结构与环境条件，可以是密闭的，也可以是敞开的。

封闭式 UASB 反应器的特点是顶部加盖密封，在出水水面与池顶之间形成一个大的气室，可以同时收集反应区和沉淀区产生的沼气。这种反应器适用于处理高浓度有机废水或含硫酸盐较高的有机废水，其池盖也可为浮盖式。

敞开式 UASB 反应器的特点是出水水面是敞开的，或加一层不密封的盖板。这种形式的反应器构造简单，便于施工安装、操作管理与维修，适用于中低浓度有机废水的处理。

不论是封闭式，还是敞开式 UASB 反应器，其基本组成大致相同，主要包括以下几个部分。

(1) 进水配水系统。进水配水系统的功能主要是将废水均匀分配到整个反应器，并进行水力搅拌，是反应器高效运行的关键之一。

从水泵来的废水通过配水设备流入布水管。配水设备是由一根可旋转的配水管与配水槽构成，配水槽为圆环形，被分隔成若干单元，每个单元与一根通进反应器的布水管相连。从水泵来的水管与可旋转的配水管相连接。工作时配水管旋转，在一定的时间间隔内，废水流进配水槽的一个单元，由此流进一根布水管，进入反应器。

布水点设在反应器的底平面上，为使基质与污泥接触充分，应进行合理设置。布水点均匀分布在池底上，且高度不同。根据有关资料与研究实践，认为布水的不均匀系数为 0.95 时，可达到布水均匀的目的。荷兰研究者提出，在装置放大时应按比例增加布水点的数量，使每 $5m^2$ 底面积有一个布水点。这种布水方式对于整个反应器来说是连续进水，而对于每个布水点而言，则是间断进水，布水管的瞬时流量与整个反应器的流量相等。

在生产运行装置中所采用的进水方式大致可分为间歇式、脉冲式、连续均匀流、连续与间歇回流相结合等几种。

(2) 反应区。反应区是反应器的主要部分，包括污泥床区和污泥悬浮层区，废水中有机物主要在此处被厌氧菌分解。

（3）三相分离器。三相分离器的作用是把沼气、污泥和液体分开。UASB 反应器所具有的这种分离器是考虑到厌氧工艺细菌生长速率很慢这一特点而设计的，由沉淀区、回流缝和气封组成。污泥经沉淀区沉淀后由回流缝直接回流到反应区，保证流失的污泥量小于反应器内的生成量，沼气经分离后进入气室。三相分离器的分离效果将直接影响反应器的处理效果。

（4）出水系统。出水的均匀排出是保证反应器均匀稳定运行的关键因素之一，尤其是对固液分离的影响较大。通常每个单元三相分离器设一出水槽。当 UASB 反应器为封闭式时，总出水管必须通过一个水封，以防漏气和确保厌氧条件。当处理废水中含蛋白质和脂肪或含有大量悬浮固体时，出水一般也夹带有大量悬浮固体或漂流污泥，为减少出水悬浮固体量，在出水槽前应设置挡板，以提高出水水质。

（5）气室。气室也称集气罩，作用是收集处理过程中产生的沼气，气室上方开口连有导管，引导沼气排入水封。

（6）浮渣清除系统。在废水处理过程中，尤其是处理含蛋白质和脂肪较高的工业废水时，在气室和反应器液面会形成一层较厚的浮渣层，影响反应器的正常运行，如阻碍沼气的顺利释放，堵塞导管，使部分沼气从沉淀区逸出，干扰沉淀区的沉淀效果等，因此应设置浮渣清除系统。在沉淀区液面产生的浮渣层可用刮渣机清除；在气室产生的浮渣较难清除，必须设置冲洗管和循环水泵（或气泵），定期进行循环水或沼气反冲。

（7）排泥系统。UASB 反应器污泥床区均匀排泥也是影响反应器正常工作的重要因素。若集中在一点排泥，则污泥床的污泥分布不均，排泥口附近的污泥浓度会大大降低，从而影响该处废水的处理效果，因此应将排泥点均匀设置在池底，一般每 $10m^2$ 设一个排泥口。当采用穿孔管配水系统时，可同时把穿孔管兼作排泥管。为防堵塞，专设排泥管管径一般在 200mm 以上。为方便运行，可在反应器半高处或三相分离器下 0. 5m 处再设一排泥口，沿反应器高度均匀设 5~6 个污泥取样管。

c　厌氧污泥颗粒

UASB 工艺之所以能够以高负荷处理废水，其最重要的原因在于反应器内以产甲烷菌为主体的厌氧微生物形成了 1~5mm 的颗粒污泥，换言之，能够形成颗粒化污泥是 UASB 反应器的突出特点。

事实证明，若反应器内的污泥以松散的絮状体存在，容易出现污泥上浮流失，使反应器不能在较高的负荷下稳定运行。而颗粒污泥能长期保持形态上的稳定性，生产装置在形成颗粒污泥后，能够长期拥有良好沉降性能的污泥，并能为新装置提供颗粒污泥作为接种物，从而加快新装置的启动过程，使反应器能高效稳定运行。

d　评价

UASB 反应器不仅可用于处理高中等浓度的有机废水，还可用于处理如城市污水之类的低浓度有机废水，已成为第二代厌氧废水处理反应中发展最为迅速、应用最为广泛的装置。据统计，目前世界上约有上千座 UASB 反应器在运行中。

UASB 反应器具有的主要优点为：（1）有机负荷高，处理效果好；（2）污泥颗粒化后增强了反应器对不利条件的抗性；（3）不需搅拌和回流污泥的设备，节省投资和能耗；（4）三相分离器的设置避免了附设沉淀分离装置和辅助脱气装置等，简化了工艺，节省运行费用；（5）反应器内无须投加填料和载体，提高了容积利用率，避免了堵塞。UASB 反应器存在的主要问题是需要 3~6 个月来培养驯化颗粒污泥，依靠反应器内增殖积累厌氧污泥甚至需 1~2 年，故启动运行时间较长。另外，污泥床内有短流现象发生，最大可达 70%~80%，影响设备的处理能力；对水质和负荷较敏感，缓冲能力小，要求进水和负荷要相对稳定，管理要求更高。且 UASB 反应器一般不能去除废水中的氮和磷，故在处理高中等浓度的废水时，宜采用厌氧-好氧串联工艺，即用 UASB 反应器去除废水中大部分含碳有机物作为预处理，用好氧处理设备去除残余的含碳有机物和氮、磷等物质。

B 厌氧流化床（AFB）

厌氧流化床如图 3-47 所示，床内填充细小的固体颗粒作为载体，常用的载体有石英砂、无烟煤、活性炭、陶粒和沸石等，粒径为 0.2~1mm 废水从床底部流入。为使填料层膨胀或流化，常用循环泵将部分出水回流，以提供床内水流的上升速度。

在流化床系统中，依靠在惰性的填料微粒表面形成的生物膜来截留厌氧污泥。废液与污泥的混合、物质传递依靠这些带有生物膜的颗粒形成流态化来实现。实现流态化要依靠一部分出水回流使载体颗粒在反应器内处于流化状态。

流化床反应器的主要特性如下：（1）流态化能保证厌氧微生物与被处理的废水充分接触。（2）由于颗粒与流体相对运动速度高、液膜扩散阻力小、形成生物量大、生物膜较薄、传质作用强，因此，生物化学反应过程快，反应器的水力停留时间短。（3）细颗粒的载体为微生物附着生长提供较大表面积，使反应器内具有很高的微生物浓度（一般为 30gVSS/L 左右），因此有机物容积负荷较大，一般为 10~40kg/(m^3 · d)，具有良好的耐冲击负荷能力。（4）既可用于高浓度有机废水厌氧处理，又可用于低浓度城市污水处理。（5）由于反应器负荷大，高度与直径比例大，因此占地面积可减少。（6）可克服厌氧生物滤池的堵塞与沟流问题。

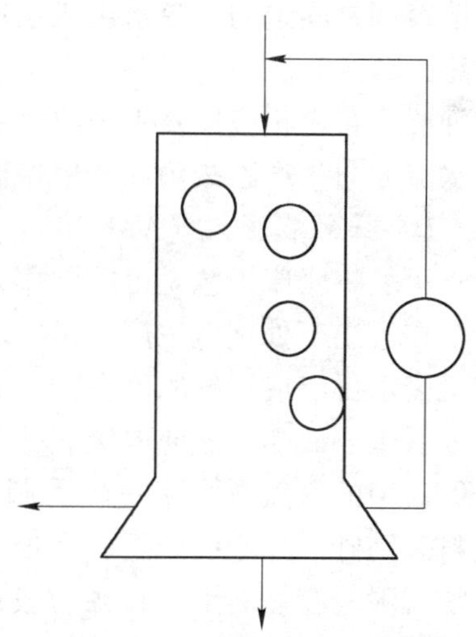

图 3-47 厌氧流化床反应器

但是，厌氧流化床反应器存在着几个尚未解决的问题。主要是为了实现良好的流态化并使污泥和填料不致从反应器流失，必须使生物颗粒保持形状、大小和密度的均匀，但这一点难以做到，因此稳定的流态化也难以保证。为取得高的升流速度以保证流态化，流化床反应器需要大量的回流水，这样导致能耗加大、成本上升。由于上述原因，流化床反应器至今没有大规模的生产设施运行。

C 厌氧滤池（AF）

厌氧滤池（AF）（见图 3-48）是一种内部填充有微生物载体的厌氧生物反应器。厌氧微生物一部分附着生长在填料上，形成厌氧生物膜；另一部分在填料空隙处于悬浮状态。一般认为，厌氧滤池是在 McMcarty 和 Couler 等人工作的基础上，由 Young 和 McCarty 于 1969 年开发的厌氧工艺。厌氧滤池通过在反应器内充填各种类型的固体填料，如炉渣、瓷环、塑料等来处理有机废水。污水在流动过程中保持与水力停留下取得较长的污泥龄，平均细胞停留时间可以长达 100d 以上。

厌氧滤池的优点如下：(1) 生物固体浓度高，因此可以获得较高的有机负荷。(2) 微生物固体停留时间长，因此可以缩短水力停留时间，耐冲击负荷能力也较强。(3) 启动时间短，停止运行后再启动比较容易。(4) 不需污泥回流，运行管理方便。

厌氧滤池的缺点是载体相当昂贵，据估计载体的价格与构筑物价格相当。另一个缺点是如采用的填料不当，在污水的悬浮物较多的情况下容易发生短路和堵塞，这是厌氧滤池工艺不能迅速推广的主要原因。

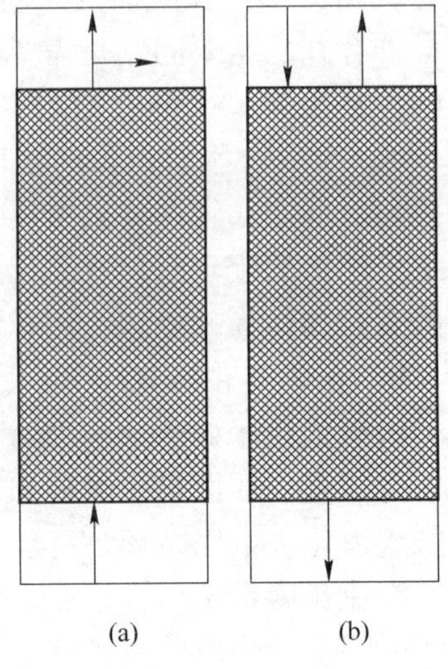

图 3-48　厌氧滤池
(a) 上流式；(b) 下流式

按水流方向厌氧生物滤池可分为两种主要形式。废水向上流动通过反应器的厌氧滤池称为升流式厌氧滤池，当有机物浓度和性质适宜时采用的有机负荷可高达 10~20kg/(m^3·d)；另外还有下流式厌氧滤池，也称下流式厌氧固定膜反应器（DSFF）。不管是什么形式，系统中的填料都是固定的，废水进入反应器内，逐渐被细菌水解酸化，转变为乙酸，最终被产甲烷菌矿化为 CH_4，废水组成随不同高度而变化。因此微生物种群分布也相应地发生规律性变化。在废水入口处，产酸菌和发酵细菌占较大比例；随着水流方向，产乙酸菌和产甲烷菌逐渐增多并占据主导地位。

D　厌氧膨胀床（AAFEB）

厌氧膨胀床工艺是由美国康乃尔大学的 Jewell 等人在 1974 年研制成功的，这也是第一个在常温下处理低浓度有机污水的厌氧生物反应器。Jewell 认为采用膨胀床处理低浓度有机废水得以成功的原因在于反应器内活性生物量浓度高，达到 30kg/m^3，出水悬浮固体浓度低于 5mg/L。这使得厌氧膨胀床有较高污水处理效率，而且污泥产量低。

典型的厌氧膨胀床一般为圆柱形结构，填装的惰性颗粒填料占反应器容积的 10%，填料采用砂、细小的砾石、无烟煤、颗粒塑料等，为了节省能量，填料密度要小。厌氧微生物就附着在填料上，粒径一般在 0.3~3.0mm 之间，比厌氧流化床填料颗粒稍大。为了使床层膨胀，要采用出水回流。在较大上升流速下，颗粒被水流提升，产生膨胀现象。厌氧膨胀床的优点是最大限度地减少了堵塞问题。实际运行中可通过调节回流泵的流量来控制床层膨胀率。

厌氧膨胀床的特点：

(1) AAFEB 采用小粒径的固体颗粒作为介质，使流态化后的介质与废水之间有了最大的接触，为微生物的附着生长提供了巨大的表面积，远远超过了厌氧生物滤池和厌氧生物转盘。这样不仅使附着生物量维持很高（平均高达 60kgVSS/m^3），而且相对疏散。生物膜的厚度和结构也因流化时不停地运动和相互摩擦而处于最佳状态，能够有效地避免因有机物向生物膜内扩散困难而引起的微生物活性下降。

(2) AAFEB 的膨胀率为 10%~20%，这样能够有效地防止污泥堵塞，消除反应器的短流和气体滞留现象。附着生物膜的固体颗粒由于流态化，可促进生物膜与废水界面的不断更新，提高了传质推动力，强化了传质过程，同时也增强了对有机物负荷和毒物负荷冲击的承受能力。

（3）AAFEB 反应器在生产运行中膨胀生物体一般大于 $20kgVSS/m^3$，生产规模的厌氧附着膨胀床反应器要有很高的循环率，渠状水流是该系统中存在的一个问题。反应器顶部的泡沫会引起颗粒的流失，必须采用机械或水力控制方法缓解这种现象。考虑到工艺发生故障活性生物体的损失问题，对于一些反应器还要考虑设置超滤等分离装置。

E 厌氧生物转盘

厌氧生物转盘（见图 3-49）在构造上类似于好氧生物转盘，即主要由盘片、传动轴与驱动装置、反应槽等部分组成。在结构上它利用一根水平轴装上一系列圆盘，若干圆盘为一组，称为一级。厌氧微生物附着在转盘表面，并在其上生长。附着在盘板表面的厌氧生物膜代谢污水中的有机物，并保持较长的污泥停留时间。目前好氧生物转盘已经较普遍应用在生活污水、工业污水，例如化纤、石油化工、印染、皮革、煤气站等污水处理方面，而厌氧生物转盘还大多数处于试验研究中。

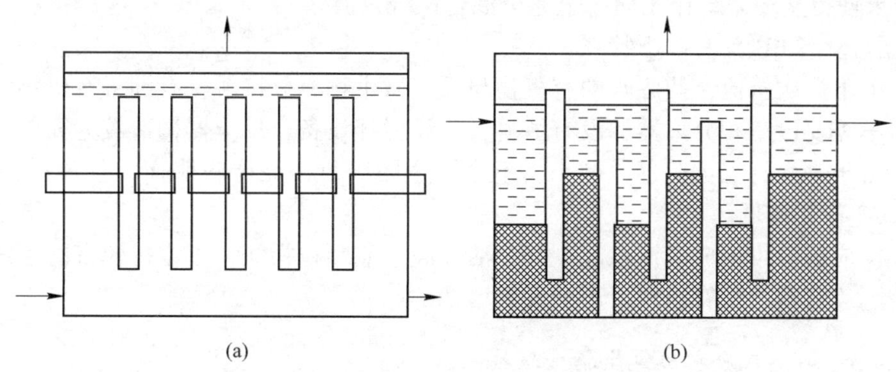

图 3-49 厌氧生物转盘和厌氧折流反应器

（a）厌氧生物转盘反应；（b）厌氧折流反应器

生物转盘中的厌氧微生物主要以生物膜的方式附着，适合于繁殖速度很慢的甲烷菌的生长。由于厌氧微生物代谢有机物的条件是在无分子氧条件下进行，所以在构造上有如下特点：

（1）由于厌氧生物转盘是在无氧条件下代谢有机物质，因此不考虑利用空气中的氧，圆盘在反应槽的废水中浸没深度一般都大于好氧生物转盘，通常采用 40%～100%，轴带动圆盘连续旋转，使各级内达到混合。

（2）为了在厌氧条件下工作，同时有助于使所产生的沼气进入集气空间并为了收集沼气，一般将转盘加盖密封，在转盘上形成气室，以利于沼气收集和输送。

（3）相邻的级用隔板分开，以防止废水短流，并通过板孔使污水从一级流到另一级。

F 厌氧折流板（ABR）

厌氧折流板反应器（amaerobic baffed reactor，ABR）是 P. L. McCarry 等人于 1982 年研制的新型厌氧生物处理装置，是一种厌氧污泥层工艺，可以处理各种有机废水。它具有很高的处理稳定性和容积利用率，不会发生由堵塞和污泥床膨胀引起的污泥流失，可省去气固液三相分离器。该反应器能保持很高的生物量，同时能承受很高的有机负荷。小试的结果表明，当反应器进水容积负荷率达到 $36kgCOD/(m^3 \cdot d)$ 时，COD 的去除负荷率可达 24 以上，产甲烷速率超过 $6m^3$(甲烷)/$(m^3 \cdot d)$。

ABR 内由若干个垂直折流板把长条形整个反应器分隔成若干个级串联的反应室。迫使废水水流以上下折流的形式通过反应器。反应器内各室积累着较多厌氧污泥。当废水通过 ABR 时，要自下而上流动与大量的活性生物量发生多次接触，大大提高了反应器的容积利用率。就一个反应室而言，因沼气的搅拌作用，水流流态基本上是完全混合的，但各个反应室之间是串联的，具有塞流流态。整个 ABR 是由若干个完全混合反应器串联在一起的反应器，所以理论上比单一的完全混合状态的反应器处理效能高。

ABR 中的每个反应室都有一个厌氧污泥层，其功能与 UASB 反应区是相似的，所不同的是上部没有专设的三相分离器。沼气上升至液面进入反应器上部的集气室，并一起由导管排出反应器外。ABR 的升流条件使厌氧污泥可形成颗粒污泥。

由于有机物厌氧生化反应过程存在产酸和产甲烷两个阶段，所以在 ABR 的第一室往往是厌氧过程的产酸阶段，pH 值易于下降。采用出水回流，可缓解 pH 值的下降程度，回流的结果使得塞流系统作用向一个完全混合系统过渡。

综上所述，ABR 具有以下特点：

（1）上下多次折流，使废水中有机物与厌氧微生物充分接触，有利于有机物的分解。

（2）不需要设三相分离器，没有填料，不设搅拌设备，反应器构造较为简单。

（3）由于进水污泥负荷逐段减小，不会发生因厌氧污泥床膨胀而大量流失污泥的现象。出水 SS 往往较低。

（4）反应器内可形成沉淀性能良好，活性高厌氧颗粒污泥，可维持较多的生物量。

（5）因反应器内没有填料，不会发生堵塞。

3.3.8.3 第三代废水厌氧生物处理技术

A 厌氧膨胀颗粒污泥床（EGSB）

膨胀颗粒污泥床（expanded granular sludge bed，EGSB）是 20 世纪 90 年代初由荷兰 Wageingen 农业大学率先开发的。该工艺的实质是固体流态化技术在有机废水生物处理领域的具体应用。

EGSB 反应器是 UASB 反应器的变型，是厌氧流化床与 UASB 反应器两种技术的成功结合。它是通过颗粒污泥床的膨胀改善了废水与微生物之间的接触，强化了传质效果，提高了反应器的生化反应速度，从而大大提高了反应器的处理效能。

EGSB 反应器通过采用出水循环回流获得了较高的表面液体升流速度。这种反应器的典型特征是具有较高的高径比，较大的高径比也是提高升流速度所需要的。EGSB 反应器液体的升流速度可达 5~10m/h，比 UASB 反应器的升流速度（一般在 1.0m/h 左右）要高得多。

EGSB 反应器的基本构造与流化床类似，如前所述，其特点是具有较大的高径比，一般可达 3~5，生产性装置反应器的高可达 15~20m。

EGSB 反应器的顶部可以是敞开的，也可是封闭的，封闭的优点是可防止臭味外溢，如在压力下工作，甚至可替代气柜作用。EGSB 反应器一般做成圆形，废水由底部配水管系统进入反应器，向上升流通过膨胀的颗粒污泥床区，使废水中的有机物与颗粒污泥均匀接触转化成甲烷和二氧化碳等。混合液升流到反应器上部，通过设在反应器上部的三相分离器，进行气、固、液分离。分离出来的沼气通过反应器顶或集气室的导管排出，沉淀下来的污泥自动返回膨胀床区，上清液通过出水渠排出反应器外。

由于 EGSB 反应器的上升流速很高，为了防止污泥流失，对三相分离器的固液分离要求特别高，一些供货商各自开发了高效三相分离器，并持有专利，是开发 EGSB 反应器的关键技术。

为了达到颗粒污泥的膨胀，必须提高液体升流速度，一般要求液体表面速度达到 5~10m/h。要达到这样高的升流速度，即使是低浓度废水也难以达到，必须采取出水回流的方法，使混合后液体表面升流速度达到预期的要求。虽然 EGSB 反应器液体表面流速很大，但颗粒污泥的沉降速度也很大，并有专门设计的三相分离器，所以颗粒污泥不会流失，使反应器内仍可维持很高的生物量。

B　内循环厌氧反应器（IC）

为了克服 UASB 的技术限制，1985 年荷兰 Paques BV 公司开发了一种称为内循环（internal circulation）的反应器，简称 IC 反应器。IC 反应器在处理中低浓度废水时，反应器的进水容积负荷率可提高到 20~24kgCOD/(m^3·d)，对于处理高浓度有机废水，其进水容积负荷率可提高到 35~50kgCOD/(m^3·d)。这是对现代高效反应器的一种突破，有着重大的理论意义和实用价值。

IC 反应器的基本构造与工作原理如图 3-50 所示。IC 反应器的构造特点是具有很大的高径比，一般可达 4~8，反应器高度可达 16~25m。所以在外形上看，IC 反应器实际上是一个厌氧生化反应塔。

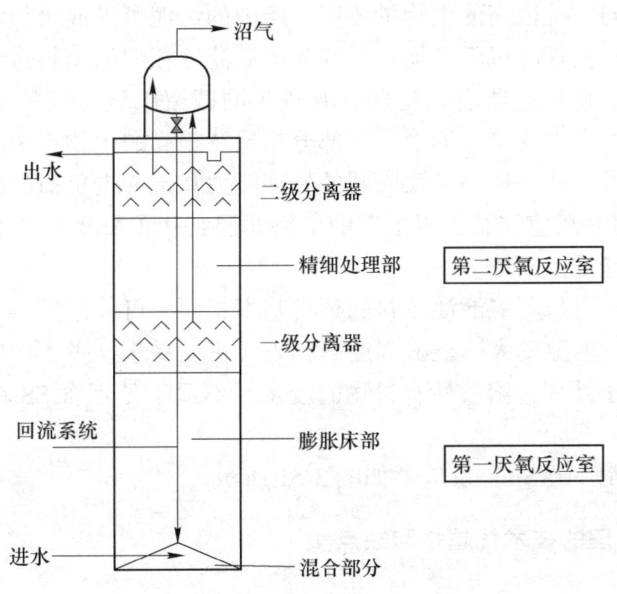

图 3-50　厌氧内循环（IC）反应器示意图

进水用泵由反应器底部进入第一反应室，与该室内的厌氧颗粒污泥均匀混合。废水中所含的大部分有机物在这里被转化成沼气，所产生的沼气被第一厌氧反应室的集气罩收集，沼气沿着提升管上升。沼气上升的同时，把第一反应室的混合液提升到设在反应器顶部上的气液分离器，被分离出的沼气由气液分离器顶部的沼气排出管排走。分离出的泥水混合液沿着回流管回到第一反应室的底部，并和底部的颗粒污泥和进水充分混合，实现第一反应到混合液的内部循环。IC 反应器的命名由此得来。内循环的结果，使第一厌氧反应室不仅有很高的生物量、很长的污泥龄，而且具有很大的升流速度，使该室的颗粒污泥完全达到流化状态，有很高的传质速率，使生化反应速率提高，从而大大提高了第一反应室的去除有机物能力。经过第一厌氧反应室处理过的废水，会自动进入第二厌氧反应室被继续进行处理。废水中的剩余有机物可被第二反应室的厌氧颗粒污泥进一步降解，使废水得到更好的净化，提高了出水水质。产生的沼气由第二厌氧反应室的集气罩收集，通过集气管进入气液分离器。第二反应室的泥水混合液进入沉淀区进行固液分离，处理过的上清液由出水管排走，沉淀下来的污泥可自动返回到第二反应室。这样，废水就完成了在 IC 反应器内处理的全过程。

综上所述可以看出，IC 反应器实际上是由两个上下重叠的 UASB 反应器串联组成。由下面第一个 UASB 反应器产生沼气作为提升的内动力，使升流管与回流管的混合液产生一个密度差，实现下部混合液的内循环，使废水获得强化预处理。上面的第二个 UASB 反应器对废水继续进行后处理（或称精处理），使出水达到预期的处理要求。

C 升流式厌氧污泥-滤层反应器（UBF）

升流式厌氧污泥床-滤层反应器（upflow anaerobic bed-filter，UBF 反应器），是由加拿大学者 S. R. Cuiot 于 1984 年研究开发的。UBF 反应器综合了 UASB 反应器和 AF 的优点，使该种新型的厌氧反应器具有很高的处理效能。

Cuiot 等人开发的 UBF 反应器的主要构造特点是：下部为厌氧污泥床，与 UASB 反应器下部的污泥床相同，有很高的生物量浓度，床内的污泥可形成厌氧颗粒污泥，污泥具有很高的产甲烷活性和良好的沉降性能；上部为厌氧滤池相似的填料过滤层，填料表面可附着大量厌氧微生物，在反应器启动初期具有较大的截留厌氧污泥的能力，减少污泥的流失，可缩短启动期。由于反应器的上下两部分均保持很高的生物量浓度，所以提高了整个反应器的总的生物量，从而提高了反应器的处理能力和抗冲击负荷的能力。

Cuiot 开发的 UBF 反应器试图以上部的填料滤层替代 UASB 上部的三相分离器，这样使整个反应器的构造更为简单。

过滤层采用的材质与厌氧滤池填料的种类基本相同，可采用塑料、纺织用纤维或陶粒等。要求比表面大、空隙率大、机械强度高和表面粗糙易于挂膜，但应避免发生堵塞。

UBF 反应器适于处理含溶解性有机物的废水，不适于处理含 SS 较多的有机废水，否则填料层易于堵塞。

厌氧复合床（AF+UASB）反应器如图 3-51 所示。

3.3.9 厌氧生物处理的技术优越性和缺点

3.3.9.1 厌氧生物处理技术的优越性

（1）节省动力消耗。由于厌氧生物处理过程中，细菌分解有机物是分子无氧呼吸，故不必给系统提供氧气。对于高浓度有机废水，采用厌氧生物处理技术节省的电耗更是大得惊人，如目前我国轻工业的造纸、食品发酵、皮革、制糖等行业每年排出的 BOD 达 200 万吨。如采用厌氧工艺，以去除 BOD80%计，则每年可节电达（8.0~16）$\times 10^8$ kW · h。环境效益与经济效益十分显著。

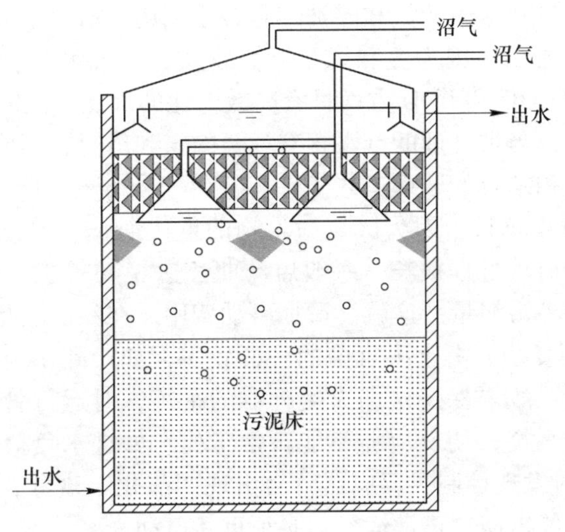

图 3-51　厌氧复合床（AF+UASB）反应器

（2）厌氧生物处理技术可以产生生物能。污泥消化和有机废水的厌氧发酵能产生大量沼气。而沼气的热值很高，可作为能源利用。在城市废水处理厂中，把初沉池和二沉池的污泥进行消化，不仅是为了稳定污泥，而且是为了利用污泥消化过程产生的沼气，供消化池污泥加热和发电，为水泵和鼓风机提供电力。根据资料介绍，发达国家的城市废水处理厂的污泥厌氧消化所产生的沼气转化的电能可达到处理时所需电力的 33%～100%。

（3）厌氧生物处理的污泥产量少。厌氧菌世代期长，如产甲烷菌的倍增时间约 4～6d，所以厌氧产率系数比好氧小。有机物在好氧降解进，如碳水化合物，其中约有 2/3 被合成细胞，约有 1/3 被氧化分解提供能量。厌氧降解时，只有少量有机物被同化为细胞，而大部分被转化为 CH_4 和 CO_2。所以好氧处理产泥量高，而厌氧处理产泥量低，且污泥已稳定，可降低污泥处理费用。

（4）对氮和磷的需要量较低。氮和磷等营养物质是组成细胞的重要元素，采用生物法处理废水，如废水中缺少氮磷元素，必须投加氮和磷，以满足细菌合成细胞的需要。厌氧生物处理去除 1kgBOD_5 所合成细胞量远低于好氧生物处理，因此可减少 N 和 P 的需要量，一般情况下只要满足 BOD_5：N：P＝(200～300)：5：1。对于缺乏 N 和 P 的有机废水采用厌氧生物处理可大大节省 N 和 P 的投加量，降低运行费用。

（5）厌氧消化对某些能降解的有机物有较好的降解能力。实践证明，一些难降解的有机工业废水采用常规的好氧生物处理工艺不能获得满意的处理效果，如炼焦废水、煤气洗涤废水、农药废水、印染废水等。而采用厌氧生物法则可取得较好的处理效果。近年来，经研究发现厌氧微生物具有某些脱毒和降解有害有机物的功效，而且还具有某些好氧微生物不具有的功能，如多氯链烃和芳烃的还原脱氯，芳香环还原成烷烃环结构或环的断裂等。

3.3.9.2　厌氧生物处理技术的缺点

（1）采用厌氧生物法不能去除废水中的氮和磷。采用厌氧生物处理废水，一般不能去除废水中氮和磷等营养物质。含氮和磷的有机物通过厌氧消化，其所含的氮和磷被转化为氨氮和磷酸盐，由于只有很少的氮和磷被细胞合成利用，所以绝大部分的氮和磷以氨氮和磷酸盐的形式随出水排出。因为氮和磷是营养物质，排入水体会引起湖泊发生富营养化，虽然厌氧法在去除COD和BOD方面具有高效低耗的优点，但因不能去除氮和磷，使该法的应用存在局限性，当被处理的废水含有过量的氮和磷时，不能单独采用厌氧法，而应采用厌氧与好氧工艺相结合的处理工艺。

（2）厌氧法启动过程较长。因为厌氧微生物的世代期长、增长速率低、污泥增长缓慢，所以厌氧反应器的启动过程很长，一般启动期长达3～6个月，甚至更长。如要达到快速启动，必须增加接种污泥量，这就会增加启动费用。在经济上是不合理的。

（3）运行管理较为复杂。由于厌氧菌的种群较多，如产酸菌与产甲烷菌性质各不相同，而互相又密切相关，故要保持这两大类种群的平衡，对运行管理较为严格。稍有不慎，可能使两种群失去平衡，使反应器不能正常工作。如进水负荷突然提高，反应器的pH值会下降，如不及时发现控制，反应器就会出现“酸化”现象，使产甲烷菌受到严重抑制，甚至使反应器不能再恢复正常运行，必须重新启动。

（4）卫生条件较差。一般废水中均含有硫酸盐，厌氧条件下会由于硫酸盐的还原作用放出硫化氢等气体。硫化氢是一种有毒和具有恶臭的气体，如果反应器不能做到完全密闭，就会散发出臭气，引起二次污染。因此，厌氧处理系统和各处理构筑物应尽可能做成密封，以防臭气散发。

（5）厌氧处理去除有机物不彻底。厌氧处理废水中有机物时往往不够彻底，一般单独采用厌氧生物处理不能达到排放标准，所以厌氧处理必须要与好氧处理相配合。

3.3.9.3　厌氧生物处理的工艺控制条件

A　环境因素

（1）温度。厌氧消化可在不同的操作温度下进行。其中，低温消化的操作温度为15～25℃；中温消化为30～35℃；高温消化为50～55℃。一般认为中温消化的最适宜温度范围为30～40℃。城市污泥以30～35℃为好，粪便以36～40℃为好，工业废水则各不相同。厌氧消化系统对温度的突变十分敏感，温度的波动对去除率影响很大，如果突变过大，会导致系统停止产气。

（2）pH值。厌氧反应器中的pH值对不同阶段的产物有很大影响。产甲烷的pH值范围在6.5～8.0之间，最佳的pH值范围在6.5～7.5之间，若超过此界限范围，产甲烷速率将急剧下降；而产酸菌的pH值范围在4.0～7.5之间。因此，当厌氧反应器运行的pH值超出甲烷菌的最佳pH值范围时，系统中的酸性发酵可能超过甲烷发酵，会导致反应器内呈现“酸化”现象。重碳酸盐及氨氮等是形成厌氧处理系统碱度的主要物质，碱度越高，缓冲能力越强，这有利于保持稳定的pH值，一般要求系统中的碱度在2000mg/L以上，氨氮浓度介于50～200mg/L为好。

（3）氧化还原电位。厌氧环境是厌氧消化赖以正常运行的重要条件，并主要以体系中的氧化还原电位来反映。不同的厌氧消化系统要求的氧化还原电位不尽相同，即使同一系统中，不同细菌菌群所要求的氧化还原电位也不相同。在厌氧发酵过程中，不产甲烷细菌对氧化还原电位的要求不甚严格，甚至可达-100～+100mV的兼性条件下生长；产甲烷菌对氧化还原电位的要求在-350～-400mV。氧化还原电位受pH值的影响。

(4) 有毒物质。在厌氧消化过程中，某些物质（重金属、氯代有机物等）会对厌氧过程产生抑制和毒害作用，使得厌氧消化速率降低；此外，部分厌氧发酵过程的产物和中间产物（如挥发性有机酸、H_2S 等）也会对厌氧发酵产生抑制作用。

B　工艺条件

(1) 水力停留时间。厌氧反应器的水力停留时间可以通过料液的过流速度来反映。加大料液流速，可增加反应器进水区的扰动，生物污泥与进水有机物之间相互接触随之增加，有利于提高去除率；但料液升流速度过高，会造成污泥流失。因而，为使系统需维持足量的生物污泥，过流速度需有一定的限度。

(2) 有机容积负荷。有机容积负荷在某种程度上反映了微生物与有机物之间的供需关系，它是影响污泥生长、污泥活性程度和生物降解过程的重要因素。有机负荷过高时，可能导致甲烷反应和酸化反应的不平衡。对特定的废水而言，容积负荷与温度、废水性质及浓度有关，它不仅是厌氧反应器设计重要参数，同时也是重要控制参数，一般其值通过试验确定。

(3) 污泥负荷。反应器单位重量的污泥在单位时间内接纳的有机物量，称为污泥负荷，$kgBOD_5/(kgVLSS \cdot d)$，采用污泥负荷比容积负荷更能从本质上反映微生物代谢同有机物的关系。在典型的工业废水中，厌氧处理采用的污泥负荷率在 $0.5 \sim 1.0 kgBOD_5/(kgVLSS \cdot d)$之间，为一般好氧处理的 2 倍。另外，厌氧容积负荷为 $5 \sim 10kg/(m^3 \cdot d)$，为好氧处理（$0.5 \sim 1.0kg/(m^3 \cdot d)$）的5~10 倍。

任务 3.4　自然生物处理法

任务描述

<table>
<tr><td rowspan="3">任务目标</td><td>1. 知识目标
(1) 理解稳定塘、土地处理系统的基本概念、工艺类型等
(2) 掌握不同类型稳定塘工作原理
(3) 掌握几种典型的土地处理系统工作原理</td></tr>
<tr><td>2. 能力目标
将稳定塘、土地处理系统相关知识理论结合实际，解决实际工作中的问题</td></tr>
<tr><td>3. 素质目标
具备自学、语言表达、计算机应用技术、沟通技巧、团队合作等基本素质</td></tr>
<tr><td>任务内容</td><td>1. 讲述好氧塘、兼性塘、厌氧塘、曝气塘的工作原理、特征及应用
2. 讲述慢速渗滤系统、快速渗滤系统、湿地系统的工作原理、特征及应用</td></tr>
</table>

知识链接

污水自然处理系统的净化作用主要是利用土壤浅表层中的物理作用、化学作用和微生物的生化作用。水体自净、稳定塘、土地处理系统都属于废水的自然生物处理。这类方法具有工艺简便、操作管理方便、建设投资和运转成本低的特点。本节主要介绍稳定塘和土地处理系统。

3.4.1　稳定塘

稳定塘又名氧化塘（oxidation ponds）、生物塘。是在经过人工适当修正的土地上，设置了围堤和防渗层的污水池塘，主要依靠生物净化功能使污水得到净化的一种污水生物处理技术。按照占优势的微生物种属和相应的生化反应，可分为好氧塘、兼性塘、曝气塘、厌氧塘、深度处理塘等。

稳定塘的研究和应用始于 20 世纪初，50~60 年代以后发展较迅速，目前已有 50 多个国家采用稳定塘技术处理城市污水和有机工业废水。我国有些城市也早在 50 年代开展了稳定塘的研究，到 80 年代进展才较快。目前，稳定塘多用于处理中、小城镇的污水，可用做一级处理、二级处理，也可以用作三级处理。

3.4.1.1　好氧塘

A　基本工作原理

好氧塘的深度较浅，一般不超过 0.5m，阳光能透至塘底，全部塘水都含有溶解氧，塘内菌藻共生，溶解氧主要是由藻类供给，好氧微生物起净化污水作用。好氧塘工作原理如图 3-52 所示。

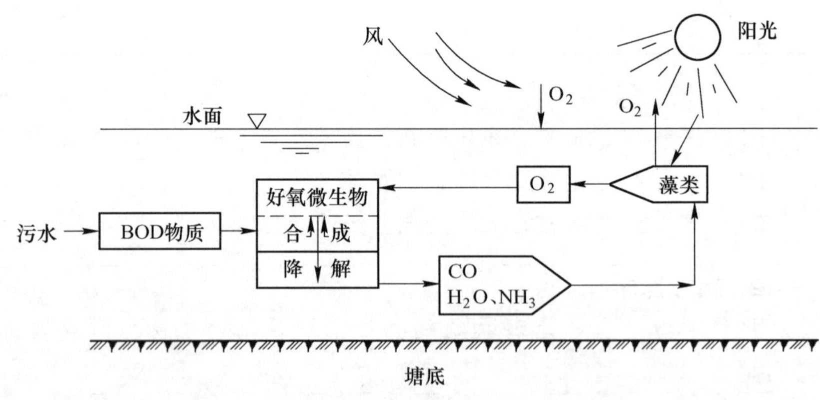

图 3-52　好氧塘工作原理示意图

好氧塘内存在着菌、藻和原生动物的共生系统。有阳光照射时，塘内的藻类进行光合作用，释放出氧，同时，由于风力的搅动，塘表面还存在自然复氧，二者使塘水呈好氧状态。塘内的好氧型异养细菌利用水中的氧，通过好氧代谢氧化分解有机污染物并合成本身的细胞质（细胞增殖），其代谢产物则是藻类光合作用的碳源。

藻类光合作用使塘水的溶解氧和 pH 值呈昼夜变化。白昼，藻类光合作用释放的氧，超过细菌降解有机物的需氧量，此时塘水的溶解氧浓度很高，可达到饱和状态；夜间，藻类停止光合作用，且由于生物的呼吸消耗氧，水中的溶解氧浓度下降，凌晨时达到最低；阳光再照射后，溶解氧再逐渐上升。好氧塘的 pH 值与水中 CO_2 浓度有关，受塘水中碳酸盐系统的 CO_2 平衡关系影响。

白天，藻类光合作用使 CO_2 降低，pH 值上升；夜间，藻类停止光合作用，细菌降解有机物的代谢没有中止，CO_2 累积，pH 值下降。

B　好氧塘特点

好氧塘的优点是净化功能较高，有机污染物降解速率高，水力停留时间（HRT）较短。但进水有必要进行预处理，去除 SS，防止污泥沉淀层占地面积大、含有大量藻类，需进行除藻处理。

根据在处理系统中的位置和功能，好氧塘有高负荷好氧塘、普通好氧塘和深度处理好氧塘等三种：

（1）高负荷好氧塘。这类塘设置在处理系统的前部，目的是处理污水和产生藻类。特点是塘的水深较浅，水力停留时间较短，有机负荷高。

（2）普通好氧塘。这类塘用于处理污水，起二级处理作用。特点是有机负荷较高，塘的水深较高负荷好氧塘大，水力停留时间较长。

（3）深度处理好氧塘。深度处理好氧塘设置在塘处理系统的后部或二级处理系统之后，作为深度处理设施。特点是有机负荷较低，塘的水深较高负荷好氧塘大。

C　设计参数

好氧塘主要尺寸的经验值如下：

（1）好氧塘多采用矩形，表面的长宽比为 3∶1～4∶1，一般以塘深的 1/2 处的面积作为计算塘面。塘堤的超高为 0.6～1.0m。单塘面积不宜大于 40000m^2。

（2）塘堤的内坡坡度为 1∶2～1∶3（垂直∶水平），外坡坡度为 1∶2～1∶5（垂直∶水平）。

（3）好氧塘的座数一般不少于 3 座，规模很小时不少于 2 座。

3.4.1.2　兼性塘

A　基本工作原理及应用

兼性塘的有效水深一般为 1.0～2.0m，通常由三层组成：上层好氧区、中层兼性区和底部厌氧区。基本工作原理如图 3-53 所示。

好氧区对有机污染物的净化机理与好氧塘基本相同。

兼性区的塘水溶解氧较低，且时有时无。这里的微生物是异养型兼性细菌，它们既能利用水中的溶解氧氧化分解有机污染物，也能在无分子氧的条件下，以硝酸根和碳酸根作为电子受体进行无氧代谢。

厌氧区无溶解氧。可沉物质和死亡的藻类、菌类在此形成污泥层，污泥层中的有机质由厌氧微生物对其进行厌氧分解。与一般的厌氧发酵反应相同，其厌氧分解包括酸发酵和甲烷发酵两个过程。发酵过程中未被甲烷化的中间产物（如脂肪酸、醛、醇等）进入塘的上、中层，由好氧菌和兼性菌继续进行降解；而 CO_2、NH_3 等代谢产物进入好氧层，部分逸出水面，部分参与藻类的光合作用。

由于兼性塘的净化机理比较复杂，因此兼性塘去除污染物的范围比好氧处理系统广泛，它不仅可去除一般的有机污染物，还可有效地去除磷、氮等营养物质和某些难降解的

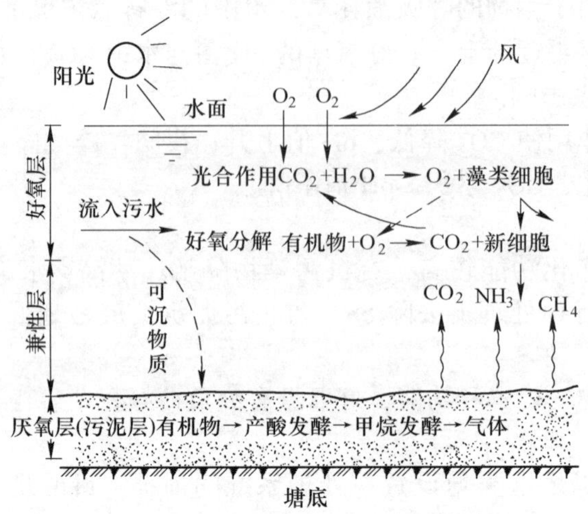

图 3-53　兼性塘工作原理示意图

有机污染物，如木质素、有机氯农药、合成洗涤剂、硝基芳烃等；具有耐冲击负荷能力强，效率相同时建设投资低、底泥少的特点；因此，它不仅用于处理城市污水，还被用于处理石油化工、有机化工、印染、造纸等工业废水。

B　设计参数

兼性塘主要尺寸的经验值如下：

（1）兼性塘一般采用矩形，长宽比 3∶1~4∶1。塘的有效水深为 1. 2~2. 5m，超高为 0. 6~1. 0m，储泥区高度应大于 0. 3m。

（2）兼性塘堤坝的内坡坡度为 1∶2~1∶3（垂直：水平），外坡坡度为 1∶2~1∶5。

（3）兼性塘一般不少于三座，多采用串联，其中第一塘的面积约占兼性塘总面积的 30%~60%，单塘面积应小于 40000m^2，以避免布水不均匀或波浪较大等问题。

3. 4. 1. 3　厌氧塘

A　基本工作原理及应用

厌氧塘对有机污染物的降解，与所有的厌氧生物处理设备相同，是由两类厌氧菌通过产酸发酵和甲烷发酵两阶段来完成的，如图 3-54 所示。即先由兼性厌氧产酸菌将复杂的有机物水解、转化为简单的有机物（如有机酸、醇、醛等），再由绝对厌氧菌（甲烷菌）将有机酸转化为甲烷和二氧化碳等。由于甲烷菌的世代时间长，增殖速度慢，且对溶解氧和 pH 敏感，因此厌氧塘的设计和运行，必须以甲烷发酵阶段的要求作为控制条件，控制有机污染物的投配率，以保持产酸菌与甲烷菌之间的动态平衡。应控制塘内的有机酸浓度在 3000mg/L 以下，pH 值为 6. 5~7. 5，进水的 BOD_5∶N∶P = 100∶2. 5∶1，硫酸盐浓度应小于 500mg/L，以使厌氧塘能正常运行。

由于厌氧塘的处理效果不高，出水 BOD_5 浓度仍然较高，不能达到二级处理水平，因此，厌氧塘很少单独用于污水处理，而是作为其他处理设备的前处理单元。厌氧塘前需设置格栅、普通沉砂池，有时也设置初次沉淀池，其设计方法与传统二级处理方法相同。厌氧塘的主要问题是产生臭气，目前通过利用厌氧塘表面的浮渣层或采取人工覆盖措施（如聚苯乙烯泡沫塑料板）防止臭气逸出，也有用回流好氧塘出水布满厌氧塘表层来减少

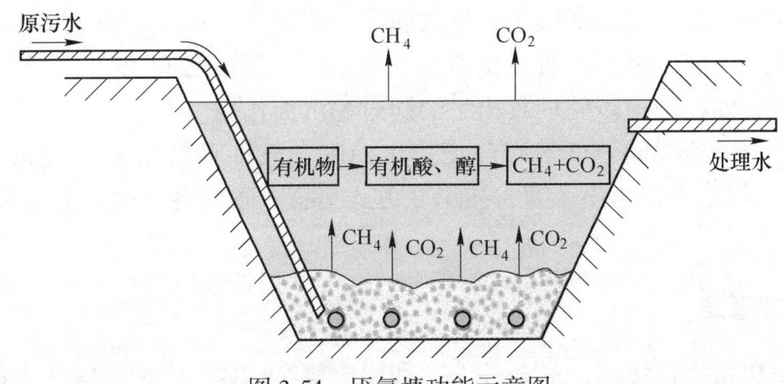

图 3-54　厌氧塘功能示意图

臭气逸出的。

厌氧塘宜用于处理高浓度有机废水，如制浆造纸、酿酒、农牧产品加工、农药等工业废水和家禽和家畜粪尿废水等，也可用于处理城镇污水。

B　设计参数

厌氧塘的设计通常是用经验数据，采用有机负荷进行设计的。设计的主要经验数据如下：

(1) 有机负荷。有机负荷的表示方法有三种：BOD_5 表面负荷（$kgBOD_5/(ha \cdot d)$）、BOD_5 容积负荷（$kgBOD_5/(m^3 \cdot d)$）、VSS 容积负荷（$kgVSS/(m^3 \cdot d)$），我国采用 BOD_5 表面负荷。处理城市污水的建议负荷值为 200～600kg/(ha·d)。对于工业废水，设计负荷应通过试验确定。

VSS 容积负荷用于处理 VSS 很高的废水，如家禽粪尿废水、猪粪尿废水、菜牛屠宰废水等。

(2) 厌氧塘一般为矩形，长宽比为 2∶1～2.5∶1。单塘面积不大于 40000m^2。塘的有效水深一般为 2.0～4.5m，储泥深度大于 0.5m，超高为 0.6～1.0m。

(3) 厌氧塘的进水口离塘底 0.6～1.0m，出水口离水面的深度应大于 0.6m。使塘的配水和出水较均匀，进出口的个数均应大于两个。

3.4.1.4　曝气塘

曝气塘是在塘面上安装有人工曝气设备的稳定塘。曝气塘有两种类型：(1) 好氧曝气塘（见图 3-55）；(2) 兼性曝气塘（见图 3-56）。主要取决于曝气装置的数量、安设密度和曝气强度。

塘内生长有活性污泥，污泥可回流也可不回流，有污泥回流的曝气塘实质上是活性污泥法的一种变型。微生物生长的氧源来自人工曝气和表面复氧，以前者为主。曝气设备一般采用表面曝气机，也可用鼓风曝气。

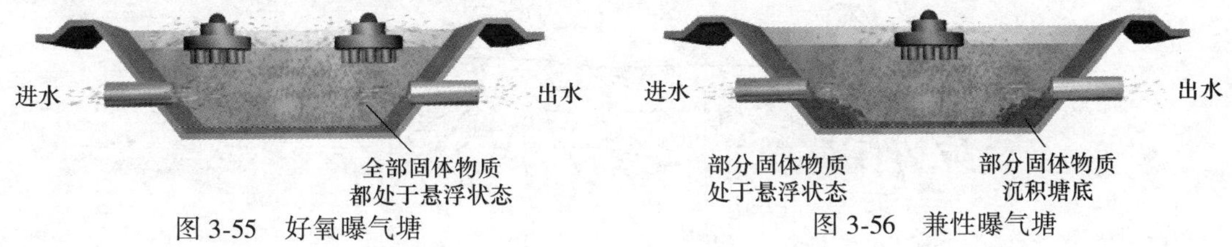

图 3-55　好氧曝气塘　　图 3-56　兼性曝气塘

曝气塘出水的悬浮固体浓度较高，排放前需进行沉淀，沉淀的方法可以用沉淀池，或在塘中分割出静水区用于沉淀。沉淀池水深2.5~3m，停留时间1~5d。若曝气塘后设置兼性塘，则兼性塘要在进一步处理其出水的同时起沉淀作用。

曝气塘的水力停留时间：好氧曝气塘为1~10d，兼性曝气塘为7~20d，有效水深为2~6m。曝气塘一般不少于3座，通常按串联方式运行。曝气塘一般具有效率高、占地少、耗电高的特点。

3.4.2　土地处理系统

在人工调控和系统自我调控的条件下，利用土壤-微生物-植物组成的生态系统对废水中的污染物进行一系列物理的、化学的和生物的净化过程，使废水水质得到净化和改善；并通过系统内营养物质和水分的循环利用，使绿色植物生长繁殖，从而实现废水的资源化、无害化和稳定化的生态系统工程，称为废水土地处理系统。

3.4.2.1　处理机理

土壤对废水的净化是一个受多种复杂因素作用的综合过程。

（1）物理过滤。悬浮物被表层土壤团粒间的孔隙过滤截留。

（2）物理和化学吸附。土壤中的黏土矿物颗粒能吸附水中的中性分子，废水中的各种离子因离子交换作用被置换吸附并固定在矿物晶格中。

（3）化学反应和化学沉淀。废水中的金属离子与土壤中的某些组分生成络合物和整合物，或生成硫化物、氨氧化物以及磷酸盐、碳酸盐等而被沉积于土壤中。

（4）微生物作用。类似于生物膜处理废水。

3.4.2.2　工艺类型

A　慢速渗滤系统

慢速渗滤系统如图3-57所示。废水经石灌或喷灌后垂直向下缓慢渗滤，其上种有农作物；充分利用废水中的水分及营养成分，并借土壤-微生物-农作物复合系统对污水进行净化，部分污水被蒸发和渗滤；使用寿命长。适用于渗水性能良好的壤土、砂质壤土以及蒸发量小、气候湿润的地区。

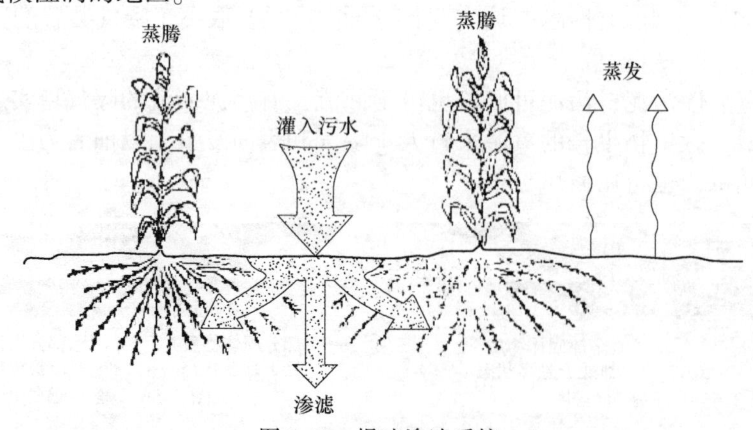

图3-57　慢速渗滤系统

该工艺主要用于处理废水，并利用水和营养物质生产农作物，同时节省优质清洁水（特别是干旱地区）。该方法废水投配负荷一般较低，由于渗滤速度慢，废水在表层土壤（含大量微生物）中的停留时间长，废水净化效率高，出水水质好。相关资料显示，该工艺对于 BOD_5 的去除率一般可达 95% 以上，COD 去除率 85%～90%，氮的去除率80%～90%。

B　快速渗滤系统

快速渗滤系统如图 3-58 所示。废水周期性地布水（投配或灌入）和落干（休灌），使表层土壤处于厌氧、好氧交替运行的状态，借不同种群的微生物分解降解废水中的有机物，A-O 交替运行有利于去除 N、P。适用于透水性非常良好的土壤，如砂土、壤土砂或砂壤土等。

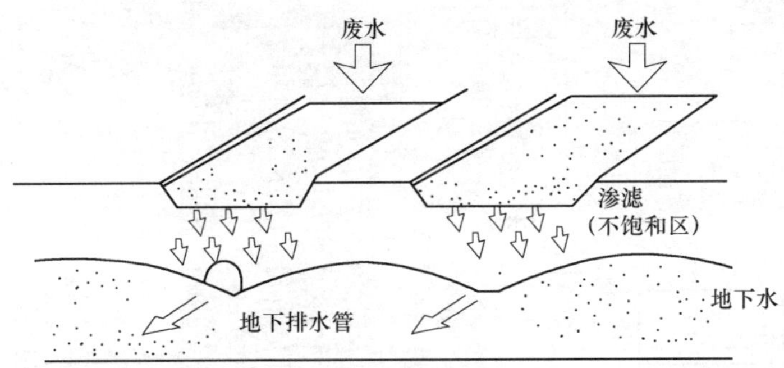

图 3-58　快速渗滤系统

该工艺有机负荷与水力负荷比其他土地处理系统明显高得多，但其净化效率仍很高；可以补给地下水；可借井或地下排回收净化水；可将净化水储存在地下含水层。

该系统对污染物的去除率高：COD>90%，BOD_5>95%，SS>98%；系统出水的 COD<40mg/L，BOD<10mg/L；耐冲击负荷能力强；脱氮能力强，TN 去除率达 80%，氨氮去除率 85%；除磷率 65%；大肠杆菌的去除率 99.9%。

C　地表漫流系统

地表漫流系统如图 3-59 所示。将废水投配到多年生牧草、坡度和缓、土壤渗透性差的坡面上，废水在沿坡面缓慢流动的过程中得到净化，最佳坡度以 2%～8%为佳；适用于土壤渗透性低的黏土、亚黏土。净化机制类似于固定膜生物处理法。

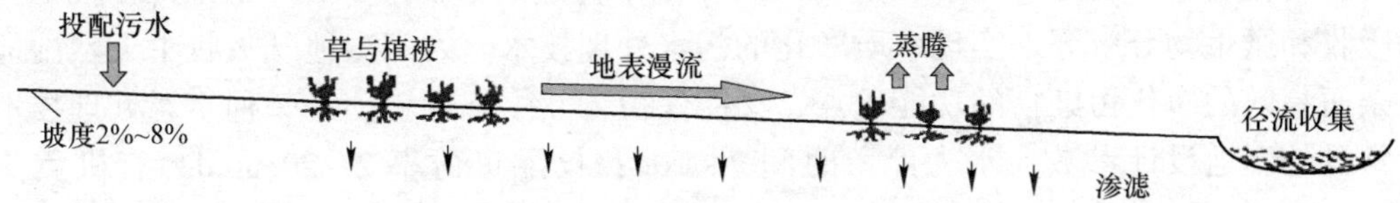

图 3-59　地表漫流系统

该工艺废水要求预处理（如格栅、筛滤）后进入系统，出水水质相当于传统生物处理后的出水；对 BOD、SS、N 的去除率较高；在处理废水的同时，可收获作物。相关资料表示，该系统对 BOD_5 的去除率达 90%左右；TN 去除率 70%～80%；悬浮物去除率90%～95%。

D　地下渗滤处理系统

地下渗滤处理系统如图 3-60 所示。将污水投配到距地面约 0.5m 深，有良好渗透性的地层中，借毛管浸润和土壤渗透作用，使污水向四周扩散。通过过滤、沉淀、吸附和生物降解作用等过程使污水得到净化。

地下渗滤系统适用于无法接入城市排水管网的小水量污水处理，如分散的居民点住宅、度假村、疗养院等。污水进入处理系统前需经化粪池或酸化（水解）池预处理。

E　湿地处理系统

湿地处理系统是在耐水植物和土壤联合作用下的一种土地处理工艺，如图 3-61 所示。水深 30~80cm，净化作用与好氧塘相似，适宜作污水的深度处理。

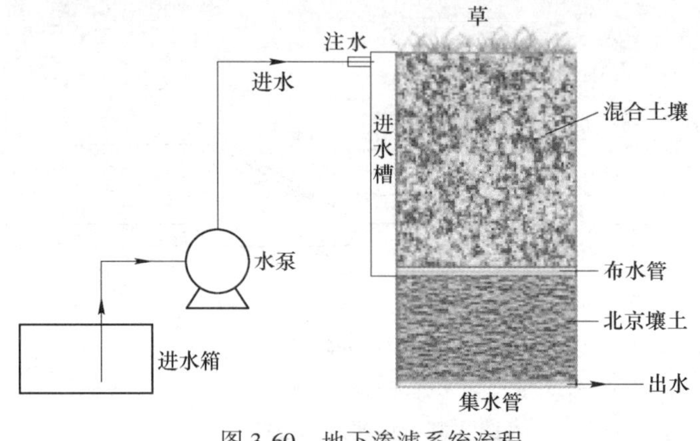

图 3-60　地下渗滤系统流程

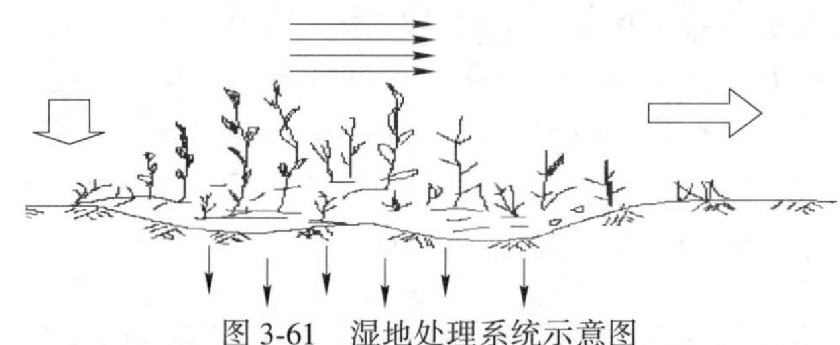

图 3-61　湿地处理系统示意图

人工湿地（constructed wetland）是在 20 世纪 70 年代由德国首先建造的，是一种人工将污水有控制地投配到种有水生植物的土地上，按不同方式控制有效停留时间并使其沿着一定的方向流动，在物理、化学、生物共同作用下，通过过滤、吸附、沉淀、离子交换、植物吸收和微生物分解等来实现水质净化的污水处理技术。人工湿地既吸收了天然湿地系统复杂而高效的净化污染物的功能优点，又能保护天然生态环境，是一种生态处理技术。

常见的湿地设计参数：水力停留时间 7～10d；投配负荷率 2～20cm/d；有机负荷率 15～20kgBOD_5/(hm^2 · d)；长宽比 L∶B>10∶1，湿地坡度一般为 0～3%。

总结归纳

(一) 应知应会

(1) 名词解释：

活性污泥；污泥龄；氧化沟；污泥负荷率

（2）填空：

1）影响好氧生物处理的因素主要是________、________、________、________、毒物和有机物性质等。

2）一般采用 BOD_5/COD 比值来初步评价废水的________。

3）污泥浓度常用______表示，污泥沉降比用______表示，污泥体积指数用______表示。

4）一般城市污水正常运行条件下的 SVI 在________之间为宜。

5）曝气方法可分为______曝气和________曝气两大类。

6）序批式活性污泥反应池，即 SBR 池常规工艺过程，包括 5 个基本过程，他们分别是________、________、________、________、________。

7）氧化塘的类型有________、________、________和________。

8）生物滤池的主要组成部分包括________、________、________系统和________系统。

9）生物转盘的级数一般不超过________级。

10）生物接触氧化池由________、________、________装置和________系统等几部分组成。

（3）简答题：

1）何谓活性污泥法？画出其基本工艺流程并说明各处理构筑物的功能作用。

2）活性污泥法为什么需要回流污泥，如何确定回流比？

3）SBR 工艺的优点有哪些？

4）画出生物同步脱氮除磷的工艺流程，并说明各处理构筑物的功能作用。

5）根据生物膜结构分析生物膜法净化废水的过程。

6）画出二相生物流化床和三相生物流化床结构图，并对比其特征。

7）试简述厌氧生物处理的基本原理。

8）什么是人工湿地处理系统？其净化机理？

（二）实践应用

（1）活性污泥系统有效运行的基本条件是什么？

（2）活性污泥法操作中常见的异常现象有哪些？可采取什么措施？

（3）曝气生物滤池运行中出现的异常问题有哪些？可采取什么措施？

（4）UASB 厌氧反应器运行过程中应控制的工艺参数有哪些？

（5）如何进行二沉池的运行管理？

（6）二沉池运行过程中常见的异常现象有哪些？如何解决？

项目 4 污水化学处理法（可用于三级处理）

任务 4.1 化学中和

任务描述

<table>
<tr><td rowspan="3">任务目标</td><td>1. 知识目标
（1）理解化学中和法的原理、特征等
（2）掌握化学中和的工艺流程、设备构造等</td></tr>
<tr><td>2. 能力目标
投药中和工艺运行，投药装置操作</td></tr>
<tr><td>3. 素质目标
具备自学、语言表达、计算机应用技术、沟通技巧、团队合作等基本素质</td></tr>
<tr><td>任务内容</td><td>1. 讲述化学中和法工艺流程各环节的作用、原理等
2. 投药中和工艺运行及投药装置相关操作</td></tr>
</table>

知识链接

4.1.1 废水的中和处理原理

中和法通过向污水中投加化学药剂，使其与污染物发生化学反应，调节废水的酸碱度（pH 值），使其呈中性，或接近中性，或适宜于下一步处理的 pH 值范围。

中和处理适用于下列废水处理的情况：

（1）排入收纳水体前，其 pH 值指标超过排放标准，应采用中和处理，减少对水生生物的影响。

（2）酸性或碱性工业废水排入城市污水管网前，采用中和处理，避免对管道系统的腐蚀。

（3）作为生物处理的前处理过程。将污、废水 pH 值调整到 6.5~8.5 的范围，确保最佳的生物活力。

酸碱废水的来源很广，化工厂、化学纤维厂、金属酸洗与电镀厂等及制酸或用酸过程中，都排出大量的酸性废水。有的含无机酸如硫酸、盐酸等；有的含有机酸如醋酸等；也有的是几种酸并存的情况。酸具有强腐蚀性，碱危害程度较小，但在排至水体或进入其他处理设施前，均须对酸碱废液先进行必要的回收，再对低浓度的酸碱废水进行适当的中和处理。通常废水中除含有酸或碱以外，往往还含有悬浮物、金属盐类、有机物等杂质，影响酸、碱废水的回收与处理。

4.1.2 处理方法与设备

常用的中和设施主要包括集水井、混合槽、连续流中和池及间歇式中和池等。在中和处理设施选用和设计时应遵循以下原则：

(1) 当水质水量变化较小，或废水缓冲能力较大、后续构建物对 pH 值适用范围较宽时，可不单独设中和池，而是在集水井或管道内进行连续流式混合反应。

(2) 当水质水量变化不大、废水也有一定的缓冲能力，为了使出水 pH 值更有保证，应单独设置连续流中和池。

(3) 水质水量变化较大，连续流中和池无法保证出水 pH 值要求或出水水质要求较高，废水中还含其他杂质或重金属离子时，稳妥的做法是采取间歇中和池，池内先后完成混合、反应、沉淀、排泥等工序。中和池至少要有两座，交替使用，每池的容积可按一班或一昼夜排放废水量计算。

(4) 当酸、碱废水流量和浓度波动较大，应分别设置酸碱废水调节池调节，再单独设置中和池进行中和反应，此时中和池容积应按 1.5~2h 的废水量考虑。

4.1.3 中和方法分类

通常采用的废水中和方法有均衡法和 pH 值直接控制法。

4.1.3.1 均衡法

以酸性废水和碱性废水混合中和为目的，即在均衡池中将酸性和碱性废水相混合。由于工业废水的水量和水质一般是不均衡的，往往随生产的变化而变化。为了进行水量的调节和水质的均和，减小高峰流量和高浓度废水的影响，需设置足够容积的均衡池作为预处理的一种设施或中和设备。若废水中和后达不到规定的 pH 值，还需稍加废酸或废碱进行适当的调节。

4.1.3.2 pH 值直接控制法

酸性污水投药中和流程如图 4-1 所示。

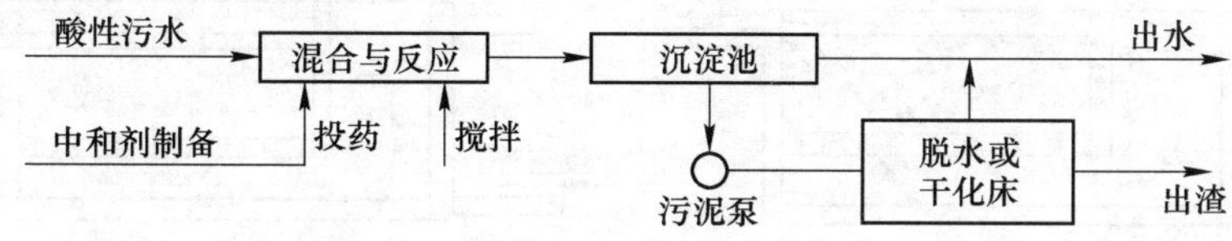

图 4-1 酸性污水投药中和流程

常用的方法有酸碱废水相互中和、投药中和和过滤中和法等。

A　酸性废水的中和

对于酸性废水，常用药剂法和过滤法进行中和，有些情况也可用碱性废水进行中和。

（1）利用碱性废水中和法。酸碱污水相互中和简单、经济。但两种污水相互中和，水量和浓度难以保持稳定，给操作带来困难。在此情况下，一般在混合反应池前设均质池。

（2）投药中和法。所采用的药剂有石灰、废碱、石灰石和电石渣等，但最常用的是将石灰制成乳液湿投，石灰石粉碎成细粒后干投（见图 4-2）。处理流程中包括废水调节池、石灰乳配制槽或石灰石粉碎机、投药装置、混合反应池、沉淀池以及污泥干化床等。在混合反应池中，应进行必要的搅拌，防止石灰渣的沉淀。同时，废水在其中的停留时间一般不大于 5min。沉淀池中的废水可停留 1~2h，产生的沉渣容积约为废水量的 10%~15%，沉渣含水率为 90%~95%，故应在干化床上脱水干化。投药中和法，因其劳动条件较差、处理成本高、污泥较多、脱水麻烦等原因，故只在酸性废水中含有重金属盐类、有机物或有廉价的中和剂时方才采用。

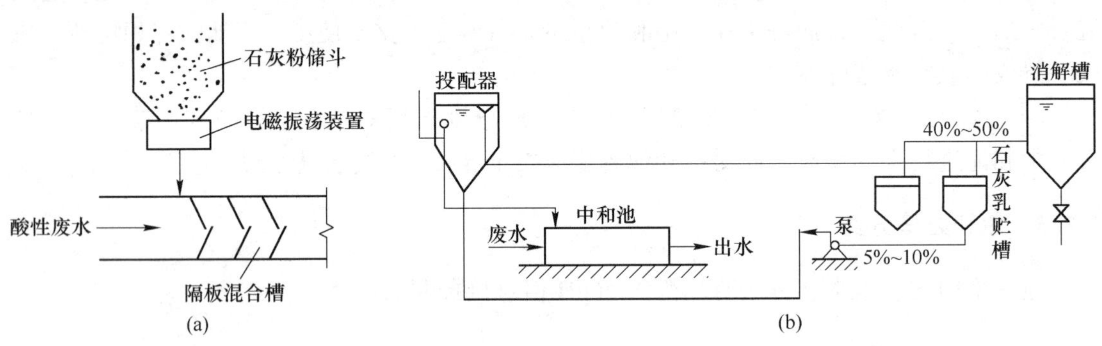

图 4-2　石灰法投配装置示意图

（a）干投法；（b）湿投法

（3）过滤中和法。常以粒状的石灰石、大理石、白云石或电石渣等作为中和的滤料，酸性废水通过滤料进行中和过滤。中和硫酸废水时，宜采用白云石滤料。主要设备如下：普通中和滤池，有升流式和降流式两种（见图 4-3），滤层厚 1.0~1.5m，滤料粒径 3~8cm；等速升流式膨胀中和滤池（见图 4-4），石灰石滤料及废水分别从池的顶部和底部进入，滤料粒径为 0.5~3mm；高滤速（60~70m/h）或高速变速升流膨胀中和滤池（见图 4-5），滤料粒径 0.5~6mm，可以做到大颗粒不结垢，小颗粒不流失，加之废水升流式流动与产生二

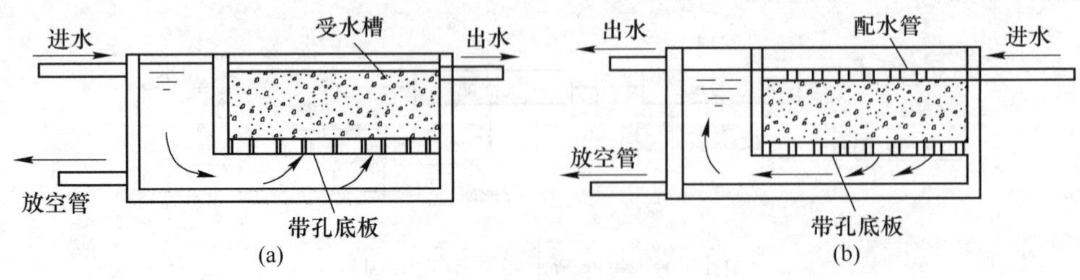

图 4-3　普通过滤中和滤池

（a）升流式；（b）降流式

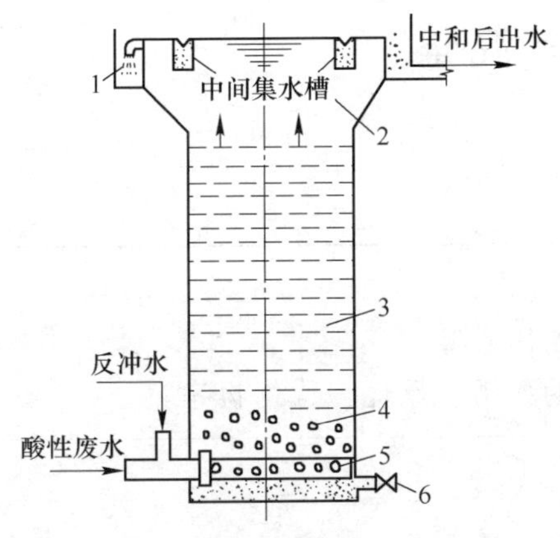

图4-4 恒流速升流式膨胀中和滤池

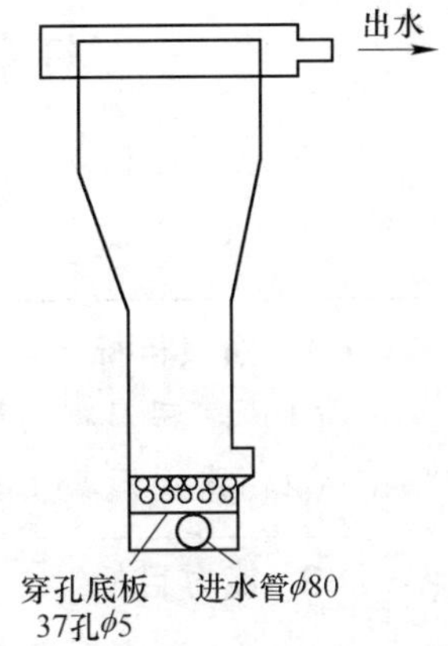

图4-5 变流速升流式膨胀中和滤池

氧化碳气体的作用，使滤料膨胀，并互相碰撞及摩擦表面的不断更新，对酸性废水处理的效果很好；滚筒式中和器，石灰石滤料置于旋转滚筒中与酸性废水进行中和。

B 碱性废水的中和

碱性废水常用废酸或酸性废水中和或与烟道气中和。

(1) 投酸中和法（药剂中和法）。采用废强酸或酸性废水进行中和处理，所用设备和中和程序基本与药剂中和酸性废水相同。碱性废水处理药剂主要有硫酸、盐酸、硝酸等。最常用的是工业盐酸，其最大优点是反应产物的溶解度大，泥渣量少，但出水溶解固体浓度高。

(2) 烟道气中和法。利用烟道气中的二氧化碳与二氧化硫溶于水中形成的酸中和碱性废水。其中和产物 Na_2CO_3、Na_2SO_4、Na_2S 均为弱酸强碱盐，具有一定的碱性，因此，酸性物质必须超量供应。这些气体的中和机理如下（以 NaOH 碱性废水为例）：

$$CO_2 + 2NaOH \longrightarrow Na_2CO_3 + H_2O$$
$$SO_2 + 2NaOH \longrightarrow Na_2CO_3 + H_2O$$
$$HS + 2NaOH \longrightarrow Na_2S + 2H_2O$$

具体方法有两种：一种是将烟道气通入碱性废水使其 pH 值得到调整；另一种是利用碱性废水作为除尘的喷淋水，两者均可得到良好的处理效果。但处理后废水中的悬浮物含量大为增加，硫化物、耗氧量和色度也都有所增加，还需对废水进行补充处理。

其优缺点如下：

优点：可把废水处理和消烟除尘结合起来。

缺点：处理后废水中，硫化物、色度、耗氧量均有显著增加，需要进行补充处理；而且，对不需湿法除尘的工厂，烟道气中和法实施比较困难。

污泥消化获得的沼气中含 25%~30%的 CO_2，如经水洗，可部分溶入水中，再用来中和碱性废水，也能获得一定效果。

任务4.2　化学混凝

任务描述

<table>
<tr><td rowspan="3">任务目标</td><td>1. 知识目标
（1）理解混凝法原理、特征、影响因素等
（2）掌握混凝工艺流程各个环节的作用、原理、构筑物等</td></tr>
<tr><td>2. 能力目标
混凝沉淀池运行操作</td></tr>
<tr><td>3. 素质目标
具备自学、语言表达、计算机应用技术、沟通技巧、团队合作等基本素质</td></tr>
<tr><td>任务内容</td><td>1. 讲述混凝沉淀池的工艺流程各环节的作用、原理等
2. 画出混凝沉淀工艺流程图
3. 混凝沉淀池运行操作</td></tr>
</table>

知识链接

混凝法通过向水中投加药剂（混凝剂），使水中难沉淀的细小颗粒及胶体颗粒脱稳，互相聚集成粗大的颗粒而沉淀，实现与水分离，达到水质的净化。该法是目前应用得较多的一种经济、简便的水处理技术，混凝法不仅投入相对较少，而且处理效果也很好。

4.2.1　混凝法的处理机理

化学混凝的机理涉及的因素很多，如水中杂质的成分和浓度、水温、水的pH值、碱度，以及混凝剂的性质和混凝条件等。但归结起来可以认为主要是三方面的作用。

4.2.1.1　压缩双电层作用

水中胶粒能维持稳定的分散悬浮状态，主要是由于胶粒的∫电位。如能消除或降低胶粒的∫电位，就有可能使微粒碰撞聚结，失去稳定性。在水中投加电解质——混凝剂可达此目的。

4.2.1.2　吸附架桥作用

三价铝盐或铁盐以及其他高分子混凝剂溶于水后，经水解和缩聚反应形成高分子聚合物，具有线性结构。这类高分子物质可被胶体微粒强烈吸附。因其线性长度较大。当它的一端吸附某一胶粒后，另一端又吸附另一胶粒，在相距较远的两胶粒间进行吸附架桥，使颗粒逐渐结大，形成肉眼可见的粗大絮凝体。这种由高分子物质吸附架桥作用而使微粒相互黏结的过程，称为絮凝。

4.2.1.3 网捕作用

三价铝盐或铁盐等水解而生成沉淀物。这些沉淀物在自身沉降过程中，能集卷、网捕水中的胶体等微粒，使胶体黏结。上述三种作用产生的微粒凝结现象——凝聚和絮凝总称为混凝。

4.2.2 影响混凝效果的主要因素

影响混凝效果的因素较复杂，主要有水温、水质和水力条件等。

4.2.2.1 水温

水温对混凝效果有明显的影响。无机盐类混凝剂的水解是吸热反应，水温低时，水解困难。特别是硫酸铝，当水温低于5℃时，水解速率非常缓慢。且水量低，黏度大，不利于脱稳胶粒相互絮凝，影响絮凝体的结大，进而影响后续的沉淀处理的效果。

4.2.2.2 pH值

水的pH值对混凝的影响程度视混凝剂的品种而异。用硫酸铝去除水中浊度时，最佳pH值范围在6.5~7.5之间；用于除色时，pH值在4.5~5之间。用三价铁盐时，最佳pH值范围在6.0~8.4之间。如用硫酸亚铁，只有在pH>8.5和水中有足够溶解氧时，才能迅速形成Fe^{3+}，这就使设备和操作较复杂。为此，常采用加氯氧化的方法。高分子混凝剂尤其是有机高分子混凝剂，混凝的效果受pH值的影响较小。

4.2.2.3 水中杂质的成分性质和浓度

水中杂质的成分、性质和浓度都对混凝效果有明显的影响。例如，天然水中含黏土类杂质为主，需要投加的混凝剂的量较少；而污水中含有大量有机物时，需要投加较多的混凝剂才有混凝效果，其投量可达$10 \sim 10^3$mg/L，但影响的因素比较复杂，理论上只限于做些定性推断和估计。

4.2.2.4 水力条件

混凝过程中的水力条件对絮凝体的形成影响极大。整个混凝过程可以分为两个阶段：混合和反应。水力条件的配合对这两个阶段非常重要。混合阶段的要求是使药剂迅速均匀地扩散到全部水中以创造良好的水解和聚合条件，使胶体脱稳并借颗粒的布朗运动和紊动水流进行凝聚。在此阶段并不要求形成大的絮凝体。混合要求快速和剧烈搅拌，在几秒钟或1min内完成。反应阶段的要求是使混凝剂的微粒通过絮凝形成大的具有良好沉淀性能的絮凝体。反应阶段的搅拌强度或水流速度应随着絮凝体的结大而逐渐降低，以免结大的絮凝体被打碎。

4.2.2.5 混凝剂的影响

（1）混凝剂种类。混凝剂的选择主要取决于胶体和细微悬浮物的性质、浓度。

（2）混凝剂投加量。污水混凝处理存在最佳混凝剂和最佳投药量问题，应通过实验确定。

（3）混凝剂投加顺序。

4.2.3　常见混凝剂和助凝剂类型

4.2.3.1　混凝剂

A　无机高分子混凝剂

无机高分子混凝剂以其投药量少、无毒或低毒、价廉和处理效果好等优点，越来越受到人们的重视，逐渐成为给水、工业废水和城市污水处理的主流混凝剂。目前应用比较多的还是聚铝、聚铁两大系列，如PAC、PAFC等，但是新型的聚硅、聚磷和聚硫也不断面世，并显现出不凡的混凝效果，如聚硅酸铝、聚磷酸铁等。

B　有机高分子絮凝剂

有机高分子絮凝剂可分为天然和合成两大类。合成有机高分子絮凝剂由于分子量大，分子链官能团多的结构特点，在市场上占绝对优势，其中以聚丙烯酰胺系列最为广泛，由于其残留单体具有毒性，限制了其在某些水处理领域的发展。天然有机高分子絮凝剂由于原料来源广泛、价格低廉、无毒、易于生物降解等特点显示了良好的应用前景，但由于其电荷密度小、分子量较低，且易发生生物反应而失去絮凝活性，使其用量远小于有机合成高分子絮凝剂。经过改性的天然高分子絮凝剂能克服以上缺点，特别受到关注。其中，淀粉改性絮凝剂的研究开发尤为引人注目。

C　其他混凝剂

除无机高分子混凝剂和有机高分子絮凝剂两种主流混凝剂外，微生物絮凝剂近年来受到了研究者极大关注。它是利用生物技术，从微生物体或其分泌物中提取、纯化而获得的一种安全、高效，且能自然降解的新型水处理絮凝剂。微生物絮凝剂可以克服无机高分子和合成有机高分子絮凝剂本身固有的安全与环境污染方面的缺陷，易于生物降解，无二次污染。

4.2.3.2　助凝剂

在混凝处理中，有时候使用单一的混凝剂不能取得良好的效果，需要投加辅助药剂与混凝剂一起使用，以提高混凝效果。这种辅助药剂称为助凝剂。

助凝剂的作用一般是提高絮凝体的强度，增加絮体重量促进沉降，使污泥有较好的脱水性能，或用于调整pH值，去除干扰物质等。其本身不具备凝聚作用。

助凝剂按功能可分为三类：

（1）pH调整剂。H_2SO_4、CO_2、$Ca(OH)_2$、NaOH、Na_2CO_3。

（2）絮体结构改良剂。水玻璃、活性硅酸、粉煤灰、黏土。

（3）氧化剂。有机物高时，加 Cl_2、$Ca(ClO)_2$、NaClO等；用铁盐作混凝剂时，加 O_2 和 Cl_2 将 Fe^{2+} 氧化为 Fe^{3+}，提高混凝效果。

4.2.4　混凝过程及设备

混凝沉淀处理工艺包括混凝剂的配制与投加、混合、反应及沉淀分离等部分。图 4-6 所示为混凝沉淀流程示意图。

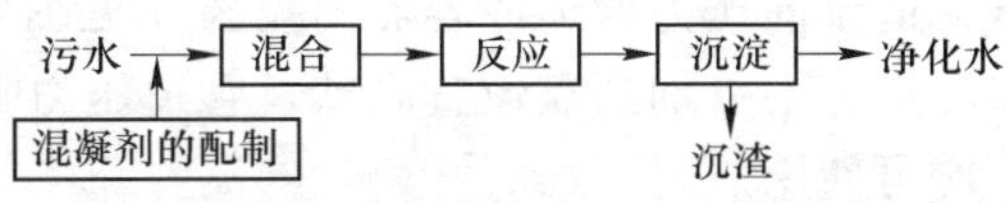

图 4-6　混凝沉淀流程示意图

4.2.4.1　混凝剂的配制与投加

（1）混凝剂溶液的配制。包括溶解与调制两步。溶解在溶解池（溶药池）中进行，作用是把块状或粒状的药剂溶解成浓溶液；调制在溶液池中进行，作用是把浓溶液配成一定浓度的溶液。

（2）混凝剂的投加。投药方法有干投法和湿投法。干投法是把破碎后易于溶解的药剂粉末直接投入到污水中。湿投法是将混凝剂和助凝剂配成一定浓度的溶液之后按处理水量大小定量投加。干投法占地面积小，对药剂粒度要求较为严格，投加量较难控制，对机械设备要求也较高，劳动条件差，目前国内应用较少。而湿投法则较为常用。湿投法过程如图 4-7 所示。

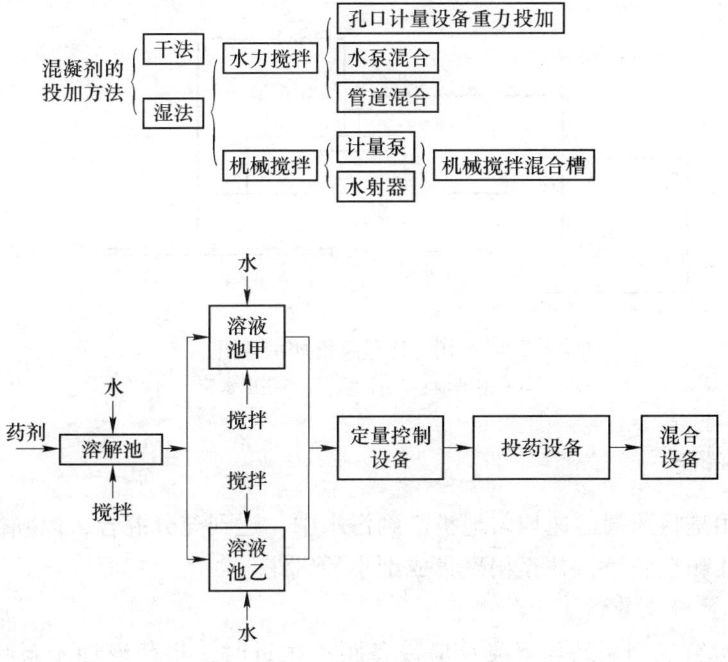

图 4-7　湿投法过程

1）重力投加法。利用重力的作用，将高位水池或罐中的药液投入管道内或水泵吸入管喇叭口处（见图 4-8）。该法操作简单，投加安全可靠，但必须设高位池或罐。适用于中小规模水厂，直接向无压管道或混合池加药。

2）压力投加法。利用水射器或计量泵将混凝剂投入处理水中。

①水射器投加。水射器定量投加设备是利用空气管末端与虹吸管出口间的水位差不变，而保证恒量投加（见图 4-9）。

②泵投加。计量泵投加设备最为简单可靠，一般采用柱塞泵、隔膜泵或螺杆泵，通过调节柱塞行程控制投药量，适于向压力管道或容器内投药（见图 4-10）。

压力投加法可确保加药量，不受加药点位置高低及管道压力限制，并可实现加药量的自动控制。各种规模水厂均可使用。

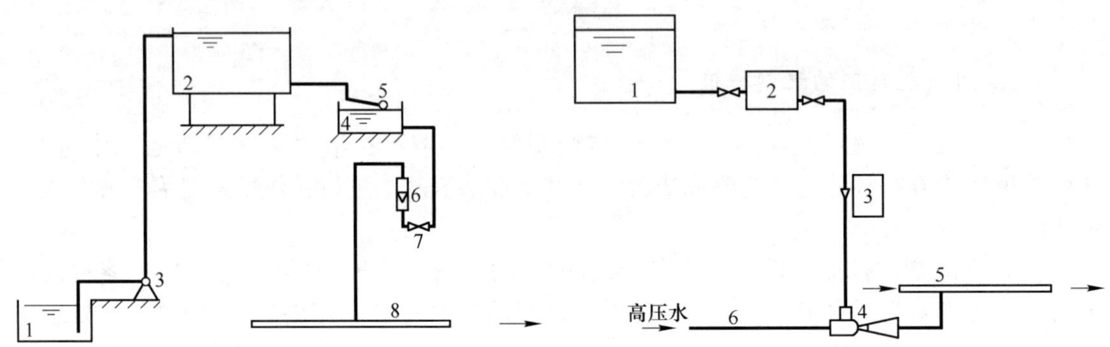

图 4-8　高位溶液池重力投加示意图

1—溶解池；2—溶液池；3—提升泵；4—水封箱；5—浮球阀；6—流量计；7—调节阀；8—压水管

图 4-9　水射器投加示意图

1—溶液池；2—投药箱；3—漏斗；4—水射器；5—压水管；6—高压水管

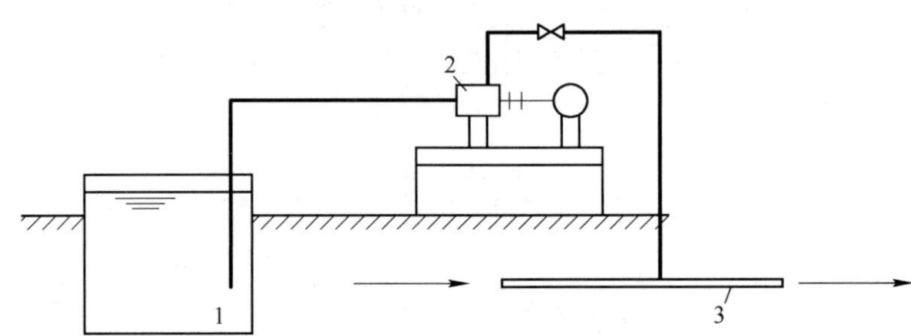

图 4-10　计量泵投加示意图

1—溶液池；2—计量泵；3—压水管

4.2.4.2　混合

混合的作用是将药剂迅速均匀地扩散到污水中，达到充分混合，以确保混凝剂的水解与聚合，使胶体颗粒脱稳，并互相聚集成细小的矾花。

A　借水泵的吸水管或压力管混合

（1）水泵混合。当泵站与絮凝反应设备距离很近时，将药液加于泵吸水管或吸水井中，通过水泵叶轮高速转动达到快速而剧烈混合的目的。水泵混合效果较好，无须另建混合设施，节省动力。

（2）管式混合。当泵站与反应池距离较远时，可将药液投入离反应池前一定距离（应不小于 50 倍管道直径）的进水管中，使药剂与水在管道内混合，也有较好的凝聚效果。目前最广泛使用的管式混合器是“管式静态混合器”。

B　在专用混合设备中进行混合

(1) 机械混合。这是用电动机带动桨板或螺旋桨进行强烈搅拌的一种有效的混合方法。适用于多种药剂处理污水的情况，混合效果较好。

(2) 水力混合。水力混合是通过水的流动以达到药剂与水的混合。水力混合池有多种形式，常见的有隔板混合池、穿孔板式混合池、涡流式混合池等，混合效果较好，但占地面积大。

4.2.4.3　反应

水与药剂混合后即进入反应池进行反应。反应阶段的作用是促使混合阶段形成的细小矾花在一定时间内继续形成大、具有良好沉淀性能的絮凝体（可见的矾花），使其在后续的沉淀池内下沉。

反应池的形式也有机械搅拌和水力搅拌两类。

水力搅拌反应池在我国应用广泛，类型也较多，主要有隔板反应池（见图 4-11）、涡流式反应池（见图 4-12）等，其中较常用的是隔板反应池。

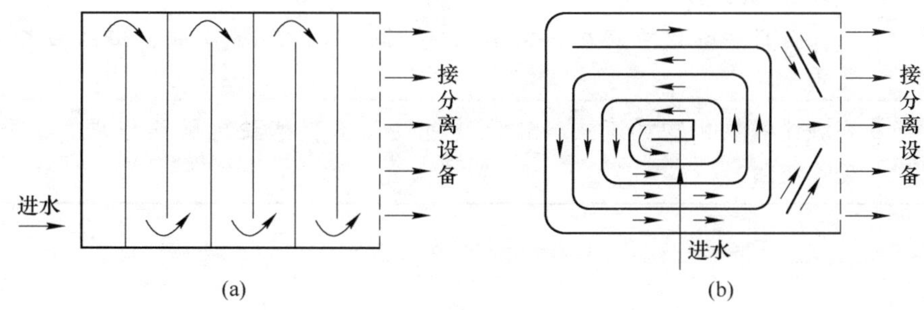

图 4-11　隔板反应池

(a) 往复式；(b) 回转式

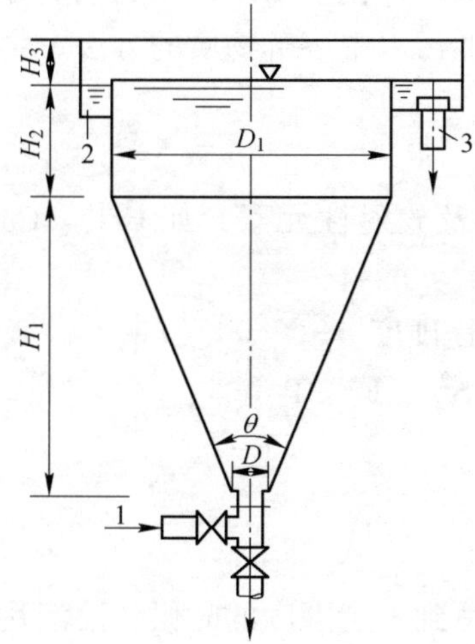

图 4-12　涡流式反应池

1—进水管；2—出水渠；3—出水管

4.2.4.4 沉淀

进行混凝沉淀处理的污水经过投药、混合、反应生成絮凝体后，要进入沉淀池使生成的絮凝体沉淀与水分离，最终达到净化的目的。

任务4.3 化学沉淀

任务描述

<table>
<tr><td rowspan="3">任务目标</td><td>1. 知识目标
(1) 理解化学沉淀法基本概念、原理、应用
(2) 理解几种常见的沉淀处理方法原理和工作过程</td></tr>
<tr><td>2. 能力目标
能够讲述几种常见的沉淀处理方法原理和工作过程</td></tr>
<tr><td>3. 素质目标
具备自学、语言表达、计算机应用技术、沟通技巧、团队合作等基本素质</td></tr>
<tr><td>任务内容</td><td>讲述氢氧化物沉淀法、硫化物沉淀法、碳酸盐沉淀法原理、工作过程、实际应用</td></tr>
</table>

知识链接

4.3.1 化学沉淀法定义

化学沉淀法是向污水中投加某种化学物质，使它与污水中的溶解物质发生化学反应，生成难溶于水的沉淀物，以降低污水中溶解物质的方法。主要针对废水中的阴、阳离子。

4.3.2 化学沉淀法的处理对象

（1）废水中的重金属离子及放射性元素，如 Cr^{3+}、Cd^{3+}、Hg^{2+}、Zn^{2+}、Ni^{2+}、Cu^{2+}、Pb^{2+}、Fe^{3+}等。

（2）给水处理中去除钙、镁硬度。

（3）某些非金属元素，如 S^{2-}、F^-、P 等。

（4）某些有机污染物。

4.3.3 基本原理

当化合物在水中的溶解量达到一定限度的时候，溶液达到饱和状态，此时的溶液称做饱和溶液。化合物在饱和溶液中的浓度称做饱和浓度，也称溶解度。如果化合物的浓度超过饱和浓度，就会从溶液中析出，这个同溶解过程相反的过程称做沉淀过程，析出的物质称做沉淀物。

在化学中，把在100g水中最大溶解量1g以上的物质列为“可溶”物质；在0.1g以下的列为“难溶”物质；介于两者之间的列为“微溶”物质。

无机化合物一般为电解质，其溶于水时或多或少会发生解离，即为电离过程。用化学沉淀法处理废水时涉及的沉淀物都是难溶电解质。如果废水中含有的某种污染离子可以用加入某种化学药剂使其生成沉淀析出的方式去除，即可采用此方法进行处理。

废水中有很多无机离子，可以采用沉淀的方式从水中去除。某一种具体的离子是否可用化学沉淀法去除，首先取决于是否能找到适宜的沉淀剂。沉淀剂的选择可参考相关化学参考书或手册中的溶度积表。

4.3.4 常用的化学沉淀方法

4.3.4.1 化学沉淀法工艺过程

化学沉淀法的工艺流程和设备与化学混凝法相类似，包括化学药剂（沉淀剂）的配制和投加，混合、反应设备，使沉淀物与水分离的设备（如沉淀池、浮上池等）。

（1）投加化学沉淀剂，生成难溶的化学物质，使污染物沉淀析出。投药—反应—沉淀析出。

（2）通过凝聚、沉降、浮选、过滤、离心、吸附等方法，进行固液分离。

（3）泥渣的处理和回收利用。

4.3.4.2 常用的化学沉淀方法

A 氢氧化物沉淀法

氢氧化物沉淀法是基于重金属离子在一定的pH条件下，生成难溶于水的氢氧化物沉淀而得到分离的原理。工业废水中的许多金属离子可以生成氢氧化物沉淀而得以去除（如Zn、Cr、Mn等）。沉淀与否主要决定因素为pH。氢氧化物 $M(OH)_n$ 的解离方程式如下：

$$M(OH)_n = Mn^+ + nOH^-$$

有 $K_{sp}(M(OH)_n) = [Mn^+] \cdot [OH^-]^n$。对金属离子 Mn^+ 来说，是否生成难溶的氢氧化物沉淀，取决于溶液中 OH^- 离子浓度，即pH值。由上式可知：

（1）金属离子浓度相同时，溶度积小的开始沉淀析出的pH值越低。

（2）同一金属离子，浓度越大，开始沉淀析出的pH值越低。

如黏胶纤维厂含锌废水的处理，可用石灰或烧碱作为沉淀剂除锌。

B 硫化物沉淀法

硫化物沉淀法也是有效的治理有毒重金属的方法。其中使用硫化物的一个最主要的优点是金属硫化物的沉淀溶解度要大大低于氢氧化物沉淀，而且硫化物沉淀不是两性物质。因此，相对于氢氧化物沉淀，硫化物沉淀可实现在较广pH值范围内金属污染程度较大的情况。相对氢氧化物沉淀，硫化物沉淀也表现出更好的增厚和脱水特性。

废水中溶解的无机汞化合物可以用硫化物沉淀法处理。由于硫化汞的溶度积很小，此法除汞率很高。对于有机汞则必须先用氧化剂（如氯）将其氧化成无机汞再去除。可用的沉淀剂有硫氢化钠、硫化钠，与溶解的汞化合物反应，生成硫化汞沉淀。

用硫化物沉淀法处理含汞废水后，产生 HgS 沉渣。HgS 本身的毒性不大，但如随意排到环境中，经微生物转化，可变成剧毒的甲基汞，所以泥渣必须妥当处置。

C 碳酸盐沉淀法

有些金属离子的碳酸盐是难溶沉淀，可以用此方法去除。如铅蓄电池废水中含有较高浓度的铅，可以投加碳酸钠或采用白云石滤池进行沉淀去除。试验表明，在 pH = 6.4 ~ 8.7 时，投加碳酸钠，再经过砂滤，出水中总铅浓度为 0.2 ~ 3.8mg/L，可溶性铅为 0.1mg/L。如采用白云石过滤池处理含铅废水，可使溶解的铅转化成碳酸铅沉淀，然后用清水反冲洗滤池，除去碳酸铅沉淀，滤池再生。

任务 4.4 化学氧化还原

任务描述

<table>
<tr><td rowspan="3">任务目标</td><td>1. 知识目标
(1) 理解化学氧化还原法的原理、适用范围、类型，常用氧化剂还原剂的类型、投加量等
(2) 理解化学氧化法、化学还原法各系统的组成、应用及处理效果</td></tr>
<tr><td>2. 能力目标
典型化学氧化法、化学还原法工艺运行</td></tr>
<tr><td>3. 素质目标
具备自学、语言表达、计算机应用技术、沟通技巧、团队合作等基本素质</td></tr>
<tr><td>任务内容</td><td>讲述各处理系统的组成、发生的化学反应、药剂投加等</td></tr>
</table>

知识链接

通过化学药剂与废水中的污染物进行氧化还原反应，从而将废水中的有毒有害污染物转化为无毒或者低毒物质的方法称为氧化还原法。与生物氧化相比，费用较高，仅用于饮用水、特种工业用水、有毒工业用水、回用水深度处理。

在氧化还原反应中，参加化学反应的原子或离子有电子得失，因而引起化合价的升高或降低。失去电子的过程叫氧化，得到电子的过程叫还原。

根据有毒有害物质在氧化还原反应中被氧化或还原的不同，废水中的氧化还原法又可分为药剂氧化法和药剂还原法两大类。在废水处理中常采用的氧化剂有空气中的氧、纯氧、臭氧、氯气、漂白粉、次氯酸钠、三氯化铁等；常用的还原剂有硫酸亚铁、氯化亚铁、铁屑、锌粉、二氧化硫等。

4.4.1 氧化法

药剂氧化法中常用的方法有空气氧化法、臭氧氧化法、氯氧化法、高锰酸钾氧化法等。

4.4.1.1　空气氧化法

把空气鼓入废水中，利用氧气氧化水中的污染物的方法，称做空气氧化法。通常可用于以下几种情况。

A　地下水除铁、锰

地下水中常含有较高的溶解性 Fe^{2+}，可通过曝气，利用空气中的 O_2 将 Fe^{2+} 氧化成 Fe^{3+}，并与水中的碱作用形成 $Fe(OH)_3$，其反应式为：

$$4Fe^{2+} + O_2 + 2H_2O + 8HCO_3^- \longrightarrow 4Fe(OH)_3\downarrow + 8CO_2$$

曝气不仅是供氧，还能驱除 CO_2，提高 pH 值，对加速 Fe^{2+} 的氧化有利。但分子氧在常温常压下的反应很慢。因而多采用天然锰砂滤池或石英砂过滤器。

除锰比除铁难，相似条件下反应时间漫长，需寻找更强的催化剂或更强的氧化剂。MnO_2 对 Mn^{2+} 的氧化具有催化作用。MnO_2 对 Fe^{2+} 也具有催化作用，使其氧化速度加快。

$$3MnO_2 + O_2 \longrightarrow MnO \cdot Mn_2O_7$$

$$MnO \cdot Mn_2O_7 + 4Fe^{2+} + 2H_2O \longrightarrow 3MnO_2 + 4Fe^{3+} + 4OH^-$$

这两个反应速度很快，可大大加快 Fe^{2+} 氧化成 Fe^{3+} 的速度。

图 4-13 所示为除铁、除锰工艺流程。

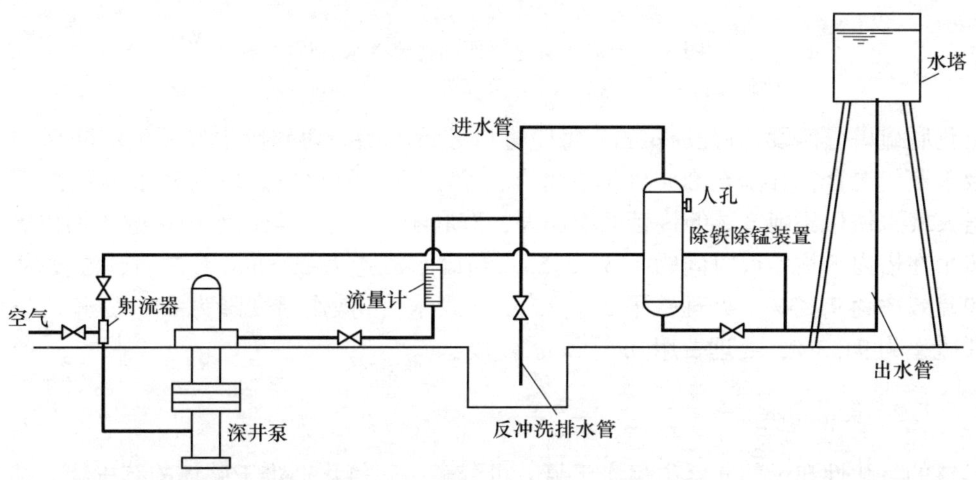

图 4-13　除铁、除锰工艺流程

B　工业废水脱硫

硫化物在石油炼制厂、石油化工厂、皮革厂、制药厂等废水中一般以 Na_2S、NaHS、$(NH_4)_2S$ 和 NH_4HS 形式存在，在酸性废水中以 HS 形式存在。酸性溶液中各电对具有较弱的氧化能力，而在碱性溶液中各电对具有较强的还原能力。利用分子氧氧化硫化物，以碱性条件较好。

一般的处理方法是向废水中注入空气和蒸汽，硫化物转化为无毒的硫代硫酸盐或硫酸盐。反应式如下：

$$2S^{2+} + 2O_2 + H_2O \longrightarrow S_2O_3^{2-} + 2OH^-$$

$$2HS^- + 2O_2 \longrightarrow S_2O_3^{2-} + H_2O$$

$$S_2O_3^{2-} + 2O_2 + 2OH^- \longrightarrow 2SO_4^{2-} + H_2O$$

氧化 1kg 硫化物为硫代硫酸盐的理论需氧量为 1kg，约相当于 3.7 m^3 空气。由于部分硫代硫酸盐（约 10%）会进一步氧化为硫酸盐，使需氧量增加到 4m^3 空气。实际操作中供气量为理论值的 2~3 倍。具体流程如图 4-14 所示。

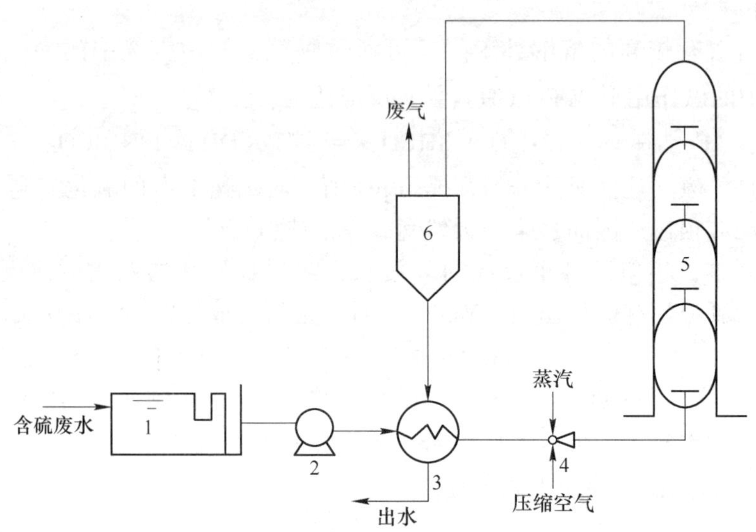

图 4-14 空气氧化法处理含硫废水流程

1—隔油池；2—泵；3—换热器；4—射流器；5—空气氧化塔；6—分离器

氧化脱硫塔分四段，每段高 3m，每段进口处设喷嘴。含硫废水经隔油沉降后与压缩空气及水蒸气混合，升温至 80~90℃，雾化进料，进入氧化塔。塔内气水体积比不小于 15。增大气水体积比则气液的接触面积加大，有利于空气中的氧向水中扩散，加快氧化速度。废水在塔内平均停留时间为 1.5~2.5h。当废水流量为 2900mg/L 左右，温度为 90℃时，脱硫效率达 98.3%，处理费用 0.9 元/m^3（废水）。操作温度降为 64℃，其他条件相同，脱硫率为 94.3%，处理费用 0.6 元/m^3（废水）。

4.4.1.2 臭氧氧化法

臭氧的氧化性在天然元素中仅次于氟，可分解一般氧化剂难于破坏的有机物，并且不产生二次污染，常温下分解为氧气放热，温度、浓度越高，分解越快，在水溶液中分解比气相中快。

$$2O_3 \xrightarrow{OH^-} 3O_2$$

臭氧的制备方法很多，目前工业上常用的方法是干燥空气或氧气经无声放电制取。

$$O_2 + e^- \longrightarrow 2O + e^-$$

$$3O \longrightarrow O_3$$

$$O_2 + O \rightleftharpoons O_3$$

工业上常用的管式臭氧发生器和板式臭氧发生器的原理图如图 4-15 所示。

该法广泛地用于消毒、除臭、脱色以及除酚、氰、铁、锰等。臭氧氧化处理系统中的

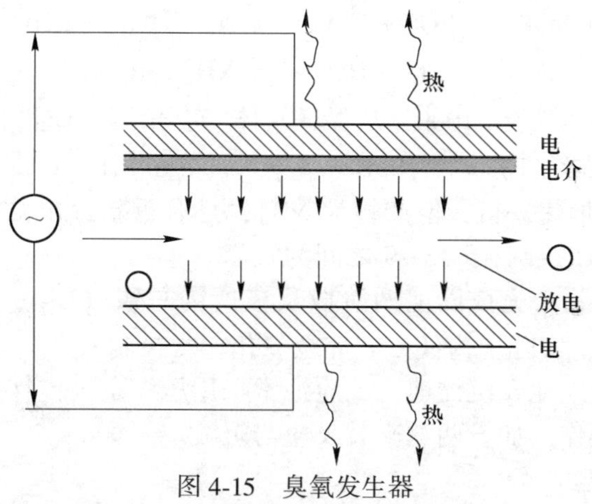

图 4-15　臭氧发生器

主要设备是臭氧接触反应器。图 4-16 所示为臭氧处理闭路系统。

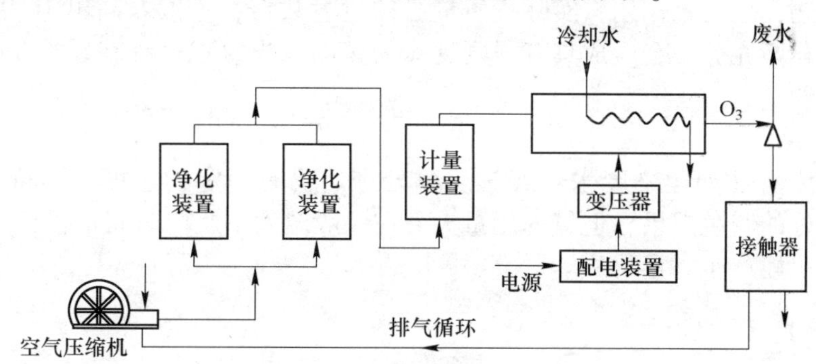

图 4-16　臭氧处理闭路系统

4.4.1.3　氯氧化

在氯氧化法中的氯系氧化剂包括氯气、氯的含氧酸及其钠盐、钙盐和二氧化氯。除了用于消毒外，氯氧化法还可用于氧化废水中的某些有机物和还原性物质，如氰化物、硫化物、酚、醇、醛、油类，以及用于废水的脱色、除臭等。

A　含氰废水的处理

废水中的氰通常以游离 CN^-、HCN 及稳定性不同的金属络合物 $[Zn(CN)_4]^{2-}$、$[Ni(CN)_4]^{2-}$、$[F(CN)_6]^{3-}$等形式存在。在 pH 值大于 8.5 的碱性条件下用氯气进行氧化，可将氰化物氧化成无毒物质。化学反应式如下：

第一阶段，CN^-被氧化为 CNO^-：

$$CN^- + ClO^- + H_2O = CNCl + 2OH^-$$

$$CNCl + 2OH^- = CNO^- + Cl^- + H_2O$$

在 pH=10~11 时，反应只需 5min，通常控制在 10~15min。用 Cl_2 作氧化剂时，不断加碱，维持必要的碱度。采用 NaOCl，由于水解呈碱性，反应开始时调整好 pH 值，以后可不再加碱，此阶段反应生成的氯化氰有剧毒，在酸性条件下稳定，易挥发致毒；只有在碱性条件下，易转变为毒性极微的氰酸根 CNO^-。

第二阶段，CNO^-在不同 pH 下进一步氧化降解或水解：

$$2CNO^- + 3ClO^- + H_2O = N_2 + 3Cl^- + 2HCO_3^-$$

$$CNO^- + 2H^+ + H_2O = NH_4^+ + CO_2$$

CNO^-的毒性只有CN^-的 1/1000，从保证水体安全角度，应进行第二阶段处理，即将CNO^-氧化为NH_3（酸性条件）或N_2(pH8~8.5)，反应可在 1h 之内完成。此阶段的氧化降解反应在低 pH 下可加速进行，但产物为NH_4^+，且有重新逸出 CNCl 的危险；当 pH>12 时反应终止。通常将 pH 控制在 7.5~9 之间为宜。

废水中氰（CN^-）量与完成以上两阶段反应所需总氯（Cl_2）量与 NaOH 的量之比，理论值为 1∶6.8∶6.2。实际上为使CN^-完全氧化，常控制CN^-与Cl_2之比为 1∶8 左右。

处理设备主要是反应池及沉淀池。反应池常采用压缩空气搅拌或用水泵循环搅拌。小水量时，可采用间歇操作，如设两池交替反应与沉淀。

B 含酚废水的处理

采用氯氧化除酚，理论投氯量与酚量之比为 6∶1 时即可将酚完全破坏，由于废水中存在其他化合物，也与氯作用，实际投氯量必须过量数倍，一般要高出 10 倍。如果投氯量不够，酚氧化不充分，会生成具有强剧臭味的氯酚。当氯化过程在碱性条件下进行时，也会产生氯酚。

C 废水脱色

有些有机废水（如印染废水）经过生物处理后仍有一定的色度，不符合排放要求。加氯可以有较好的脱色效果，但氯的用量大，在一般温度下反应时间也较长。而且某些染料经过氯化后可能产生有毒物质。

4.4.1.4 其他氧化法

A 高锰酸钾氧化

高锰酸钾氧化法主要用于去除废水中的酚、二氧化硫、H_2S等。在饮用水的处理中，这种方法主要用来杀灭藻类、除臭、除味、除铁、除锰等。该法的优点是处理后的水没有异味，氧化剂容易投配；主要缺点是处理成本高。

B 过氧化氢氧化

过氧化氢与催化剂Fe^{2+}构成的氧化体系通常称为 Fenton 试剂。在Fe^{2+}催化下，H_2O_2能产生两种活泼的氢氧自由基，从而引发和传播自由基链反应，加快有机物和还原性物质的氧化，对常见有机物的氧化 COD 去除率达 70%以上。

4.4.2 还原法

还原法就是向污水中投加还原剂，将污水中的有毒、有害物质还原成无毒或毒性小的新物质的方法。还原法主要用于处理含铬、含汞废水。

常用还原剂有硫酸亚铁、氯化亚铁、铁屑、锌粉、二氧化硫、硼氢化钠等。

4.4.2.1 还原除铬

通过还原可将六价铬转化为三价铬，大大减小铬的毒性。还原过程是，在酸性条件下，向含铬废水中投加亚硫酸氢钠，将六价铬还原为三价铬。随后投加石灰或氢氧化钠，生成氢氧化铬沉淀。将沉淀物从废水中分离出来，达到处理的目的。化学反应如下：

$$2H_2Cr_2O_7 + 6NaHSO_3 + 3H_2SO_4 \longrightarrow 2Cr_2(SO_4)_3 + 3Na_2SO_4 + 8H_2O$$

$$Cr_2(SO_4)_3 + 3Ca(OH)_2 \longrightarrow 2Cr(OH)_3\downarrow + 3CaSO_4$$

$$Cr_2(SO_4)_3 + 6NaOH \longrightarrow 2Cr(OH)_3\downarrow + 3NaSO_4$$

除此之外还有硫酸亚铁–石灰法除铬和铁屑过滤除铬两种方法。

4.4.2.2 还原除汞

氯碱、炸药、制药、仪表工业废水中含有剧毒的 Hg^+，处理方法是将其还原为 Hg，加以回收。实际中常用金属还原剂来处理含汞废水，废水中的汞离子被还原为金属汞而析出，金属本身被氧化为离子而进入水中。可用于还原汞的金属有铁粉、锌粉、铜粉和铝粉等。以铁粉为例，发生如下化学反应：

$$Fe + Hg^{2+} \longrightarrow Fe^{2+} + Hg\downarrow$$

采用不同的金属还原剂还原汞，需注意控制反应条件。如采用铁屑过滤时 pH 值 6~9 较好，耗铁量最小；采用锌粉时 pH 值 9~11 较好；采用铜屑时 pH 值 1~10 均可，一般用于废水含酸浓度较大的场合。

废水中如存在有机汞，则通常先用氧化剂（如氯）将其破坏，使之转化为无机汞后，再用金属置换。最终碎屑中汞的回收，采用隔绝空气加热的方法，产生的汞蒸气经冷却后即可回收。

任务 4.5 化 学 消 毒

任务描述

<table>
<tr><td rowspan="3">任务目标</td><td>1. 知识目标
(1) 了解化学消毒的定义，理解其原理、方法、常用消毒剂的种类等
(2) 掌握氯消毒的原理、特征、加氯量、加氯设备、工作过程、副产物控制等
(3) 理解二氧化氯消毒的原理、特点、工作过程，与氯消毒的区别，二氧化氯的制备等
(4) 理解臭氧消毒系统组成、工艺原理及应用
(5) 理解紫外线消毒的原理、特点、系统组成、工艺原理及应用</td></tr>
<tr><td>2. 能力目标
氯消毒工艺运行、加氯机的操作</td></tr>
<tr><td>3. 素质目标
具备自学、语言表达、计算机应用技术、沟通技巧、团队合作等基本素质</td></tr>
<tr><td>任务内容</td><td>1. 讲述氯消毒、二氧化氯消毒、臭氧消毒工作过程及其原理
2. 氯消毒工艺运行、加氯机的操作</td></tr>
</table>

知识链接

水中的病原微生物包括病毒、细菌、真菌、原生动物、肠道寄生虫及其卵等。对废水处理，消毒虽非必需，但对某些废水的安全排放或回用十分重要。如生活、医院、屠宰场、食品加工厂、饲养厂、皮革厂等废水以及某些生化实验室废水，都或多或少地含有某些病原微生物。城市污水经一级或二级处理（包括活性污泥法和生物膜法）后，水体中仍可能有病源菌存在，应通过消毒剂或其他消毒手段杀灭水中的病原微生物。消毒与灭菌不同，灭菌是消灭了所有活的生物。

消毒包括物理法和化学法两大类。物理法有加热、光照射及超声波等，在废水处理中很少应用；化学消毒法的消毒剂包括多种氧化剂（氯、臭氧、溴、碘、高锰酸钾等），某些重金属离子（银、铜等）及阳离子型表面活性剂等，其中，氯和臭氧消毒法应用最多。

4.5.1　氯消毒

4.5.1.1　氯的消毒作用

在不含氨的水中加入氯气，即产生下列反应：

$$Cl_2 + H_2O \longrightarrow HClO + HCl$$

$$HClO \longrightarrow H^+ + ClO^-$$

HClO 是弱酸，pH 小于 6 时难离解。以 HClO 和 ClO^-形式存在的氯称为游离氯，游离氯溶液的氧化能力随 pH 变化，这是由 HClO 与 ClO^-浓度的比值随 pH 变化所致。

HClO 和 ClO^-都有氧化能力，但 HClO 是中性分子，可扩散到带负电的细菌表面，并渗入体内，借氯原子的氧化作用破坏菌体内的酶，从而使细菌死亡；而 ClO^-带负电，难于靠近带负电的细菌，很难起消毒作用。水的 pH 值越低，所含 HClO 越多，消毒效果越好。

水中有氨时（不少地面水源由于有机污染而含有一定量的氨），会发生氯-氨反应，生成胺类物质，其成分视水的 pH 值及 Cl_2和 NH_3含量的比值等而定：

$$NH_3 + HClO \longrightarrow NH_2Cl + H_2O$$

$$NH_2Cl + HClO \longrightarrow NHCl_2 + H_2O$$

$$NHCl_2 + HClO \longrightarrow NCl_3 + H_2O$$

当 pH 在 5~8.5 之间时 NH_2Cl 和 $NHCl_2$同时存在。但 pH 值低，$NHCl_2$较多。$NHCl_2$的杀菌能力比 NH_2Cl 强，pH 低有利于消毒。NCl_3在 pH 低于 4.4 时才产生，一般自来水中不大可能形成。如图 4-17 所示为 HClO、ClO^-以及氯胺比例与 pH 值和温度的关系。

氯胺消毒实际上依靠 HClO，但进行比较缓慢，只有当 HClO 消耗后，反应才向生成 HClO 的方向进行，继续供给消毒所需的 HClO。

氯也会与有机氮，如蛋白质、氨基酸等反应生成有机氯胺化合物。氯与氨或有机氮化合物在水中结合形成的氯化合物称为化合氯。

氯加入水中后，一部分被能与氯化合的杂质消耗掉，剩余的部分则称为余氯。为保证自来水出厂后还具有持续的杀菌能力，水中需保留一定量的余氯。我国生活饮用水卫生标

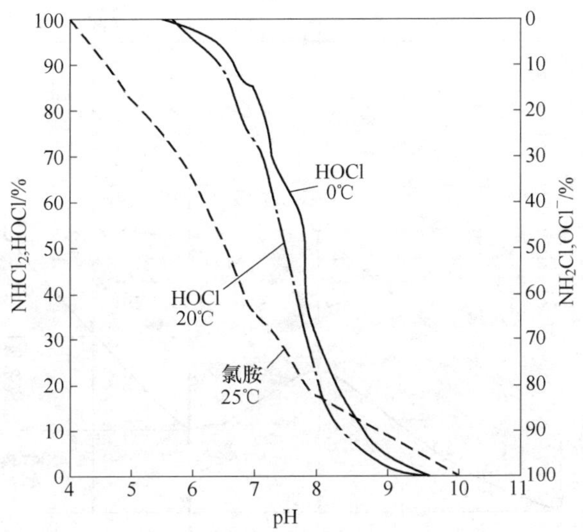

图 4-17 HClO、ClO^-以及氯胺比例与 pH 值和温度的关系

准（GB 5749—2006）规定，加氯接触 30min 后，游离性余氯不低于 0.3mg/L，集中式给水厂的出厂水除应符合上述要求外，管网末梢水的游离性氯不应低于 0.05mg/L。氯胺的杀菌能力不及 HClO，作用缓慢，对于余氯量要求要更高一些，与水的接触时间也较长。一般来说，游离氯与水接触时间应为 15~30min，化合氯与水接触时间应不少于 1~2h。

4.5.1.2 加氯量

在水中的加氯量可以分为两部分，即需氯量和余氯量。需氯量是指用于杀死细菌和氧化有机物等所消耗的氯量。余氯量是指水经加氯消毒，接触一定时间后余留在水中的氯量。

可以通过试验的方法确定需氯量，在一组水样中加入不同剂量的氯或漂白粉，经一定接触时间后测定水中余氯含量，确定满足需氯要求的剂量。所需余氯的性质、种类与数量、水温和接触时间等应根据实际要求决定。在进行需氯量试验的同时必须以细菌检验配合，以得到可靠的结果。

图 4-18 中虚线（该线与坐标轴成 45°角）表示水中无杂质时加氯量与余氯量的关系。实线表示氯与杂质化合后的情况，*b* 值即需氯量——被氯氧化的杂质，不能为余氯测定。*a* 代表余氯量，*a* 加 *b* 即加氯量。

1 区：氧化还原性物质，余氯为零；2 区：氯与氨化合，产生氯胺，有余氯，是化合氯；3 区：加氯量增加，氯胺被氧化成不起消毒作用的氯，余氯减少，到折点 *C*；4 区：完全是游离性余氯。

实践表明，当水中氨的含量在 0.3mg/L 以下时，加氯量通常控制在折点后，水中氨量高于 0.5mg/L 时，峰点 *H* 以前的化合性余氯量已够消毒，加氯量可控制在峰点前以节约氯量，水中氨量在 0.3~0.5mg/L 时，加氯量难以掌握，如控制在峰点前，往往由于化合性余氯较少，有时达不到要求，控制在折点后则浪费加氯量。

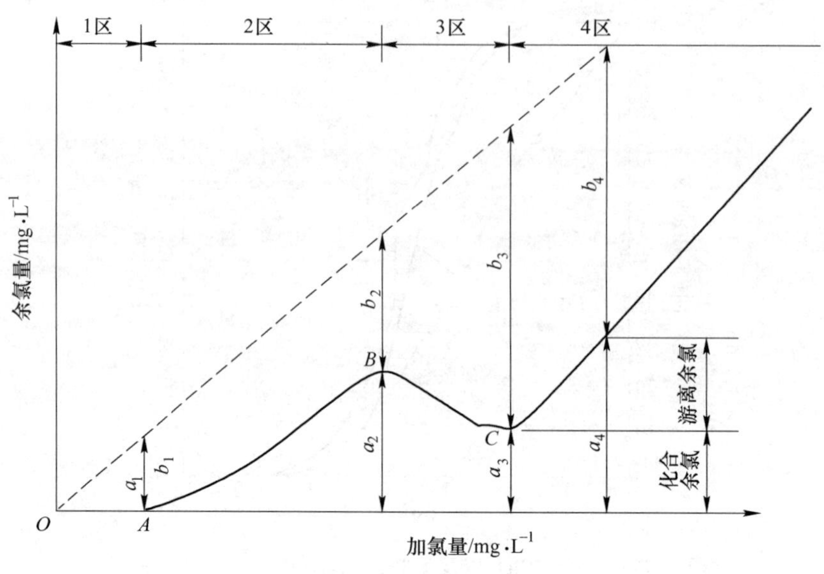

图4-18　需氯量试验结果

4.5.2　臭氧消毒

4.5.2.1　作用机理

臭氧可以氧化分解水中的污染物和杂质，并能脱色、除臭、灭藻，消除水中的铁、锰硫化物、酚氰、农药等，降低水中的BOD、COD和致癌物，它能破坏附着在细胞上的或细胞内维持生命的脱氢酶，破坏细胞的呼吸系统，从而导致细菌的死亡。

臭氧杀灭细菌和病毒的作用通常是物理的、化学的及生物的等几个方面的综合作用，其作用机制可归纳为以下几点：（1）作用于细胞膜，导致细胞膜的通透性增加，细胞内物质外流，使细胞失去活力。（2）使细胞活动必需的酶失去活性。这些酶是合成细胞的重要成分。（3）破坏细胞内遗传物质，导致新陈代谢障碍直至死亡，这一过程也是极为迅速的。臭氧消毒没有二次污染，是目前最绿色的消毒剂。

臭氧具有极强的氧化能力，在水中的氧化一还原电位为2.07V，仅次于氟（F）的电位2.87V，居于第二位，高于氯1.36V。尤其具有明显的杀菌能力，臭氧穿透细胞壁的扩散速度也十分快，因此，消毒的速度十分迅速。有资料表明，用臭氧杀灭病毒，投加量从0.05~0.45mg/L，在2min后杀灭程度与加自由氯保持余氯0.5~1.0mg/L接触1.5~3.0h效果一样。一般认为臭氧杀灭微生物的效果要比氯高600~3000倍。臭氧还能杀死抗氯的死病微生物（如若干病毒和孢囊），同时还能净化水中的有害化合物，而且臭氧不会将本身的臭和味传给水溶液，也不会像氯化物消毒时易于产生有害物质。

4.5.2.2　臭氧化消毒技术优缺点

a　优点

（1）臭氧消毒作用是极强的，不管是细菌病毒，还是未萌动的孢子都具有杀灭作用。

（2）杀灭速度快，是氯的600~3000倍，在相同的灭菌作用时（灭大肠杆菌率为99.9%）其浓度是氯的0.000048倍。

（3）臭氧消毒过程中产生的氧化物是无毒、无味，能生物降解的物质。

（4）臭氧能很快分解为氧，不会产生二次污染，被人们称为“洁净的消毒剂”；而且可提高养殖用水中的溶氧量。

（5）臭氧呈气体游离状态，消毒中不会产生死角。

（6）臭氧在消毒过程中通过其氧化絮凝作用对水质起到一定的净化作用。

（7）臭氧消毒技术可用于养殖用水、饮用水、海水，也可处理污水，用于环境物体等消毒应用范围广，被称为“万能消毒剂”。

b 缺点

（1）因臭氧不稳定，对消毒后的物质无保护性余量，故无持续消毒功能。

（2）臭氧是有毒气体，水中不允许超过0.01mg/L，空气中不允许超过0.001mg/L，过量会使人的呼吸系统出现障碍，这就要求密封使用，使人不在臭氧过量的环境中停留过长时间。

（3）臭氧设备费用高，耗电量大，限制了其推广。

4.5.3 二氧化氯消毒

4.5.3.1 二氧化氯的消毒机理

ClO_2是一种具有刺激性气味的气体，其分子结构外层存在一个未成对电子——活泼自由基，具有很强的氧化作用。它能迅速氧化、破坏病毒衣壳上蛋白质中的酪氨酸，抑制病毒的特异性吸附，阻止其对宿主细胞的感染。ClO_2可与细菌及其他微生物蛋白质中的部分氨基酸发生氧化还原反应，使氨基酸分解破坏，进而控制微生物蛋白质合成，最终导致细菌死亡；同时对细胞壁有较好吸附和透过性能，可有效地氧化细胞内含巯基的酶；除对一般细菌有杀死作用外，对芽孢、病毒、藻类和真菌等均有很好的杀灭作用。

ClO_2能较好地杀灭细菌、病毒，却不会对动植物机体产生损伤，原因在于细菌细胞结构与人体、植物体截然不同。细菌属原核细胞生物，其大多数酶系统分布于细胞近表面，易受攻击；而动、植物多属真核细胞生物，其酶系统深入到细胞里的细胞器中而得到保护，因此，ClO_2不易与它接触，不易伤害到它；此外，高等动、植物机体在受到外来物侵害时会自动产生对抗外来物质的保护系统，从而完全保证机体不受ClO_2等的伤害。

4.5.3.2 二氧化氯的制取方法

目前，按照所用的原料和工艺特点，二氧化氯的制取方法可分为三种：氯酸盐还原法、亚氯酸盐氧化法和电解法。

A 氯酸盐还原法

氯酸盐还原法是目前工业上主要采用的方法。根据所用的还原剂不同，它又分为以下几种方法：

（1）以氯化钠为还原剂：

$$2NaClO_3 + 2NaCl + 2H_2SO_4 = 2ClO_2 + Cl_2 + 2Na_2SO_4 + 2H_2O$$

（2）以盐酸为还原剂：

主反应：　$2NaClO_3 + 4HCl = 2ClO_2 + Cl_2 + 2H_2O + 2NaCl$

副反应：　$NaClO_3 + 6HCl = 3Cl_2 + NaCl + 3H_2O$

（3）以甲醛为还原剂：

$$4NaClO_3 + 2H_2SO_4 + CH_3OH = 4ClO_2 + HCOOH + 2Na_2SO_4 + 3H_2O$$

B　亚氯酸盐氧化法

此方法成本较高，工业上应用不多，又可分为以下几种：

（1）氯气氧化法：

$$2NaClO_2 + Cl_2 = 2ClO_2 + 2NaCl$$

（2）自氧化法：

$$5NaClO_2 + 4HCl = 4ClO_2 + 5NaCl + 2H_2O$$

$$5NaClO_2 + 2H_2SO_4 = 4ClO_2 + 2Na_2SO_4 + NaCl + 2H_2O$$

（3）次氯酸盐氧化法：

$$2NaClO_2 + NaClO + 2HCl = 2ClO_2 + 3NaCl + H_2O$$

C　电解法

这种方法是20世纪80年代后期开发出来的新工艺，一般选用氯化钠为电解质，因为它价格低廉，运行成本低，因此受到各方面的普遍重视，并在水处理各个领域中得到广泛应用。

在电解饱和食盐水溶液时，阳极反应为Cl^-的氧化析出氯气。

$$2Cl^- - 2e = Cl_2$$

由于反应在水溶液中进行，阳极还会发生析氧反应。当阳极区有一定量OH^-时，反应还会出现：

$$4OH^- - 4e = 2H_2O + O_2$$

$$O_2 + 2OH^- - 2e = O_3 + H_2O$$

$$2H_2O - 2e = H_2O_2 + 2H^+$$

$$Cl_2 + 4OH^- - 2e = 2ClO^- + 2H_2O$$

$$ClO^- + 2OH^- - 2e = ClO^- + H_2O$$

$$ClO_2^- - e = ClO_2$$

阴极发生的电极反应为：

$$2H_2O + 2e = 2OH^- + H_2$$

上述多种方法虽均可制取二氧化氯，但将二氧化氯用于饮用水消毒，特别是用于中小水源时，电解法是制取二氧化氯的最佳途径。

4.5.3.3　二氧化氯消毒特点

采用二氧化氯消毒与通常氯消毒的不同之处在于二氧化氯一般只起氧化作用，不起氯化作用，因此它与水中杂质形成的三氯甲烷等比氯消毒要少得多。

二氧化氯也不与氨反应，在pH值6~10时的杀菌效率几乎不受pH值影响。二氧化氯的消毒能力次于臭氧但高于氯。与臭氧比较其优越之处在于它的剩余消毒效果，且无氯臭味。另外，二氧化氯有很强的除酚能力。

但由于制取二氧化氯的原料较贵（如亚氯酸钠，成本为Cl_2的10倍左右），且二氧化氯生产出来即需应用，不能储存，所以只有水源严重污染（如氨达几个mg/L或有大量酚存在）而一般氯消毒有困难时，才采用二氧化氯消毒。

4.5.4 紫外线消毒

紫外线消毒工艺具有其他消毒工艺所无法比拟的优势，克服了现有传统消毒技术的缺点。欧洲许多国家以及北美的加拿大和美国已在20世纪90年代分别修改了环境立法，在废水处理后的消毒，以及饮用水的消毒上，推荐采用紫外线消毒技术。

紫外线消毒的优势主要表现在：

（1）紫外线消毒技术具有较高的杀菌效率，运行安全可靠。紫外线消毒仅需几秒钟即可达到同样的灭活效果，且由于不投加化学药剂，不会对水体和周围环境产生二次污染。

（2）对隐孢子虫和贾第虫有特效消毒效果，常规的氯消毒工艺对隐孢子虫和贾第虫的灭活效果很低，并且在较高的氯投加量下会产生大量的消毒副产物；而紫外线消毒在较低的紫外线剂量下对隐孢子虫和贾第虫就可以达到较高的灭活效果。

（3）不产生有毒有害产物，由于不投加化学药剂，不会产生对人体有害的副产物。

（4）能降低臭味和降低微量有机物。

（5）占地面积小、运行维护简单、费用低。

（6）消毒效果受水温、pH影响小。

紫外线效果技术在工程应用中也存在一定的缺点，主要有以下几个方面：

（1）无持续杀菌能力，消毒后的水如果遇到新的污染源，会再次被污染，需与氯配合使用。

（2）浊度及水中悬浮物对紫外线杀菌有较大影响，会降低消毒效果。

（3）紫外灯套管容易结垢，影响紫外光的透出和杀菌效果，因此需要对套管进行定期的清洗，以及采取表面降温措施来防止管垢的形成。

（4）细菌的复活现象。一些细菌被紫外线照射失活的病毒细菌可通过光的协助修复自身被破坏的组织，达到复活目的；另外一些细菌可能存在着暗复活现象（无须光照）。

（5）国内使用经验少，对于紫外线消毒的应用也还存在较多问题。

总结归纳

（一）应知应会

（1）填空：

1）混凝剂可分为________和________两大类。

2）影响混凝效果的因素有________、________、________、________、________等。

3）混凝剂的投加方式有________、________、________等。

4）消毒主要是杀死对人体有害的________微生物。

5）水处理工作中最常用的消毒方法有________消毒、________消毒和________消毒等。

（2）简答题：

1）在水中加入氯气进行消毒的同时加入氨，有哪些优势和不足？

2）酸性废水的中和方法有哪些？

3）什么叫化学沉淀法，在水处理中主要去除哪些物质？

4）试比较液氯和二氧化氯消毒的优缺点。

5）试简述混凝机理。

（二）实践应用

（1）混凝工艺加药系统运行过程中应注意的问题有哪些？

（2）污水的氧化还原处理方法各有什么特点？适用于什么场合？

项目 5　污水物理化学处理法（三级处理）

任务 5.1　气　　浮

任务描述

<table>
<tr><td rowspan="3">任务目标</td><td>1. 知识目标
（1）理解气浮法基本原理、类型、应用范围等
（2）掌握气浮法不同设备构造、工作过程等</td></tr>
<tr><td>2. 能力目标
能够完成气浮工艺操作</td></tr>
<tr><td>3. 素质目标
具备自学、语言表达、计算机应用技术、沟通技巧、团队合作等基本素质</td></tr>
<tr><td>任务内容</td><td>1. 讲述气浮法工艺原理、类型、工作过程
2. 气浮工艺操作</td></tr>
</table>

知识链接

5.1.1　基本概念

气浮法也叫浮选、浮上法，它是将空气以微小气泡形式通入水中，使微小气泡与在水中悬浮的颗粒黏附，形成水-气-颗粒三相混合体系，颗粒黏附上气泡后，密度小于水即上浮水面，从水中分离，形成浮渣层，进行固液或液液分离的一种方法。该法的处理对象是靠自然沉降和上浮难以去除的乳化油或相对密度接近于 1 的微小悬浮颗粒。

污水处理技术中，气浮法固-液或液-液分离技术应用于如下几方面：

（1）石油、化工及机械制造业中的含油污水的油水分离；

（2）工业废水处理；

（3）污水中有用物质的回收；

（4）取代二次沉淀池，特别是用于易产生活性污泥膨胀的情况；

（5）剩余活性污泥的浓缩。

5.1.2　气浮原理

（1）向水中通入空气，产生微细的气泡，使水中的细小悬浮物黏附在空气泡上，随气泡一起上浮到水面，形成浮渣，达到去除水中悬浮物，改善水质的目的。浮上法处理工艺必须满足以下基本条件：1）必须向水中提供足够量的细微气泡；2）必须使污水中的污染物质能形成悬浮状态；3）必须使气泡与悬浮的物质产生黏附作用。

（2）气浮的影响因素及提高气浮效果的措施。气泡直径越小，数量越多，气浮的效果越好；水中的无机盐类会加速气泡的破裂和合并，降低气浮效果；投加混凝剂会促进悬浮物凝聚，使其黏附在气泡而上浮；可加入浮选剂使亲水性颗粒表面转化为疏水性物质而黏附在气泡上，随气泡上浮。

5.1.3 气浮法的分类和适用范围

5.1.3.1 分类

（1）电解气浮法。运行时借助电极解作用，在两个电极区不断产生氢、氧和氯气等微气泡，废水中的悬浮颗粒黏附于气泡上上浮到水面而被去除。工艺简单，设备小，但电耗大。

（2）散气气浮法。是空气通过微细孔扩散装置或微孔管或叶轮后，以微小气泡的形式分布在污水中进行气浮处理的过程。优点：简单易行；缺点：气泡较大，气浮效果不好。

（3）溶气气浮法。包括加压溶气气浮和溶气真空气浮，加压溶气气浮是空气在加压条件下溶于水中，而在常压下析出。（国内外较常用）溶气真空气浮是空气在常压或加压条件下溶于水中，在负压条件下析出。

5.1.3.2 适用范围

（1）分离悬浮油和乳化油。

（2）可代替活性污泥法的二沉池对曝气池出流混合液进行固液分离。

（3）可分离工业废水中的有用物质（如纸浆）。

（4）可分离以分子或离子状态存在的物质（如金属离子、表面活性物质等）。

5.1.4 常见的气浮工艺类型

5.1.4.1 加压溶气气浮法

A 工艺流程分类

根据废水中所含悬浮物的种类、性质、处理水净化程度和加压方式的不同，基本方法有全流程溶气气浮法、部分溶气气浮法、回流加压溶气气浮法三种。

a 全流程溶气气浮法

全流程溶气气浮法（见图 5-1）是将全部废水用水泵加压，在泵前或泵后注入空气。在溶气罐内，空气溶解于废水中，然后通过减压阀将废水送入气浮池。废水中形成许多小气泡黏附废水中的乳化油或悬浮物而逸出水面，在水面上形成浮渣。用刮板将浮渣排入浮渣槽，经浮渣管排出池外，处理后的废水通过溢流堰和出水管排出。

全流程溶气气浮法的优点：溶气量大，增加了油粒或悬浮颗粒与气泡的接触机会；在

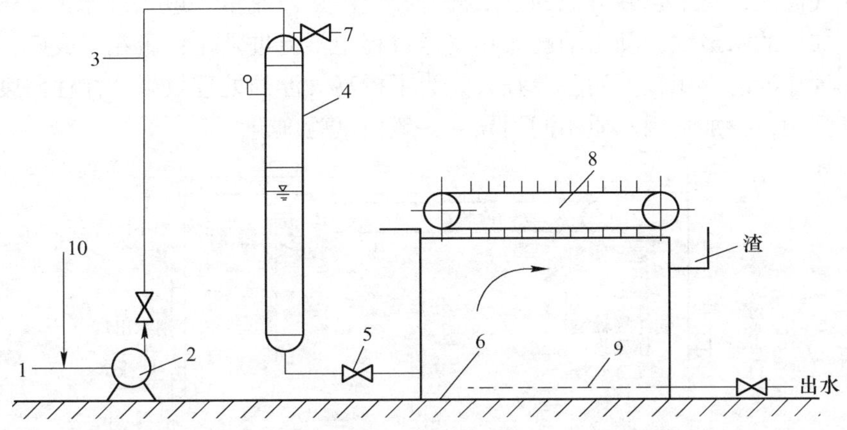

图 5-1 污水处理全流程溶气气浮法工艺流程

1—原水进入；2—加压泵；3—空气加入；4—压力溶气罐（含填料层）；5—减压阀；6—气浮池；7—放气阀；8—刮渣机；9—集水系统；10—化学药剂

处理水量相同的条件下，它较部分回流溶气气浮法所需的气浮池小，从而减少了基建投资。但由于全部废水经过压力泵，增加了含油废水的乳化程度，而且所需的压力泵和溶气罐均较其他两种流程大，因此投资和运转动力消耗较大。

b 部分溶气气浮法

部分溶气气浮法（见图 5-2）是取部分废水加压和溶气，其余废水直接进入气浮池并在气浮池中与溶气废水混合。其特点为：较全流程溶气气浮法所需的压力泵小，故动力消耗低。

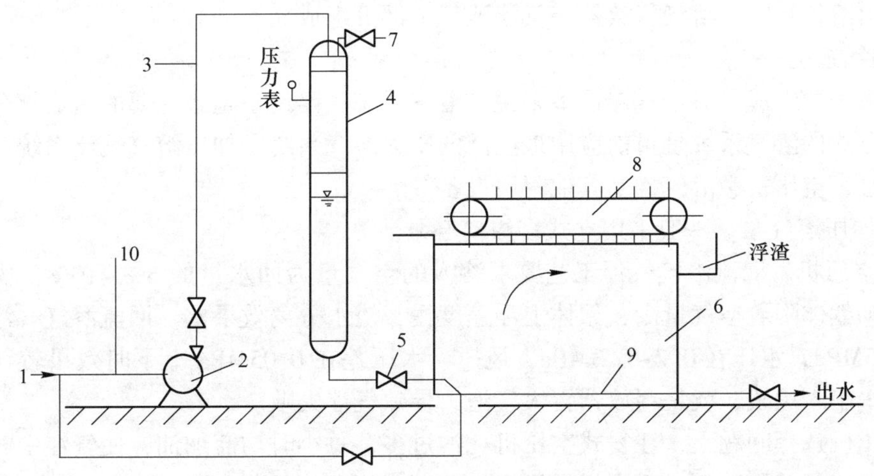

图 5-2 部分溶气气浮工艺流程

1—原水进入；2—加压泵；3—空气加入；4—压力溶气罐（含填料层）；5—减压阀；6—气浮池；7—放气阀；8—刮渣机；9—集水系统；10—化学药剂

c 回流加压溶气气浮法

回流加压溶气气浮法（见图 5-3）是取一部分除油后出水回流进行加压和溶气，减压后直接进入气浮池，与来自絮凝池的废水混合和气浮。回流量一般为废水的 25%～100%。其特点为：加压的水最少，动力消耗省；气浮过程中不促进乳化；矾花形成好，出水中絮凝物也少；气浮池的容积较前两种流程大。为了提高气浮的处理效果，往往向废水中加入混凝剂或气浮剂，投加量因水质不同而异，一般由试验确定。

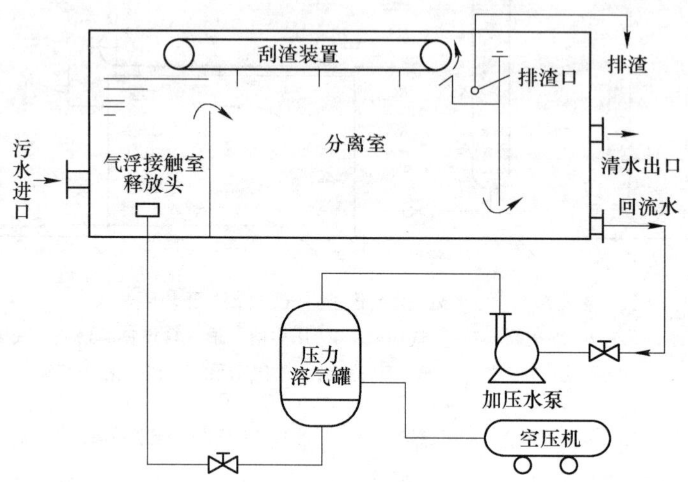

图 5-3　回流加压溶气气浮法工艺流程

现代气浮理论认为回流加压溶气气浮可节约能源，能充分利用浮选剂，处理效果优于全加压溶气气浮流程。其在回流比为 50%时处理效果最佳，回流加压溶气气浮工艺是目前国内外最常采用的气浮法。

B　加压溶气气浮的组成

主要由溶气系统、溶气释放器、气浮池三个部分组成。

a　溶气系统

溶气系统的组成。对于气浮设备来说，溶气系统气浮设备是最主要的组成部分。用空压机供气方式的溶气系统是目前应用最广泛的压力溶气系统，加压溶气气浮系统一般包括加压溶气泵、空压机、溶气罐及其他附属设备等。

（1）加压溶气泵。一般采用立式多级离心泵。

（2）空压机。回流溶气气浮工艺要求溶入的空气量为回水量的 6%～10%，风量不宜过小，否则絮体附着空气量少，絮体上浮速度慢，渣水分离效果差。回流溶气气浮风压在 0.25～0.35MPa，水压在 0.2～0.3MPa，风压、水压差在 0.05MPa 上下时效果较佳，否则不是压力水串入风线，就是释放器冒大气泡，导致气浮失败。

在空压机选择问题上，往复式空压机耗油过多，每小时均需加油，使气浮中气路带油过多，并且气量气压脉动；而螺杆空压机由于正常运行时不消耗润滑油，气路中不带油，且气量气压恒定、噪声小，因而更适用于作为压力溶气气浮的风源，但如果维护不当，造成机器故障，仍然会影响气浮。

（3）溶气罐。压力溶气罐的作用是使水与空气充分接触，促进空气的溶解，压力溶液气罐是影响溶气效率的关键设备。其外部结构由进水口、进气口、排气安全阀接口、视镜、压力表接嘴、排气口、液位计、出水口、人孔等组成，如图 5-4 所示。

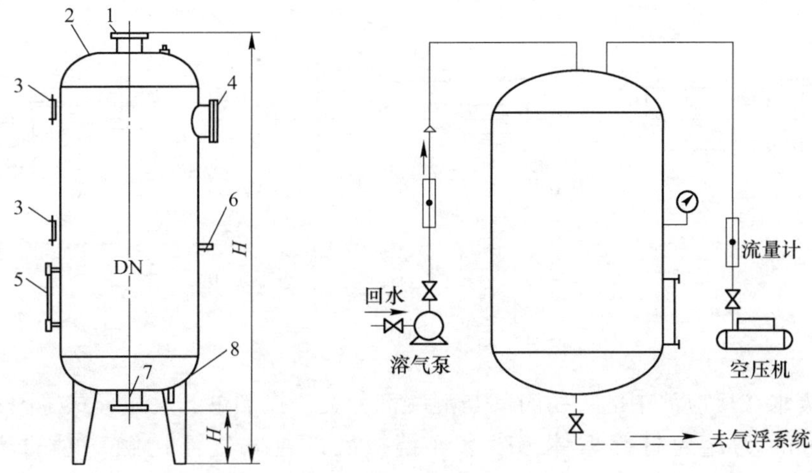

图 5-4 溶气罐结构示意图

1—进水管；2—进气管；3，4—人孔；5—液位计；6—放空管；7—出水管；8—放空管

溶气罐的形式有很多种，可以采用隔板式、花板式、填充式、涡轮式等填充式溶气罐。

罐内填充填料，可使溶气罐效率提高。因其装有填料可加剧紊动程度，提高液相的分散程度，不断更新液相与气相的界面，从而提高溶气效率。填料有各种形式，研究表明，阶梯环的溶气效率最高，可达 90%以上，拉西环次之，波纹片卷最低，这是由于填料的几何特征不同造成的。

影响填料溶气罐效率的主要因素为填料特性、填料层高度、罐内液位高、布水方式和温度等。

b 溶气水减压释放设备

释放系统是由溶气释放装置和溶气水管路组成。溶气水的减压释放设备一般要求微气泡的直径 20~100μm。溶气释放装置的功能是将压力溶气水减压，使溶气水中的气体以微气泡的形式释放出来，并能迅速、均匀地与水中的颗粒物质黏附。常用的溶气释放装置有减压阀、释放器。

(1) 减压阀（截止阀）。实际运行中可能出现每个阀门流量不同、气泡合并现象，阀芯、阀杆、螺栓易松动。

(2) 释放器。释气完全，在 0.15MPa 以上能释放溶气量的 99%左右；能在较低压力下工作，在 0.2MPa 以上时能取得良好的净水效果，节约电耗；释出的气泡微细，气泡平均直径为 20~40μm，气泡密集，附着性能良好。

国内溶气释放器有 TS 型、TJ 型和 TV 型等，如图 5-5 所示。

c 气浮池形式

(1) 平流式气浮池。平流式气浮池如图 5-6（a）所示。被处理的废水由池一端的下部进入接触区，微气泡与废水进行均匀混合，使其中的悬浮颗粒黏附于气泡上，废水经隔板进入气浮分离区进行分离后，水中污染物随气泡一起上浮到水面上，经刮渣设备刮除。

平流式气浮池的有效水深通常为 2~2.5m，一般以单格宽度不超过 10m，长度不超过

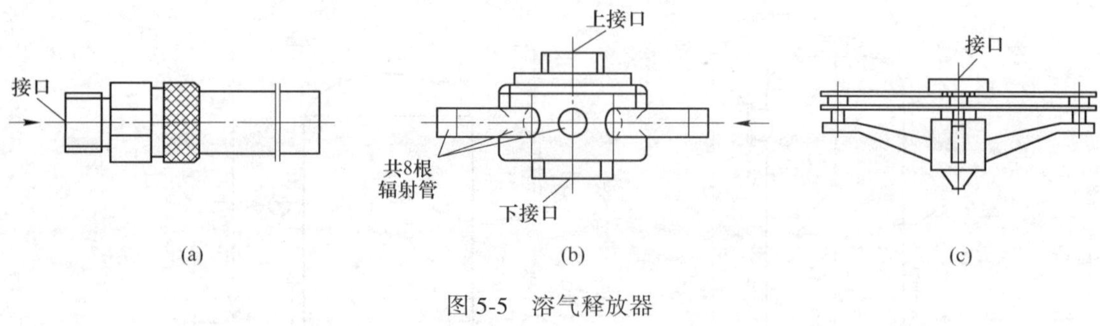

图 5-5　溶气释放器

（a）TS 型；（b）TJ 型；（c）TV 型

15m 为宜。废水在反应池中的停留时间与混凝剂种类、投加量、反应形式等因素有关，一般为 5～15min。为避免打碎絮体，废水经挡板底部进入气浮接触室时的流速应小于 0.11m/s。废水在接触室中的上升流速一般为 10～20mm/s，停留时间应大于 60s。废水在气浮分离室的停留时间一般为 10～20min，其表面负荷率约为 6～8m^3/(m^2·h)，最大不超过 10m^3/(m^2·h)。

优点是池身浅、造价低廉、构造简单、管理方便；缺点是分离区容积利用率不高。

（2）竖流式气浮池。竖流式气浮池如图 5-6（b）所示。这种形式的气浮池的优点是接触区在池中央，水流向四周扩散，水力条件比平流式好；缺点是与反应池较难衔接，构造较复杂，容积利用率较低。竖流式气浮池基本工艺参数与平流式气浮池相同。有经验表明，当处理水量大于 150～200m^3/h，废水中的可沉物质较多时，宜采用竖流式气浮池。

竖流式气浮池池高可取 4～5m，长宽或直径一般在 9～10m 以内，中央进水室、刮渣板和刮泥耙都安装在中心转轴上，依靠电机驱动匀速旋转。

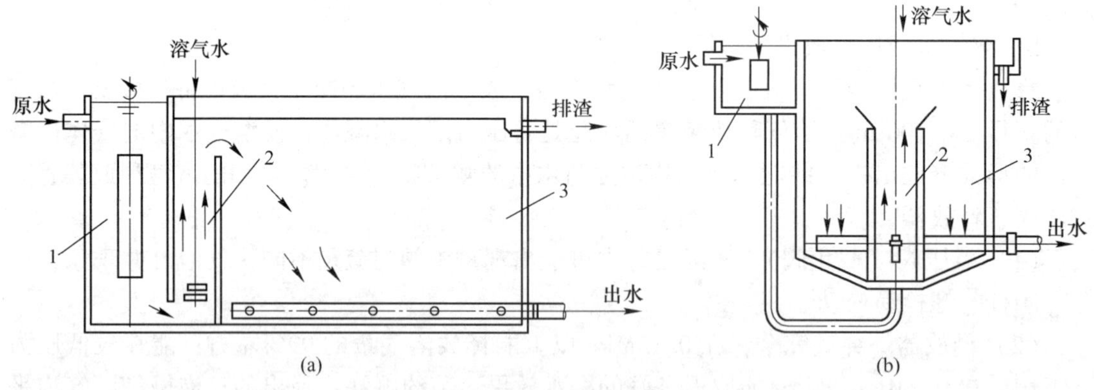

图 5-6　气浮池构造示意图

（a）平流式气浮池；（b）竖流式气浮池

1—反应池；2—接触室；3—分离室

C　加压溶气气浮的优点

（1）加压情况下，水中空气溶解度大，能提供足够的溶气量，以满足不同的气浮要求；

（2）突然减压释放产生的气泡直径小（20～100），粒径均匀，微气泡上浮稳定，对液体的扰动小，特别适用于松散絮体和细小颗粒的固液分离；

(3) 流程简单，维护管理方便。

5.1.4.2 分散空气浮上法

分散空气浮上法包括微气泡曝气浮上法、剪切气泡浮上法两种形式，如图 5-7 所示。前者是将压缩空气引入到靠近池底处的微孔板，被微孔板的微孔分散成细小气泡；后者是将空气引入到一个高速旋转混合器或叶轮机的附近，通过高速旋转混合器的高速剪切，将引入的空气切割成细小气泡。

分散空气浮上法用于矿物浮选，也用于含油脂、羊毛等污水的初级处理及含有大量表面活性剂的污水处理。

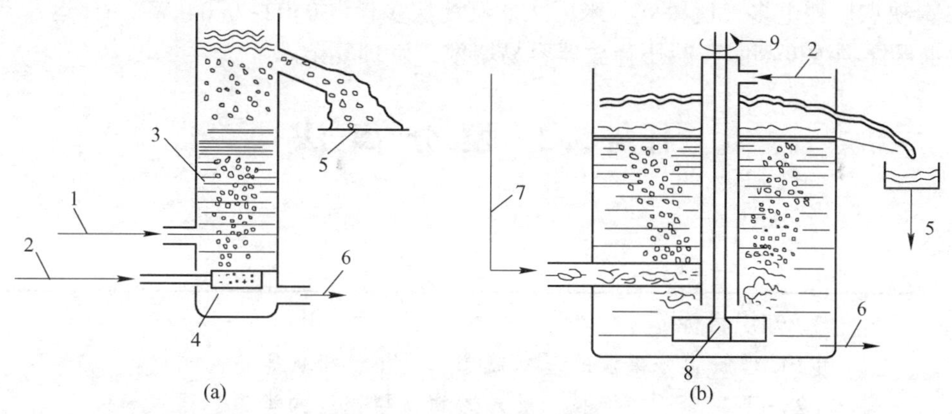

图 5-7 分散空气浮上法

(a) 微气泡曝气浮上法；(b) 剪切气泡浮上法

1—入流；2—空气；3—分离区；4—微孔扩散设备；5—浮渣；6—出流；7—入流液；8—高速旋转混合器；9—电动机

5.1.4.3 电解浮上法

电解浮上法是将正负极相间的多组电极浸泡在废水中，当通以直流电时，废水电解，正负两级间产生的氢和氧的细小气泡黏附于悬浮物上，将其带至水面而达到分离的目的，如图 5-8 所示。

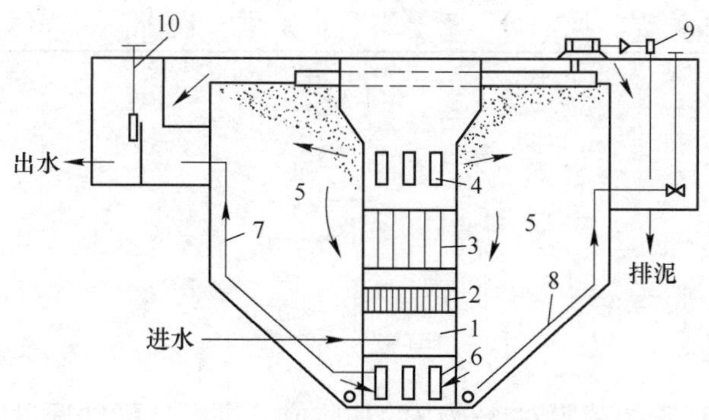

图 5-8 电解浮上法装置示意图

1—入流室；2—整流栅；3—电极组；4—出流孔；5—分离室；6—集水孔；7—出水管；8—排沉淀管；9—刮渣机；10—水位调节器

电解浮上法产生的气泡小于其他方法产生的气泡，故特别适用于脆弱絮状悬浮物。电解浮上法的表面负荷通常低于 $4m^3/(m^2 \cdot h)$。

电解浮上法主要用于工业废水处理方面，处理水量约在 $10 \sim 20m^3/h$。由于电耗高、操作运行管理复杂及电极结垢等问题，较难适用于大型生产。

5.1.5 气浮法的优缺点（与沉淀法相比）

（1）优点。气浮过程中增加了水中的溶解氧，浮渣含氧，不易腐化，有利于后续处理；气浮池表面负荷高，水力停留时间短，池深浅，体积小；浮渣含水率低，排渣方便；投加絮凝剂处理废水时，所需的药量较少。

（2）缺点。耗电多，比每立方米废水比沉淀法多耗电 0.02~0.04kW · h，运营费用偏高；废水悬浮物浓度高时，减压释放器容易堵塞，管理复杂。

任务 5.2 膜 分 离 法

任务描述

<table>
<tr><td rowspan="3">任务目标</td><td>1. 知识目标
（1）理解膜分离法的基本概念、类型、特点等
（2）了解离子交换膜、反渗透膜、超滤膜的类型、要求等
（3）掌握电渗析器、反渗透膜组件、超滤膜组件的组成、工作过程、特点等</td></tr>
<tr><td>2. 能力目标
完成电渗析、反渗透工艺操作</td></tr>
<tr><td>3. 素质目标
具备自学、语言表达、计算机应用技术、沟通技巧、团队合作等基本素质</td></tr>
<tr><td>任务内容</td><td>1. 讲述电渗析器、反渗透膜组件、超滤膜组件工作过程
2. 电渗析、反渗透工艺操作</td></tr>
</table>

知识链接

5.2.1 膜分离法概述

5.2.1.1 基本概念

膜分离法是利用特殊的薄膜对液体中的某些成分进行选择性透过的方法的统称。溶剂透过膜的过程称为渗透，溶质透过膜的过程称为渗析。

常用的膜分离方法有渗析、电渗析、反渗透、超滤，其次是自然渗析和液膜技术。近年来，膜分离技术发展很快，在水和废水处理、化工、医疗、轻工、生化等领域得到了大量的应用。

5.2.1.2 膜分离法基本特征

（1）膜分离过程不发生相变，因此能量转化的效率高。

（2）膜分离过程在常温下进行，因而特别适于对热敏性物料，如果汁、酶、药物等的分离、分级和浓缩。

（3）装置简单，操作简单，控制、维修容易，且分离效率高。与其他水处理方法相比，具有占地面积小、适用范围广、处理效率高等特点。

（4）目前膜的成本较高，所以膜分离法投资较高，有些膜对酸或碱的耐受能力较差，所以目前膜分离法在水处理中一般用于回收废水中的有用成分或水的回用处理。

5.2.2 电渗析

5.2.2.1 电渗析原理

电渗析是在外加直流电场作用下，利用离子交换膜的透过性（即阳膜只允许阳离子透过，阴膜只允许阴离子透过），使水中的阴、阳离子作定向迁移，从而达到水中的离子与水分离的一种物理化学过程。

原理是：在阴极与阳极之间，放置着若干交替排列的阳膜与阴膜，让水通过两膜及两膜与两极之间所形成的隔室，在两端电极接通直通电源后，水中阴、阳离子分别向阳极、阴极方向迁移，由于阳膜、阴膜的选择透过性，就形成交替排列的离子浓度减少的淡室和离子浓度增加的浓室。与此同时，在两电极上也发生着氧化还原反应，即电极反应，其结果是使阴极室因溶液呈碱性而结垢，阳极室因溶液呈酸性而腐蚀。因此，在电渗析过程中，电能的消耗主要用来克服电流通过溶液、膜时所受到的阻力及电极反应。

图 5-9 所示为电渗析过程示意图。

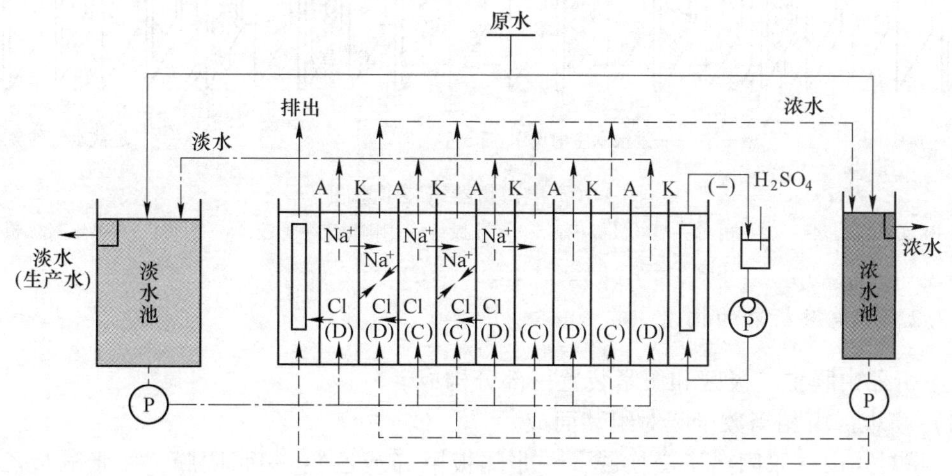

图 5-9 电渗析过程示意图

K—阳离子交换膜；A—阴离子交换膜；D—淡水室；C—浓水室

例如，用电渗析方法处理含镍废水，在直流电场作用下，废水中的硫酸根离子向正极迁移，由于离子交换膜具有选择透过性，淡水室的硫酸根离子透过阴膜进入浓水室，但浓水室内的硫酸根离子不能透过阳膜而留在浓水室内；镍离子向负极迁移，并通过阳膜进入浓水室，浓水室内的镍离子不能透过阴膜而留在浓水室中。这样浓水室因硫酸根离子、镍离子不断进入而使这两种离子的浓度不断增高；淡水室由于这两种离子不断向外迁移，浓度降低。离子迁移的结果是把电渗析器的两个电极之间的隔室变成了溶液浓度不同的浓室和淡室。浓水系统是一个溶液浓缩系统，而淡水系统是一个净化系统。用电渗析法回收镍时，以硫酸钠溶液作为电极液，硫酸钠可减轻铅电极的腐蚀，浓水回用于镀槽，淡水用于清洗镀件。

5.2.2.2　离子交换膜和电渗析装置

（1）离子交换膜。是电渗析的关键部件，其性能影响电渗析器的离子迁移效率、能耗、抗污染能力和使用期限等。

（2）电渗析离子交换膜的分类：

1）按膜结构分为异相膜、均相膜和半均相膜。

2）按膜上活性基团不同分为阳膜、阴膜和特种膜。

3）按膜材料不同分为有机膜和无机膜。

（3）电渗析装置。电渗析器的构造包括压板、电极托板、电极、极框、阴膜、浓水隔板、淡水隔板等部件。将这些部件按一定顺序组装并压紧，组成一定形式的电渗析器。电渗析器的辅助设备还包括水泵、整流器等，组成了电渗析装置。图 5-10 所示为电渗析器组装示意图。

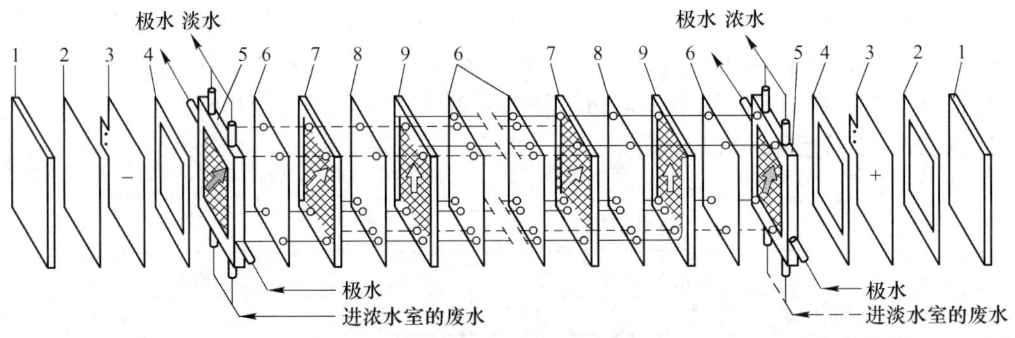

图 5-10　电渗析器组装示意图

1—压紧板；2，4—密封垫；3—端电极极板；5—多孔板；6—阳膜；7—隔板；8—阴膜；9—共电极极板

5.2.2.3　电渗析器的构造

电渗析器由膜堆、极区和压紧装置三部分构成。

（1）膜堆。由相当数量膜对组装而成。

1）膜对。由一张阳离子交换膜，一张隔板甲（或乙）；一张阴膜，一张隔板乙（或甲）组成。

2）离子交换膜。是电渗析器关键部件，其性能影响电渗析器的离子迁移效率、能耗、抗污染能力和使用期限等。

3）隔板：分浓、淡水隔板，交替放阴阳膜之间，使阴膜和阳膜之间保持一定间隔，隔板平面水流，垂直隔板平面电流。隔板厚度0.9mm。

（2）极区包括电极、极框和导水板。

1）电极。为连接电源所用。

2）极框。放置电极和膜之间，膜贴到电极上去，起支撑作用。

（3）压紧装置。用来压紧电渗析器，使膜堆、电极等部件形成一个整体，不致漏水。

5.2.2.4　电渗析装置组装方式

电渗析器组装是用“级”和“段”来表示，一对电极之间膜堆称为“一级”。水流同向每一个膜称为“一段”。增加段数就等于增加脱盐流程，也就是提高脱盐效率，增加膜对数，可提高水处理量。

电渗析器组装方式可根据淡水产量和出水水质不同要求而调整，一般有以下几种组装形式：一级一段、一级多段、多级一段、多级多段，如图5-11所示。

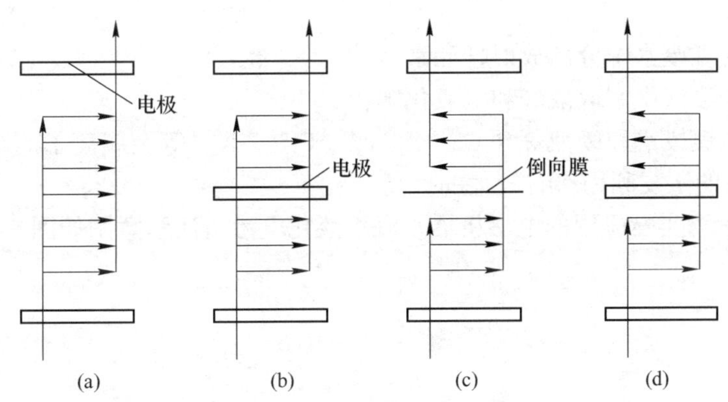

图5-11　电渗析器的级与段

（a）一级一段；（b）两级一段；（c）一级两段；（d）两级两段

5.2.2.5　电渗析器运行的工艺参数

（1）电流效率。电渗析器运行时实际除盐量与理论除盐量之比称为电渗析器的电流效率。

（2）电流密度与极化现象。电渗析器工作时，单位膜面积上通过的电流称为电流密度。运行时，当电流密度达到一定值时，界面层离子的迁移速度远低于膜内离子迁移速度，迫使膜界面处水分子发生电离，依靠氢离子和氢氧根离子来传递电流，这种膜界面现象称为浓差极化，此时的电流密度称为极限电流密度。

极化包括浓差极化和电极极化。极化发生后，在阳膜淡室的一侧富集过量的氢氧根离子，阳膜浓室的一侧富集过量的氢离子；而在阴膜淡室的一侧富集过量的氢离子，阴膜浓室的一侧富集过量的氢氧根离子。由于浓室中离子浓度高，故在浓室阴膜的一侧将发生碳酸钙等的沉淀，从而增加膜电阻，加大电能消耗，减小膜的有效面积，降低出水水质，影响正常运行。

5.2.2.6　电渗析器的应用

目前电渗析在海水或苦咸水淡化和某些工业用水的精制等应用中都已有大型装置投入生产性运行，应注意以下三点：

（1）在给水处理中应用的电渗析器，只回收淡水和只关注淡水水质，水的回收率一般为 50%~70%；而应用电渗析处理废水时，有时淡水和浓水均可回收利用，水的回收率高，有时浓水的利用价值高于淡水。

（2）在给水处理中应用的电渗析器只含有阳膜和阴膜，并以膜对的形式存在；而在废水处理中，电渗析器用膜的种类较多，有阳膜、阴膜、中性膜和复合膜等，根据处理对象组成和处理目的的不同而有不同的膜组合形式。

（3）在给水处理中，关注电渗析电极反应多半是为了防止电极反应的负面影响；而在废水处理中，有时是利用电极反应来达到处理废水和回收有用物质的目的。

电渗析法在废水处理实践中应用主要有如下几个方面：

（1）处理碱法造纸废液，从浓液中回收碱，从淡液中回收木质素；

（2）从含金属离子的废水中分离和浓缩重金属离子，然后对浓缩液进一步处理或回收利用；

（3）从放射性废水中分离放射性元素；

（4）从芒硝废液中制取硫酸和氢氧化钠；

（5）处理电镀废水和废液等含 Cu^{2+}、Zn^{2+}、Cr^{6+}、Ni^{2+}等金属离子的废水。既回收了重金属，又使水的重复利用率有较大的提高。

图 5-12 所示为实际应用的电渗析器。海水淡化电渗析法示意图如图 5-13 所示。

图 5-12　实际应用的电渗析器

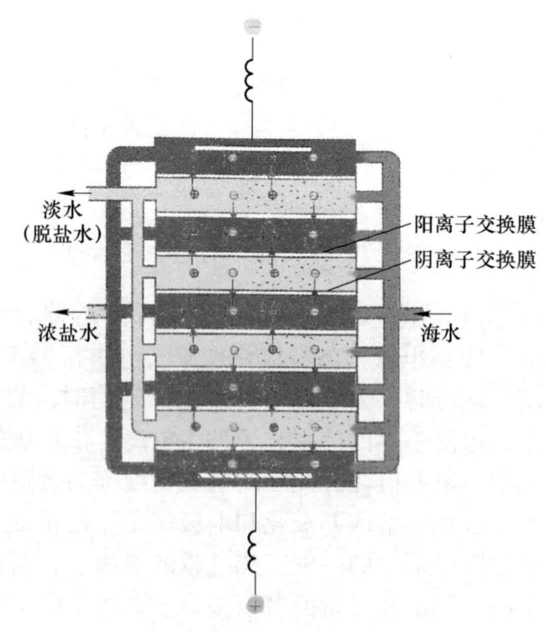

图 5-13　海水淡化电渗析法示意图

5.2.2.7 电渗析器工艺设计

目前，电渗析器有系列产品规格，可根据淡水产量与处理要求确定合理的设计参数，选用所需电渗析器的台数以及并联或串联的组装方式。

5.2.3 反渗透

5.2.3.1 基本概念及原理

半透膜是一种只允许溶剂通过而不允许溶质通过的膜。溶液中的溶剂通过半透膜，从低浓度溶液向高浓度溶液转移，达到某一程度后便自行停止，达到平衡状态，这种现象即为渗透作用。渗透作用形成的流体静压称为渗透压，渗透压与溶液的性质、浓度、温度有关，而与膜本身无关。渗透是一种自然现象，各种生物的细胞膜就是一种半渗透膜，细胞吸收、排出水分就依靠渗透作用。

反渗透是指在一定压力下，高浓度溶液中的溶剂通过半透膜向低浓度溶液转流的现象。反渗透现象的实现需要克服渗透压。与渗透现象相反，它不是一种自然现象，而是一种人为现象。只有当工作压力大于溶液的渗透压时，反渗透才能进行。在反渗透过程中，溶液的浓度逐渐增高，因此反渗透设备的工作压力必须超过与浓溶液出口处浓度相应的渗透压。温度升高，渗透压增高，所以溶液温度的增高必须通过增加工作压力予以补偿。反渗透工作原理如图5-14所示。

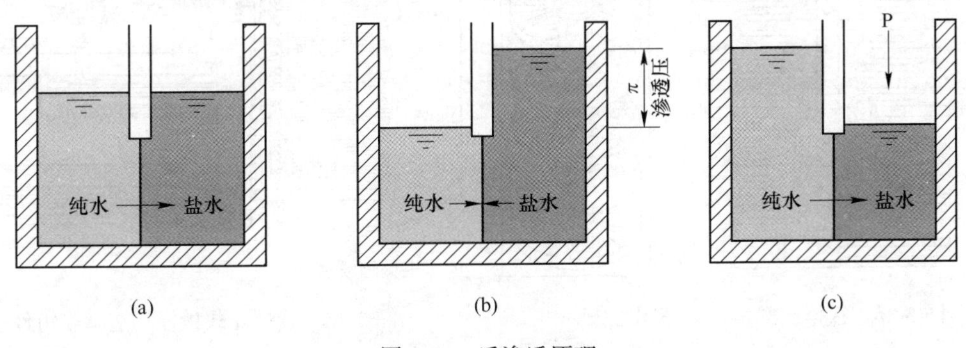

图5-14 反渗透原理

(a) 渗透；(b) 渗透平衡；(c) 反渗透

5.2.3.2 反渗透膜

反渗透膜英文名称为 reverse osmosis membrane，简称R/O膜。反渗透膜是一种多孔性膜，是为了实现水溶液的反渗透现象，采用特殊工艺人工合成的一种半透膜，其具有良好的化学性质，当溶液与这种膜接触时，由于界面现象和吸附的作用，对水优先吸附或对溶质优先排斥，在膜面上形成一纯水层。被优先吸附在界面上的水以水流的形式通过膜的毛细管并连续排出。因此，只有水溶液中的溶剂——水能通过，而其溶质不能通过反渗透膜。目前水处理中常用的反渗透膜有醋酸纤维膜和芳香族聚酰胺膜。

反渗透膜的分类：(1) 按成膜材料可分为有机膜和无机高聚物膜；(2) 按膜的形状

可分为平板状、管状、中空纤维状膜；（3）按膜结构可分为多孔性和致密性膜，或对称性（均匀性）和不对称性（各向异性）结构膜；（4）按应用对象可分为海水淡化用的海水膜、咸水淡化用的咸水膜及用于废水处理、分离提纯等的膜。

5.2.3.3 反渗透装置

工业生产中使用的膜分离设备是由多个构造相同的单个装置组合而成的，一般把构成设备的相同的装置称为膜组件。反渗透膜组件有板框式、管式、螺旋卷式和中空纤维式等四种。

A 板框式膜组件

板框式膜组件是膜分离史上最早问世的一种膜组件形式，其外观很像普通的板框式压滤机。图 5-15 所示为板框式膜组件构造示意图，图 5-16 为紧螺栓式板框式反渗透膜组件。整个装置由若干圆板堆叠而成，圆板外有密封圈支撑，使内部组成压力容器，高压水通过每块板；圆板中间为多孔性材料，用以支撑膜并引出被分离的水；每块板两面都装上反渗透膜，膜的周边用胶黏剂和原版外环密封；板式装置上下安装有进水和出水管，使处理水进入和排出，板周边用螺栓把整个装置压紧。

板框式膜组件的优点是结构紧凑牢固，能承受高压，性能稳定，工艺成熟，换膜方便；缺点是液流状态较差，容易造成浓差极化，成本高。

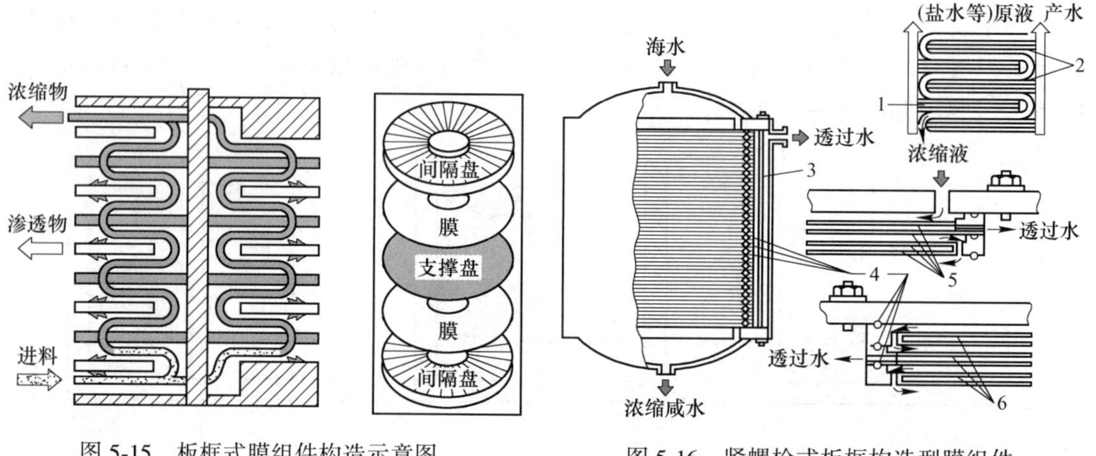

图 5-15 板框式膜组件构造示意图

图 5-16 紧螺栓式板框构造型膜组件

1—承压板；2，5—膜；3—紧固螺栓；4—环形垫圈；6—多孔板

B 管式膜组件

管式膜组件分为内压式和外压式：前者将膜镶在管的内壁，如图 5-17 所示，含盐水在压力作用下的管内流动，透过膜的淡化水通过管壁上的小孔流出；后者将膜铸在管的外壁，透过膜的淡化水通过管壁上的小孔由管内流出。

管式膜组件的特点是水力条件好，安装、清洗、维修比较方便，工艺成熟，能耐高压，可以处理高黏度的原水；缺点是膜的有效面积小，装置体积大，而且两端要较多的联结装置，装置成本高。

C 螺旋卷式膜组件

卷式装置如图 5-18 所示，把导流隔网、膜和多孔支撑材料一次叠合，用黏合剂沿三边把两层膜黏结密封，另一开放边与中间淡水集水管连接，再卷绕一起；含盐水由一端流入导流隔网，另一端流出，透过膜的淡化水沿多孔支撑材料流动，由中间集水管引出。

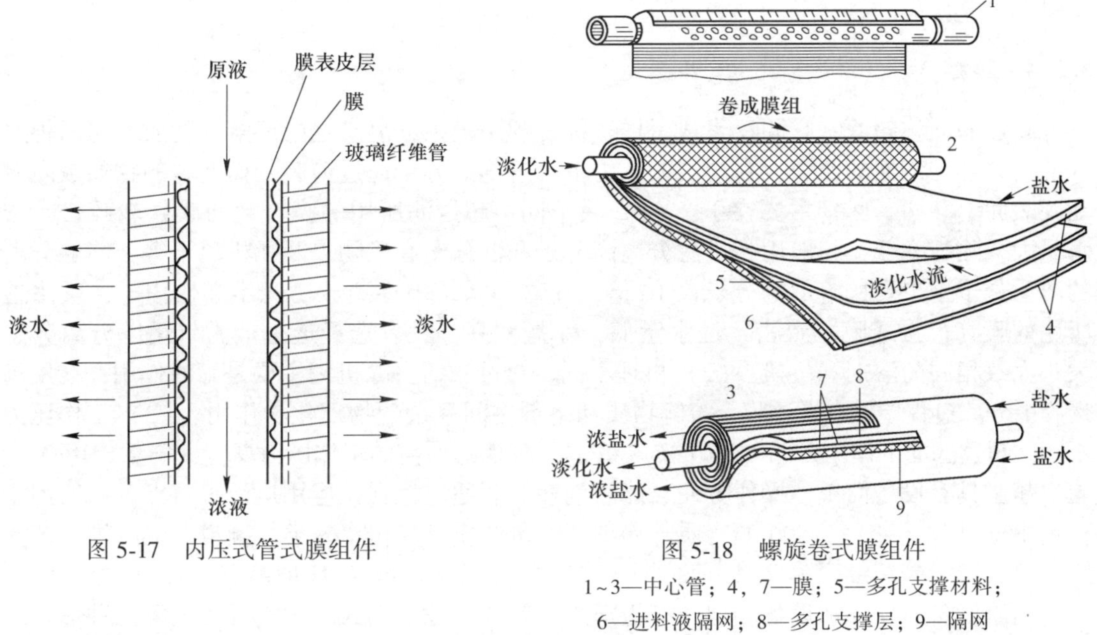

图 5-17　内压式管式膜组件

图 5-18　螺旋卷式膜组件

1~3—中心管；4，7—膜；5—多孔支撑材料；
6—进料液隔网；8—多孔支撑层；9—隔网

螺旋卷式反渗透装置的优点是结构紧凑、单位容积的膜面积大，所以处理效率高，占地面积小、操作方便、设备费用低；缺点是不能处理含有悬浮物的液体，易堵塞，原水流程短，压力损失大，清洗不方便，换膜困难。

D　中空纤维式膜组件

如图 5-19 所示，中空纤维式膜组件是把一束外径 50~100μm、壁厚 12~25μm 的中空纤维装于耐压管内，纤维开口端固定在环氧树脂管板中，并露出管板，含盐水通过纤维管壁的淡化水沿空心通道从开口端引出。其优点是单位体积表面积大，制造和安装简单，不需要支撑物，设备结构紧凑，设备费用低；缺点是不能用于处理含悬浮物的污水，必须预先经过过滤处理，膜易堵塞，不易清洗，预处理要求高，换膜费用高。

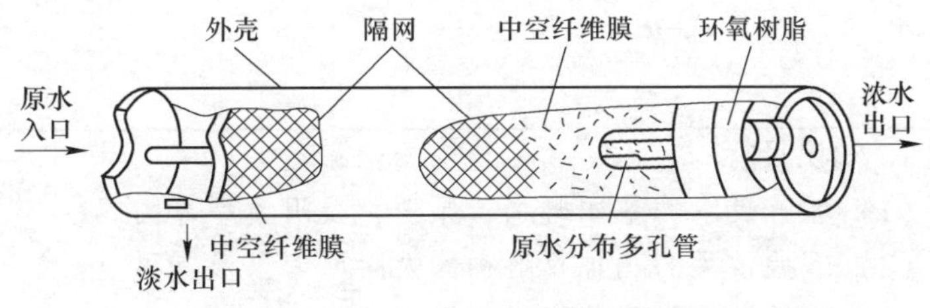

图 5-19　中空纤维式膜组件

从装填密度和产水量来看，以中空纤维式为最佳，之后分别是卷式、管式和板式；从对原液的预处理要求来看，中空纤维式要求最高；从维护方面看，管式便于维护，中空纤维式和螺旋卷式较为困难。

5.2.3.4　反渗透的应用

反渗透在水处理中的应用日益广泛，在给水处理中主要用于苦咸水、海水淡化和纯净水、超纯水的制取。废水处理中主要用于去除重金属离子和贵重金属离子浓缩回收，渗透水也能重复使用。

5.2.4 超滤

超过滤简称超滤，它同反渗透一样，都是利用膜来分离废水中溶解的物质。这两种过程的动力都是溶液的压力，在溶液的压力下，溶剂的分子通过薄膜，而溶解的物质被阻滞在膜表面上。两者区别主要在于：（1）膜不同。超过滤所用的膜（超滤膜）较疏松，透水量大，除盐率低，一般用超过滤分离高分子和低分子有机物以及无机离子等，能够分离的溶质分子至少要比溶剂的分子大 10 倍，在这种系统中渗透压已经不起作用了；反渗透所用的膜（反渗透膜）致密，透水量低，除盐率高，具有选择透过能力，用以分离分子大小大致相同的溶剂和溶质。（2）机理不同。超过滤的去除机理主要是筛滤作用；在反渗透膜上分离过程伴随有半透膜、溶解物质和溶剂之间复杂的物理化学作用。（3）工作压力不同。超过滤的工作压力低（0.07~0.7MPa），反渗透所需的工作压力高（大于 2.8MPa）。

超滤具有设备简单、操作方便、能量消耗少、适应性强、应用广泛等特点。一般用于从水中分离分子量大于 500 的物质，如细菌、蛋白质、淀粉、藻类、颜料、油漆等。超滤膜一般采用醋酸纤维素膜（pH 值范围 4~7.5）和聚酰胺膜（pH 值范围 4~10）等。

超滤设备与反渗透设备相似，有板框式、管式、螺旋卷式、中空纤维式等几种形式。

在超滤过程中，由于被截留的杂质在膜表面上不断积累，会产生浓差极化现象，当膜面溶质浓度达到某一极限时即生成凝胶层，使膜的透水量急剧下降，这使得超滤的应用受到一定程度的限制。为此，需通过试验进行研究，以确定最佳的工艺和运行条件，最大限度地减轻浓差极化的影响，使超滤成为一种可靠的方法。

在废水处理中，超滤技术可以用来去除废水中的淀粉、蛋白质、树胶、油漆等有机物，以及黏土、微生物等；此外，超滤还可用于污泥脱水，以及用来代替澄清池等。目前已应用在汽车制造行业喷漆废水、金属加工废水以及食品工业废水的处理及有用物质的回收。

任务 5.3 吸 附 法

任务描述

<table>
<tr><td rowspan="3">任务目标</td><td>1. 知识目标
（1）理解吸附的基本概念、原理、吸附类型等内容
（2）掌握常见的几种吸附剂的吸附原理，及其再生
（3）掌握各吸附工艺的工作原理</td></tr>
<tr><td>2. 能力目标
运行降流式固定床吸附设备</td></tr>
<tr><td>3. 素质目标
具备自学、语言表达、计算机应用技术、沟通技巧、团队合作等基本素质</td></tr>
<tr><td>任务内容</td><td>1. 讲述各吸附工艺原理、工作过程
2. 能够运行吸附工艺设备</td></tr>
</table>

知识链接

利用多孔固体吸附剂或化学吸附作用将废水中的一种或多种物质吸附在固体表面上，将其回收利用的方法称之为吸附。具有吸附能力的物质叫吸附剂（如活性炭），被吸附在吸附剂表面的物质叫吸附质。

吸附的主要功能是去除水中溶解态微量污染物，如有机污染物、胶体粒子、重金属离子、放射性元素、微生物、余氯、臭味、色度等。可用于废水的深度处理，适用性广，处理效果好，可回收有用物料；但对进水预处理要求高，运转费用贵，系统操作麻烦。

5.3.1 吸附的分类

吸附是通过吸附剂与吸附质之间存在的氢键、偶极矩作用、范德华力和化学键力等多种化学作用和物理化学作用实现的。根据固体表面吸附力的不同，吸附可分为物理吸附、化学吸附和离子交换吸附三种类型。

5.3.1.1 物理吸附

吸附剂与吸附质之间通过分子间引力（即范德华力）而产生的吸附称为物理吸附。物理吸附是一种常见的吸附现象，是固体表面粒子（分子、原子或离子）存在分子间作用力即范德华力引起的。其特点是被吸附物质的分子不是附着在吸附即表面固定点而是在界面上自由移动，可以形成单分子层或多分子层吸附；因为分子间作用力普遍存在，所以一种吸附剂可以吸附多种物质，因此物理吸附没有选择性；吸附热小，低温下就可以进行，没有化学反应的发生，吸附质分子还会由于热运动从吸附剂表面脱落，形成脱附(解吸)。

5.3.1.2 化学吸附

吸附剂与吸附质之间发生由化学键力引起的吸附叫化学吸附。化学吸附本质是化学反应，可形成牢固的化学键，通常比较稳定，不易解吸，吸附作用与吸附剂表面的化学性质直接相关，与吸附质的性质也有关系，当化学键力较大时，化学吸附不可逆。化学吸附过程放热量较大，需要大量的活化能，并且在较高的温度下进行。化学吸附一般为单分子层吸附，一种吸附剂只对某种或特定的某几种物质有吸附作用，因此具有选择性。

5.3.1.3 离子交换吸附

溶质的离子由于静电引力作用聚集在吸附剂表面的带电点上，并置换出原先固定在这些带电点上的其他离子。吸附过程中每吸附一个吸附质离子，吸附剂也放出一个等当量离子。离子的电荷是交换吸附的决定因素，离子所带电荷越多，在吸附剂表面的反电荷点上吸附力越强。

对比三种吸附作用，物理吸附剂再生容易，可回收吸附质；化学吸附再生困难，高温下才能脱附，且脱附下来的可能是新物质，一般用化学吸附处理毒性较强的污染物。在废水处理过程中，通常是几种吸附的综合作用。

5.3.2 影响吸附的因素

吸附过程的影响因素主要有以下几个方面。

5.3.2.1 吸附剂的性质

吸附是一种表面现象，吸附剂的比表面积越大，吸附容量越大。如粉状活性炭比粒状活性炭吸附性能好，原因就在于粉状活性炭的比表面积较大。

吸附剂的种类、制备方法不同，其比表面积、粒径、孔隙构造及其分布各不相同，吸附效果也有差异。吸附剂的颗粒大小影响其吸附速率，小粒径的吸附剂具有较高的吸附速率。孔隙结构主要包括孔隙的大小、数量、形状、分布等。不同来源、不同批号的吸附剂其孔径大小、孔隙分布都不相同。

此外，吸附剂的表面化学结构和表面电荷性质对吸附过程也有很大的影响。表面具有酸性氧化物基团的活性炭对碱性金属氧化物具有较好的吸附能力，含硫活性炭对重金属有较好的吸附能力。一般来说，极性分子型的吸附剂容易吸附极性分子型的吸附质，非极性分子型的吸附剂容易吸附非极性分子型的吸附质。

5.3.2.2 吸附质的性质

吸附质的溶解性能对平衡吸附量有重大影响。溶解度越小的吸附质越容易被吸附，也越不易解吸。对于有机物在活性炭上的吸附，随同系物含碳原子数的增加，有机物的疏水性增强，溶解度减小，因而活性炭对其吸附容量越大。吸附质的分子大小对吸附速率也有影响，通常吸附质分子体积越小，其扩散系数越大，吸附速率越大。吸附过程由颗粒内部扩散控制时，受吸附质分子大小的影响较为明显。吸附质的浓度增加，吸附量也随之增加；但浓度增加到一定程度后，吸附量增加很慢。

5.3.2.3 吸附操作条件

在废水处理中，进水水质和选用的吸附剂确定之后，吸附效果主要取决于吸附过程的操作条件，如温度、接触时间、废水 pH 值、共存杂质等。

（1）pH 值。吸附剂及工艺操作的 pH 值会影响吸附质在吸附剂中的离解度、溶解度及其存在状态（如分子、离子、络合物），也会影响吸附剂表面的荷电荷和其他化学性质，进而影响吸附剂的效果。例如，采用活性炭去除水中有机污染物时，其在酸性溶液中的吸附量一般要大于在碱性溶液中的吸附量。

（2）共存物的影响。在物理吸附过程中，吸附剂可对多种吸附质产生吸附作用，因此多种吸附质共存时，吸附剂对其中任何一种吸附质的吸附能力，都要低于组分浓度相同但只含该吸附质时的吸附能力，即每种溶质都会以某种方式与其他溶质竞争吸附活性中心点。比如，废水中有油类物质或悬浮物存在时，前者会在吸附剂表面形成油膜，后者会堵塞吸附剂孔隙，分别对膜扩散、孔隙扩散产生干扰、阻碍作用，因而在吸附操作之前，需要采取预处理措施将它们除去。

（3）温度。吸附过程通常是放热过程，因此温度越低对吸附越有利，特别是以物理吸附为主的场合。由于吸附操作通常是在常温下进行，吸附过程的热效应较小，温度变化并不明显，因而温度对吸附过程的影响不大。但是，在活性炭再生的场合，经常通过大幅度加温以使吸附质分子解吸。

（4）接触时间。吸附质与吸附剂要有足够的接触时间才能达到吸附平衡，吸附剂的吸附能力才能得到充分利用。吸附平衡所需时间取决于吸附速度，吸附速度越快，达到平衡所需时间越短。

5.3.3 吸附剂及其再生

吸附剂是决定高效能吸附处理过程的关键因素。广义而言，一切固体都具有吸附能力，但是只有多孔物质或磨得极细的物质，由于其具有很大的表面积，才能作为吸附剂。

废水处理中常用的吸附剂有活性炭、碳纤维、磺化煤、沸石、活性白土、硅藻土、焦炭、木炭、木屑、树脂等。其中应用最为广泛的吸附剂是活性炭。

一般工业上对吸附剂的要求主要有如下几个方面：（1）吸附能力强；（2）吸附选择性好；（3）吸附平衡浓度低；（4）容易再生和再利用；（5）机械强度好；（6）化学性质稳定；（7）来源广；（8）价廉。

5.3.3.1 活性炭

A 基本理论

活性炭是一种非极性吸附剂，一般由果壳、木屑、煤粉在高温下经炭化和活化后制得，外观为暗黑色。活性炭的种类很多，一般为粉末状或颗粒状。粉末状的活性炭吸附能力强，制备容易，价格低，但再生困难，一般不能重复使用。水处理中采用较多的是粒状活性炭，粒状活性炭的价格较贵，但可再生后重复使用，且使用时的劳动条件较好，操作管理方便。

与其他吸附剂相比，活性炭具有巨大的比表面积和微孔，其比表面积可达800~2000m^2/g，有很强的吸附能力。对于废水中的一些难于去除的物质，如表面活性剂、酚、农药、染料、难生物降解有机物和重金属离子等，活性炭吸附处理效率高，出水的水质稳定。但是比表面积相同的活性炭吸附容量不一定相同，因为吸附容量不仅与比表面积相关，还与微孔结构和微孔的分布以及表面化学性质有关。

活性炭是废水处理中常用的吸附剂，适用于去除废水中微生物难以降解的或用一般氧化法难以氧化的溶解性有机物质。通常作为三级处理，用于处理污染物浓度较低的废水，目前已广泛应用于化工行业，如印染、氯丁橡胶、腈纶、三硝基甲苯等的废水处理。

B 活性炭再生

再生是在吸附剂本身的结构基本不发生变化的情况下，用某种方法将吸附质从吸附剂微孔中除去，以恢复它的吸附能力。

吸附剂再生的方法主要有加热再生、化学再生、溶剂再生、生物再生等。其中活性炭再生应用较多的是加热再生。

加热再生是指在高温条件下，提高吸附质分子的能量，使其易于从活性炭的活性点脱离；而吸附的有机物则在高温下氧化和分解，成为气态逸出或断裂成低分子。一般分为三个步骤：

（1）干燥。加热到100~150℃，将吸附在活性炭细孔中的水分（含水率40%~50%）

蒸发出来，同时部分低沸点的有机物也随着挥发出来。干燥过程需热量约为再生总热量的50%。

（2）炭化。水分蒸发后，继续加热到700℃，这时，低沸点有机物全部被脱附；高沸点有机物由于热分解，一部分转化为低沸点有机物被脱附，另一部分被炭化，残留在微孔中。

（3）活化。将炭化后留在活性炭微孔中的残留炭通入活化气体（如水蒸气、二氧化碳及氧）进行气化，达到重新造孔的目的。活化温度一般为700~1000℃。

加热再生法是目前废水处理中粒状活性炭常用的方法。影响再生的因素有很多，如活性炭的性质、吸附性质、再生炉型、再生过程中的操作条件等。再生后吸附剂性能恢复率可达到90%以上。

与其他再生方法比较，用加热再生法处理活性炭时，炭的损失率高；而且再生成本也较高；而药剂再生法处理成本高并易造成二次污染，因此化学再生法（如臭氧再生法）、生物再生法和湿式氧化再生法是今后活性炭再生方法的发展方向。

5.3.3.2 其他吸附剂

A 腐殖酸类吸附剂

腐殖酸类吸附剂指天然富含腐殖酸的风化煤、泥煤、褐煤等。将富含腐殖酸的物质用适当的黏合剂制备的腐殖酸系树脂。这类物质含有活性基团，有阳离子吸附性能，对阳离子的吸附，包括离子交换、螯合、表面吸附、凝聚等作用；同时也可以吸附废水中的许多金属离子，如汞、铬、锌、镉、铅、铜等。

B 树脂吸附剂

树脂吸附剂也称做吸附树脂，是一种新型有机吸附剂。具有立体网状结构，呈多孔海绵状；加热不熔化，可在150℃下使用，不溶于一般溶剂及酸、碱，比表面积可达800m^2/g。常见产品有美国Amberlite XAD系列，日本HP系列。国内一些单位也研制了性能优良的大孔吸附树脂。

树脂吸附剂的结构容易人为控制，因而它具有适应性大、应用范围广、吸附选择性特殊、稳定性高等优点，并且再生简单，多数为溶剂再生。树脂吸附剂最适宜于吸附处理废水中微溶于水，极易溶于甲醇、丙酮等有机溶剂，分子量略大，极性的有机物。如脱酚、除油、脱色等。树脂的吸附能力一般随吸附质亲油性的增强而增大。

C 沸石

沸石是一种网架状铝硅酸盐火山岩矿物。由于含有移动性较大的氧离子和水分子，可进行阳离子交换和吸附。可以用于吸附有机物、氨氮、重金属离子，水质软化等。

D 硅藻土

硅藻土是一种硅质岩石，由无定型二氧化硅组成。外观上通常呈浅黄色或浅灰色，质软，多孔而轻，可以用作水处理中的脱色剂；再生方便，用水冲洗即可再生。

E 活性氧化铝

活性氧化铝具有许多毛细孔道，比表面积大，可做吸附剂、干燥剂、催化剂使用。可用于废水中氟离子的去除，类似于阴离子交换树脂，但对氟离子的选择性比阴离子交换树脂大。脱氟效果好，容量稳定，每立方米活性氧化铝可吸氟6400g。

5.3.4 吸附工艺及设备

5.3.4.1 吸附工艺

吸附工艺的主要步骤是：首先废水与吸附剂接触进行吸附，然后将吸附净化后的废水与吸附有吸附质的吸附剂分开，最后吸附剂解吸再生或更新（部分更新）。

吸附运转方式一般分两类：一类是间歇式，另一类为连续式。

间歇式的主要设备有一个池子、桶或搅拌槽，废水间歇式分批加料或出料，操作比较麻烦，多在废水量较小的情况下使用；而连续式操作主要设备是以吸附剂为滤层的固定床、移动床、流化床等的吸附柱。吸附和解吸在柱内交替进行，根据废水量、水质和污染物的浓度，可分别采用单床、多床、复床、混合床等方式。

5.3.4.2 吸附设备

A 间歇式吸附设备

间歇式是将废水和吸附剂放在吸附池内进行搅拌30min左右，然后静置沉淀，排除澄清液。主要用于少量废水的处理或实验研究，生产上一般要用两个吸附池交替工作。

B 连续式吸附设备

在一般情况下，工业上多采用连续式。连续吸附可用固定床、移动床、流化床。固定床是指吸附剂固定填放在吸附柱（或塔）中；移动床是指在操作过程中定期地将接近饱和的一部分吸附剂从吸附柱中排出，并同时将等量的新鲜吸附剂加入柱中；流化床则是指吸附剂在吸附柱内处于膨胀状态，悬浮于由下而上的水流中。

根据处理水量、原水水质、处理要求的不同固定床又可分为单床、多床串联、多床并联三种形式，如图5-20所示。

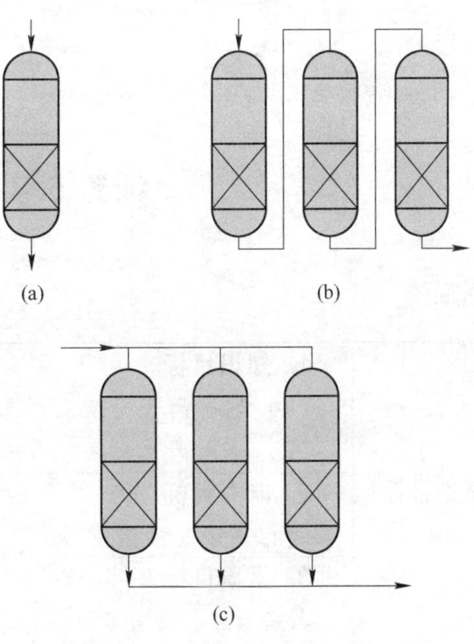

图5-20 固定床吸附操作示意图
（a）单床式；（b）多床串联式；（c）多床并联式

（1）固定床连续吸附。在一般的连续式固定床吸附柱中，吸附剂的总厚度为3~5m，分成几个柱串联工作，每个柱的吸附剂厚度为1~2m。废水从上向下过滤，过滤速度为4~15m/h，接触时间一般为30~60min。为防止吸附剂的堵塞，含悬浮物的废水一般先应经过砂滤，再进入吸附处理。吸附柱在工作过程中，上部吸附剂层的吸附质浓度逐渐增高，达到饱和而失去继续吸附的能力。随着运行时间的推移，上部饱和区高度增加而下部新鲜吸附层的高度则不断减小，直至全部吸附剂都达到饱和，出水浓度与进水浓度相等，吸附柱全部丧失工作能力。而在实际操作中，吸附柱达到完全饱和及出水浓度与进水浓度相等是不允许的。通常会根据对出水水质的要求，规定一个出水含污染物浓度的允许浓度值。当出水水质达到这一浓度值的时候，吸附柱停止工作，进行吸附剂更换。

图 5-21 所示为降流式固定吸附塔构造示意图。

（2）移动床连续吸附塔（见图 5-22）。原水从吸附塔底部流入，和吸附剂进行逆流接触，处理后的水从塔顶流出，再生后的吸附剂从塔顶加入，接近吸附饱和的吸附剂从塔底间歇的排出。这种方式较固定床能充分利用吸附剂的吸附容量，并且水头损失小。由于采用升流式，废水从塔底流入，从塔顶流出，被截留的悬浮物随饱和的吸附剂间歇的从塔底排出，所以不需要反冲洗设备。但这种操作方式要求塔内吸附剂上下层不能相互混合，操作管理要求较高。

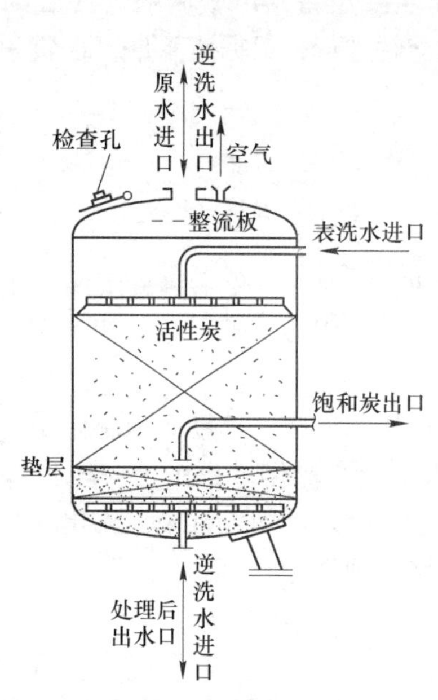

图 5-21　降流式固定吸附塔构造示意图

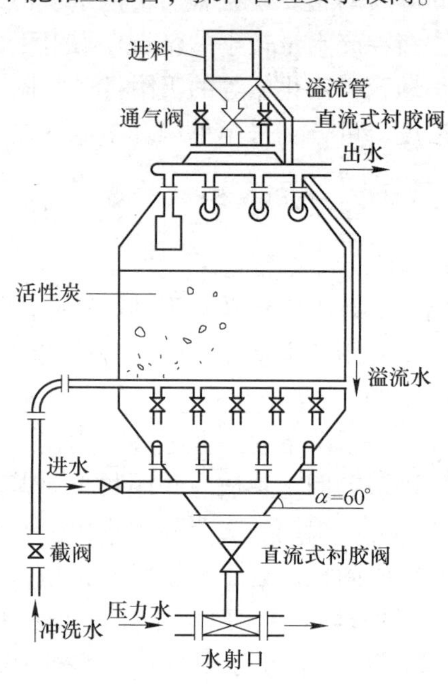

图 5-22　移动床吸附塔构造示意图

任务 5.4　离子交换法

任务描述

<table>
<tr><td rowspan="3">任务目标</td><td>1. 知识目标
（1）理解离子交换法概念、基本原理，离子交换剂分类、特征
（2）掌握离子交换装置工作过程</td></tr>
<tr><td>2. 能力目标
运行离子交换装置</td></tr>
<tr><td>3. 素质目标
具备自学、语言表达、计算机应用技术、沟通技巧、团队合作等基本素质</td></tr>
<tr><td>任务内容</td><td>1. 讲述离子交换法基本原理，以及离子交换装置工作过程
2. 运行离子交换装置</td></tr>
</table>

知识链接

5.4.1　概述

离子交换法是利用离子交换剂对水中存在的有害离子进行交换处理的方法。是以圆球形树脂（离子交换树脂）过滤原水，离子交换剂上的离子和水中的离子进行交换的一种特殊吸附现象，通常是可逆化学吸附。与其他吸附过程相比，离子交换法主要吸附水中离子态物质，并且交换剂上的离子和水中离子进行“等当量”的交换。离子交换法去除率高、净化效果好，可做到污染物的回收利用，但应用范围受离子交换剂种类、性能、成本的限制，对废水的预处理要求较高，树脂的再生较困难，树脂再生液需要进一步处置。

5.4.2　离子交换原理及树脂分类

5.4.2.1　原理

离子交换树脂是一种具有网状立体结构，且不溶于酸、碱和有机溶剂的固体高分子化合物。离子交换树脂的单元结构由两部分组成：一部分是不可移动且具有立体结构的网络骨架，另一部分是可移动的活性离子。活性离子可在网络骨架和溶液间自由迁移，当树脂处在溶液中时，其上的活性离子可与溶液中的同性离子产生交换过程。这种交换是等当量进行的。如果树脂释放的是活性阳离子，它就能和溶液中的阳离子发生交换，称为阳离子交换树脂；如果释放的是活性阴离子，它就能交换溶液中的阴离子，称为阴离子交换树脂。

离子交换是可逆反应，其反应式可表达为：

$$RH + M^+ \rightleftharpoons RM + H^+$$

式中　RH——交换树脂；

M^+——交换离子；

RM——饱和树脂。

在离子交换反应中，反应会向哪个方向进行，主要取决于离子交换树脂对溶液中各离子的相对亲和力。利用树脂对各种离子不同的亲和力，即选择性，可将溶液中某种杂质除去。

5.4.2.2　分类

离子交换树脂通常有四种分类方法，一是按树脂骨架的主要成分将树脂分为聚苯乙烯型树脂、聚丙烯酸型树脂、酚-醛型树脂等；二是按聚合的化学反应分为共聚型树脂和缩聚型树脂；三是按树脂骨架的物理结构分为凝胶型树脂（亦称微孔树脂）、大网络树脂（亦称大孔树脂）及均孔树脂。由于活性基团的电离程度决定了树脂酸性或碱性的强弱，所以又将树脂分为强酸性、弱酸性阳离子交换树脂、强碱性、弱碱性阴离子交换树脂。活性基团决定着树脂的主要交换性能。

A　强酸性阳离子交换树脂

强酸性阳离子交换树脂的活性基团有磺酸基团（$—SO_3H$）和次甲基磺酸基团

（—CH_2SO_3H）。它们都是强酸性基团，电离程度大且不受溶液 pH 变化的影响，在 pH 值 1~14 范围内均能进行离子交换反应，以磺酸型树脂与 NaCl 作用为例，交换反应为：

$$RSO_3H + NaCl \Longrightarrow RSO_3Na + HCl$$

此外，以磷酸基团—$PO(OH)_2$和次磷酸基团—PO(OH) 作为活性基团的树脂具有中等强度的酸性。主要品种为 732 号。

B 弱酸性阳离子交换树脂

这类树脂的活性基团有羧基—COOH、酚羟基—OH 等，它们的电离程度小，交换性能受溶液 pH 的影响很大，其交换能力随溶液 pH 的增加而提高。在酸性溶液中，这类树脂几乎不发生交换反应。对于羧基树脂，应该在 pH>7 的溶液中操作；而对于酚羟基树脂，应使溶液的 pH>9。和强酸树脂不同，弱酸树脂和氢离子结合能力很强，故再生成氢型较容易，耗酸量少。主要品种为 101 号。

C 强碱性阴离子交换树脂

这类树脂有两种，一种含三甲胺基，称为强碱Ⅰ型；另一种含二甲基-羟基-乙基胺基团，为强碱Ⅱ型。和强酸离子交换相似，活性基团电离程度较强且不受 pH 变化的影响，在 pH 值 1~14 范围内均可使用。这类树脂成氯型时较羟型稳定，耐热性也较好，因此，商品大多以氯型出售。Ⅰ型的碱性比Ⅱ型强，但再生较困难，Ⅱ型树脂的稳定性较差。典型的交换反应为：

$$RN(CH_3)_3Cl + NaOH \Longrightarrow RN(CH_3)_3OH + NaCl$$

主要品种有 717 号、711 号等。

D 弱碱性阴离子交换树脂

这类树脂的活性基团有伯胺基团—NH_2、仲胺基═NH、叔胺基≡N 和吡啶基等。与弱酸阳离子树脂一样，交换能力受溶液 pH 的影响很大，pH 越小交换能力越强。故在 pH<7的溶液中使用。这类树脂和—OH 结合能力较强，再生成羟型较容易，耗碱量少。主要品种有 710-B 号等。

离子交换树脂的主要性能指标包括密度、含水率、溶胀率、耐热性、化学稳定性和选择性等。选择性与水中离子的种类、树脂交换基团的性能有关，也受水中离子浓度和温度的影响。在常温条件下，水中离子未定浓度时，各树脂的选择性如下：

（1）强酸性阳离子交换树脂：

$Li^+<H^+<Na^+<NH_4^+<K^+<Rb^+<Cs^+<Ag^+<Mg^{2+}<Ca^{2+}<Zn^{2+}<Co^{2+}<Cu^{2+}<Cd^{2+}<Ni^{2+}<Sr^{2+}<Pb^{2+}<Ba^{2+}<Al^{3+}<Fe^{3+}$

（2）弱酸性阳离子交换树脂，H^+的亲和力大于阳离子，阳离子亲和力与强酸性阳离子交换树脂类似。

（3）强碱性阴离子交换树脂：

$F^-<OH^-<CH_3COO^-<HCOO^-<Cl^-<NO_2^-<CN^-<Br^-<C_2O_4^{2-}<NO_3^-<HSO_4^-<I^-<CrO_4^{2-}<SO_4^{2-}<Cr_2O_7^{2-}$

（4）弱碱性阴离子交换树脂：

$F^-<Cl^-<Br^-<I^-<CH_3COO^-<MoO_4^{2-}<PO_4^{3-}<AsO_4^{3-}<NO_3^-<$酒石酸根$<CrO_4^{2-}<SO_4^{2-}<Cr_2O_7^{2-}<OH^-$

5.4.3　离子交换树脂的选择、保存、使用

5.4.3.1　树脂选择

离子交换法主要用于除去水中可溶性盐类。选择树脂时应综合考虑原水水质、处理要求、交换工艺以及投资和运行费用等因素。当分离无机阳离子或有机碱性物质时，宜选用阳树脂；分离无机阴离子或有机酸时，宜采用阴树脂。对氨基酸等两性物质的分离，既可用阳树脂，也可用阴树脂。对某些贵金属和有毒金属离子（如 Hg^{2+}）可选择螯合树脂交换回收。对有机物（如酚），宜用低交联度的大孔树脂处理。绝大多数脱盐系统都采用强型树脂。

5.4.3.2　树脂保存

树脂宜 0~40℃下存放，当环境温度低于 0℃，或发现树脂脱水后，应向包装袋内加入饱和食盐水浸泡。对长时期停运而闲置在交换器中的树脂应定期换水。通常强型树脂以盐型保存，弱酸树脂以氢型保存。弱碱树脂以游离胺型保存，性能最稳定。

5.4.3.3　树脂使用

树脂在使用前应进行适当的预处理，以去除杂质。最好分别用水、5%HCl、2%~4% NaOH 反复浸泡清洗两次，每次 4~8h。

5.4.4　离子交换设备

5.4.4.1　装置类型

离子交换装置主要有固定床系统、移动床系统、流化床系统。

图 5-23 所示为固定床离子交换器。

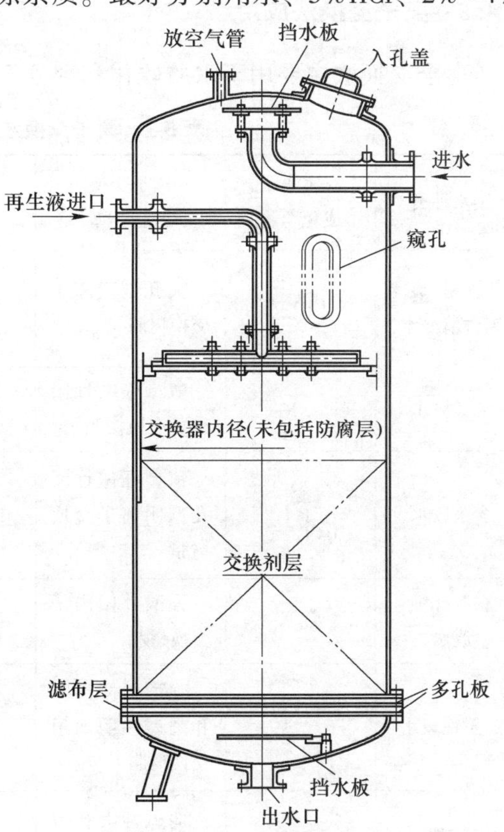

图 5-23　固定床离子交换器

5.4.4.2　工艺流程及操作过程

A　工艺流程

废水→预处理→交换离子→排放

其中预处理的目的主要是去除影响离子交换树脂交换性能的杂质，如悬浮物、油类、胶体等。

B　运行过程

（1）交换。如图 5-24 所示，开启进水阀 1 和出水阀 2，其余阀门关闭。

（2）反洗。目的在于松动树脂层，以便下一步再生时，注入的再生液能分布均匀，同时也及时地清除积存在树脂层内的杂

质、碎粒和气泡。

先关闭阀门 1 和 2，打开反洗阀 3，然后再逐渐开大排水阀 4 进行反洗。

（3）再生。先关闭阀门 3 和 4，打开排气阀 7 及排水阀 5，将水放到离树脂层表面 10cm 左右，再关闭阀门 5，开启进再生液阀门 8，排出交换器内空气后，即关闭阀门 7，再适当开启阀门 5，进行再生。

（4）清洗。先关闭阀门 8，然后开启阀门 1 及 5。

离子交换树脂再生的主要目的是恢复树脂的交换能力并回收有用物质，再生的方式有顺流和逆流再生两种。其中顺流再生工艺简单，操作方便、可靠，但有重复交换现象，再生剂用量高，工作交换容量低；逆流再生避免重复交换，再生剂用量少，树脂底层再生干净，工作交换容量较高，但设备较复杂，要求控制技术高。

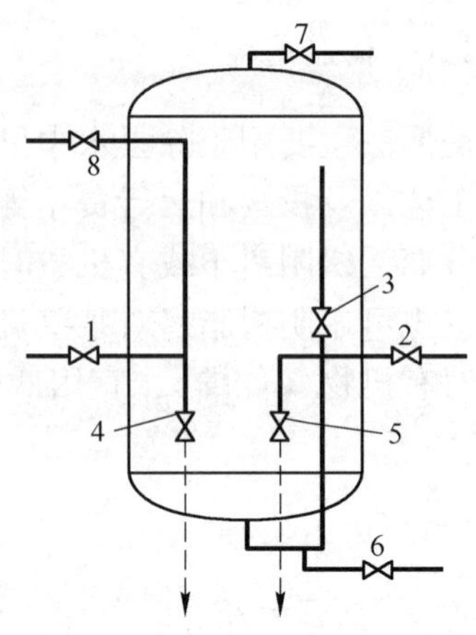

图 5-24　离子交换器阀门布置图
1—进水阀；2—出水阀；3—反洗进水阀；4—反洗排水阀；5—清洗排水阀；6—底部放水阀；7—排气阀；8—进再生液阀

5.4.5　离子交换法应用

离子交换法主要用于水质软化和部分工业废水的处理，见表 5-1。

表 5-1　离子交换法在废水处理方面的应用

废水种类	有害离子或化合物	离子交换树脂类型	废水出路	再生剂	再生液出路	备　注
电镀(铬)废水(镀件清洗水)	CrO_4^{2-}	大孔型阴离子交换树脂	循环使用	食盐或烧碱	用氢型阳离子交换树脂除钠后回用于生产	本法只起浓缩作用
电镀废水	Cr^{3+}，Cu^{2+}	氢型强酸性阳离子交换树脂	循环使用	18%~20%硫酸	蒸发浓缩后回用	
含汞废水	Hg^{2+} $HgCl_x^{(x-2)-}$	氯型强碱性大孔型阴离子交换树脂	中和后排放	盐　酸	回收汞	
粘胶纤维废水	Zn^{2+}	强酸性阳离子交换树脂	中和后排放	硫　酸	回用于生产	
放射性废水	各种放射性离子	强酸性阳离子和强碱性阴离子交换树脂	排放	硫酸、盐酸和烧碱	进一步处理	
氯苯酚废水	氯苯酚	弱碱性大孔型离子交换树脂	排放	2%NaOH 甲醇	回收酚及甲醇	

任务 5.5 电　　解

任务描述

<table>
<tr><td rowspan="3">任务目标</td><td>1. 知识目标
(1) 理解电解的原理、几种典型的电解法过程
(2) 掌握电解过程及设备</td></tr>
<tr><td>2. 能力目标
讲述电解过程原理及设备运行</td></tr>
<tr><td>3. 素质目标
具备自学、语言表达、计算机应用技术、沟通技巧、团队合作等基本素质</td></tr>
<tr><td>任务内容</td><td>讲述电解过程、设备运行原理等</td></tr>
</table>

知识链接

应用电解的基本原理，使废水中有害物质通过电解过程在阳、阴两极上分别发生氧化和还原反应转化成为无害物质以实现废水净化的方法。

5.5.1 电解法原理

电解法废水处理就是利用电解过程的电化学反应，使废水中有害物质转化而被去除的方法。根据电极反应发生方式的不同，可分为电絮凝、电气浮和电催化氧化等。

5.5.1.1 电絮凝

电絮凝法通过可溶性的阳极发生的电化学反应，在电极表面直接连续地产生大量金属阳离子（如 Fe^{2+}、Al^{3+}等）进入废水的内部，这些阳离子经过水解、聚合作用生成多核羟基络合物及氢氧化物，可作为絮凝剂对水中悬浮物及有机物进行絮凝处理。由于产生的络合物具有链式结构，起到了网捕、架桥作用，络合离子及氢氧化物有很高的吸附活性，其吸附能力高于一般的药剂水解法得到的氢氧化物吸附能力，故能有效地吸附废水中的油类、悬浮物以及可溶性有机物。

典型的电极反应：阳极　$Fe - 2e \longrightarrow Fe^{2+}$ 或 $Al - 3e \longrightarrow Al^{3+}$

阴极　$2H^+ + 2e \longrightarrow H_2\uparrow$

电解生成的铁离子或铝离子能与氢氧根结合起到凝聚作用，这种氢氧化物的絮凝效果比药剂絮凝要好得多。电絮凝技术处理含乳化油、重金属的废水，不仅能有效去除废水中重金属离子，还可以降低水中含盐量；处理染料废水，具有设备小、占地少、运行管理简单、COD 去除率高和脱色效果好等优点。相关实验研究表明，高压脉冲电絮凝技术对含

Cr(Ⅲ)、Cr(Ⅵ) 及 Zn^{2+}的电镀混合废水处理效果显著，在处理过程中发生氧化还原、絮凝和气浮作用，电镀废水处理后各项指标均符合国家排放标准。采用电絮凝法去除电镀废水中重金属，废水处理效果较为理想，电镀废水中 Cr^{n+}、Cu^{2+} 及 Zn^{2+}的去除率分别可达到 96.22%、99.86%和 99.13%。

5.5.1.2 电解气浮法

电解气浮是废水在电解时，由于水的离解及其他物质的电解氧化，在阴极、阳极表面会产生如 H_2、O_2和 Cl_2等气体的微小气泡。这些气泡的粒径和密度很小，具有强大的俘获、浮载的能力且具有良好的黏附性能，可以吸附电絮凝过程中产生的凝聚絮团以及水中的悬浮物等颗粒上升到水面，从而达到分离的目的。

典型电极反应：

不溶性阳极 $2H_2O - 4e \longrightarrow 2[O] + 4H^+ \longrightarrow O_2\uparrow + 4H^+$(酸性条件下)

$4OH^- - 4e \longrightarrow 2H_2O + 2[O] \longrightarrow O_2\uparrow + 2H_2O$(碱性条件下)

阴极 $2H^+ + 2e \longrightarrow 2[H] \longrightarrow H_2\uparrow$

电解气浮法兼有电化学、絮凝和气浮的特点，能一次性去除含油废水中多种污染物，具有浮渣含水率低和停留时间短两个显著优势，有利于污泥的干化处理且大大缩短了处理周期。

5.5.1.3 电催化氧化法

电催化氧化法指有机污染物在电极上发生直接电化学反应或利用电极表面产生强氧化活性物质使污染物产生氧化还原转化的方法。它包括直接氧化法和间接氧化法。

直接氧化是由于水分子在阳极表面放电产生 HO· 自由基，HO· 自由基对被吸附在阳极上的有机物的亲电离子进攻而发生氧化反应。阳极氧化生成的铝离子或铁离子，再经水解反应形成的氢氧化铝或氢氧化铁、氢氧化亚铁微絮凝体可起凝聚作用，以吸附水中的污染物。

典型电极反应：

阳极氧化 $Al \longrightarrow Al^{3+} + 3e^-$ 或 $Fe \longrightarrow Fe^{2+} + 2e^-(Fe \longrightarrow Fe^{3+} + 3e^-)$

阴极还原 $2H_2O + 2e^- \longrightarrow H_2\uparrow + 2OH^-$

间接氧化是在电解过程中通过电化学反应产生强氧化剂，如次氯酸盐、芬顿试剂氧化态金属离子等，这些氧化剂具有极强的氧化性，污染物在溶液中被这些氧化剂氧化为水和二氧化碳。

典型的电极反应：

阳极 $Cl^- + 2OH^- \longrightarrow OCl^- + H_2O + 2e^-$

$4OH^- \longrightarrow 2H_2O + O_2\uparrow + 4e^-$

阴极 $2H_2O + 2e^- \longrightarrow H_2\uparrow + 2OH^-$

电解氧化废水处理技术适应能力强、处理效果好、操作简便。不溶性电极的出现，为电解氧化技术处理含难降解物质的废水提供了新的可能性。

5.5.2 电解过程与设备

电解的主要装置是电解槽和整流器。电解槽一般为矩形，槽内交错排列阳极、阴极板，分别用导线与整流器的正负极相连接。根据电极所用的材料，分为可溶性电极和不溶性电极两种。不溶性电极使用石墨和不锈钢等材料作为阳极，可溶性电极则采用普通的铝板或钢板（残次品）等材料作阳极。一般还需在电解槽内设置搅拌装置。

电解多为连续运行方式，影响电解效率的主要因素有板间距、电流密度、投加电解质的量等。

电解法处理废水的优点是：采用低电压直流电源，不使用化学药品；常温常压下操作，管理方便；废水中污染物的浓度发生变化时，可通过调整电压和电流保证出水水质的稳定；设备占地面积小；存在的问题是电能及电极板的耗量较大，分离出来的沉淀物质不易进行处理和利用。电解法应用于去除废水的铬、铅、铜、氰、酚及有机磷、电子、轻纺等某些工业废水。

任务 5.6　其他物化法

任务描述

<table>
<tr><td rowspan="3">任务目标</td><td>1. 知识目标
(1) 了解吹脱、汽提、萃取法基本原理
(2) 了解吹脱、汽提、萃取法主要设备、工艺流程</td></tr>
<tr><td>2. 能力目标
吹脱、汽提、萃取设备运行</td></tr>
<tr><td>3. 素质目标
具备自学、语言表达、计算机应用技术、沟通技巧、团队合作等基本素质</td></tr>
<tr><td>任务内容</td><td>讲述吹脱、汽提、萃取原理及设备运行</td></tr>
</table>

知识链接

5.6.1　吹脱、汽提法

吹脱和汽提都属于气-液相转移分离法。即将气体（载气）通入废水中，使之相互充分接触，使废水中的溶解气体和易挥发的溶质穿过气液界面，向气相转移，从而达到脱除污染物的目的。常用空气或水蒸气作载气，习惯上把前者称为吹脱法，后者称为汽提法。

5.6.1.1　吹脱法

A　基本原理

吹脱法的基本原理是气液相平衡相传质速度理论。在气液两相系统中，溶质气体在气相中的分压与该气体在液相中的浓度成正比。当该组分的气相分压低于其溶液中该组分浓度对应的气相平衡分压时，就会发生溶质组分从液相向气相的传质。

B 吹脱设备

吹脱设备一般包括吹脱池（也称曝气池）和吹脱塔。前者占地面积较大，而且易污染大气，对有毒气体常用塔式设备。

a 吹脱池

依靠池面液体与空气自然接触而脱除溶解气体的吹脱池称为自然吹脱池，它适用于溶解气体极易挥发、水温较高、风速较大、有开阔地段和不产生二次污染的场合。

图 5-25 所示为折流式吹脱池。

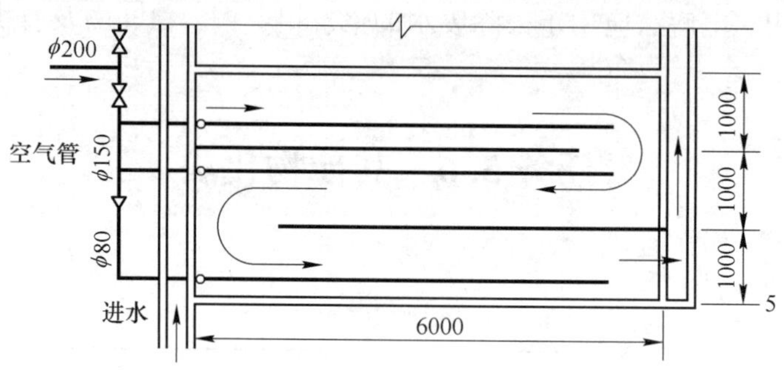

图 5-25 折流式吹脱池（单位：mm）

b 吹脱塔

为提高吹脱效率，回收有用气体，防止二次污染，常采用填料塔、板式塔等高效气液分离设备。

填料塔的主要特征是在塔内装置一定高度的填料层，废水从塔顶喷下，沿填料表面呈薄膜状向下流动。空气由塔底鼓入，呈连续相由下而上同废水逆流接触。塔内气相和水相组成沿塔高连续变化，系统如图 5-26 所示。

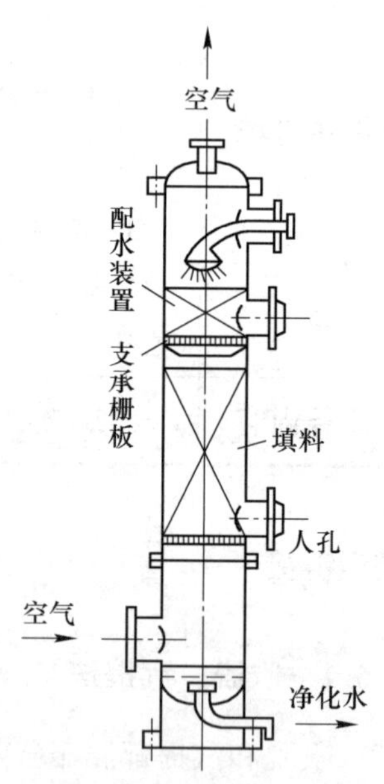

图 5-26 填料吹脱塔示意图

板式塔的主要特征是在塔内装置一定数量的塔板，废水水平流过塔板，经降液管流入下一层塔板；空气以鼓泡或喷射方式穿过板上水层，相互接触传质；塔内气相和水相组成沿塔高呈阶梯变化。泡罩塔和浮阀塔的构造示意如图 5-27 所示。

从废水中吹脱出来的气体，可以经过吸收或吸附回收利用。一般利用吹脱法处理废水中溶解的硫化氢、二氧化碳、二硫化碳以及丙烯腈等。

在吹脱过程中，影响因素很多，主要有：

（1）温度。在一定压力下，气体在水中的溶解度随温度升高而降低，因此，升温对吹脱有利。

（2）气水比。空气量过小，气液两相接触不够；空气量过大，不仅不经济，还会发生液泛，使废水被气流带走，破坏操作。为使传质效率较高，工程上常采用液泛时的极限气水比的 80%作为设计气水比。

（3）pH 值。在不同 pH 值条件下，气体的存在状态不同。

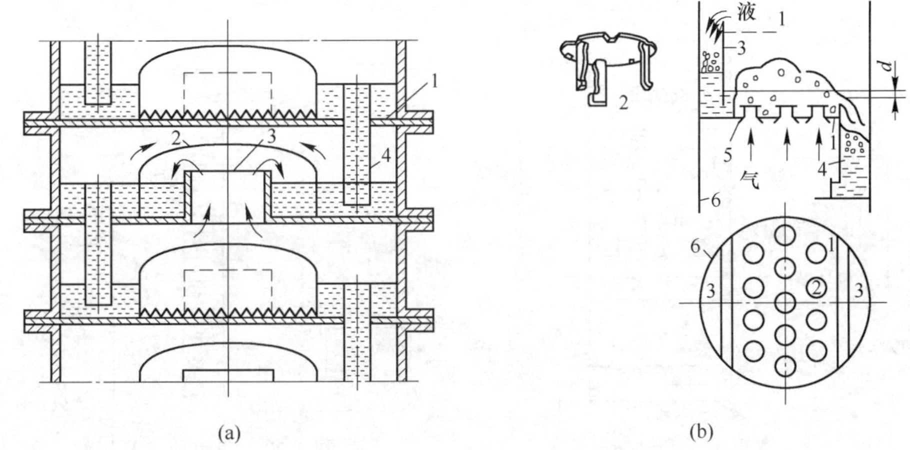

图 5-27 板式吹脱塔构造示意图

（a）泡罩塔的塔板构造；（b）浮阀塔示意图

1—塔板；2—泡罩；3—蒸汽通道；4—降液管；5—浮阀；6—塔体

5.6.1.2 汽提法

A 基本原理

汽提法用以脱除废水中挥发性溶解物质。其实质是利用水蒸气吹进废水中与其直接接触，使其中的挥发性物质按一定比例扩散到气相中去，从而达到从废水中分离污染物的目的。蒸馏挥发溶质和溶剂，是传质过程，推动力则是废水中溶质的实际浓度与平衡浓度之差。若平衡时蒸汽冷凝液中的溶质浓度远大于其在废水中的浓度，说明溶质比溶剂更易于挥发，也更适用于汽提法的去除。

废水中的挥发性溶解物质，如挥发酚、甲醛、苯胺等，都可利用汽提法从废水中分离出来。汽提法还可用于回收炼焦废水中的氰化氢制取黄血盐（钾盐或钠盐）等。

B 设备与应用

a 含酚废水处理

废水经换热器预热至 100℃后，由汽提塔的顶部淋下，在汽提段内与上升的蒸汽逆流接触，在填料层中或塔板上进行传质。净化的废水通过预热器排走；含酚蒸汽用鼓风机送到再生段，相继与循环碱液和新碱液（含 NaOH 10%）接触，经化学吸收生成酚钠盐，回收其中的酚，净化后的蒸汽进入汽提段循环使用。碱液循环在于提高酚钠盐的浓度，待饱和后排出，用离心法分离酚钠盐晶体，加以回收。

图 5-28 所示为汽提法脱酚装置。

b 含硫废水处理

含硫废水经隔油、预热后从顶部进入汽提塔，蒸汽则从底部进入。在蒸汽上升过程中，不断带走 H_2S 和 NH_3。脱硫后的废水，利用其余热预热进水，然后送出进行后续处理。从塔顶排出的含 H_2S 及 NH_3 的蒸汽，经冷凝后回流至汽提塔中，不冷凝的 H_2S 和 NH_3，进入回收系统，制取硫黄或硫化钠。

图 5-29 所示为蒸汽单塔汽提法流程。

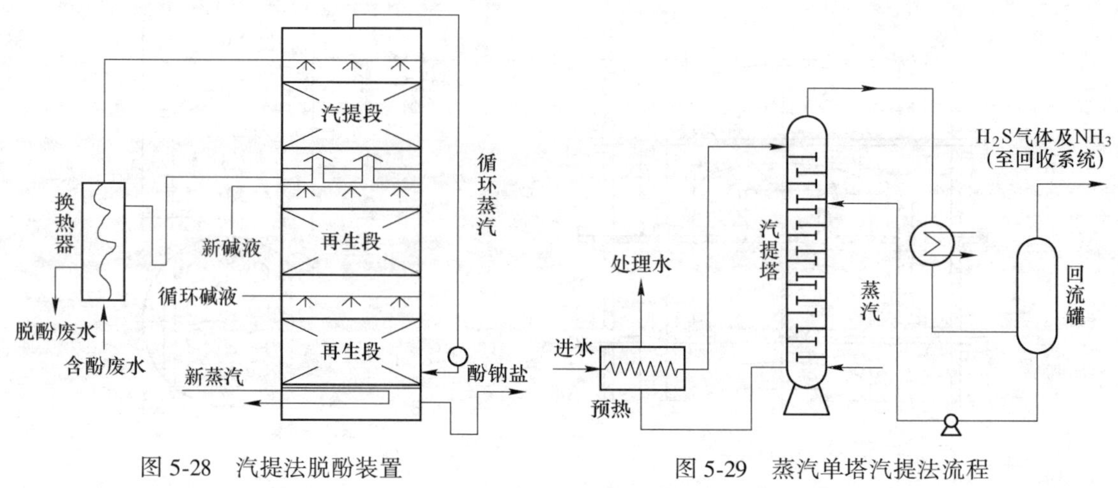

图 5-28　汽提法脱酚装置　　图 5-29　蒸汽单塔汽提法流程

5.6.2　萃取法

5.6.2.1　基本原理

萃取法的基本原理是向废水中投加一种与水互不相溶，但能良好溶解污染物的溶剂，使大部分污染物转移到溶剂相；然后分离废水和溶剂，使废水得到净化。若再将溶剂与其中的污染物分离，即使溶剂再生，而分离的污染物可回收利用，这种分离工艺称为萃取。萃取法目前仅适用于为数不多的几种有机废水和个别重金属废水的处理。

液-液萃取过程的推动力是实际浓度与平衡浓度之差。要提高萃取速度和设备生产能力，其途径如下：

（1）增大两相接触界面积。通常使萃取剂以小液滴的形式分散到废水中去，传质表面积将会增大。可以通过搅拌或脉冲装置来达到适当分散的目的。

（2）增大传质系数。在萃取设备中，通过分散相的液滴反复的破碎和聚集，或强化液相的湍动程度，可使传质系数增大。但是应预先除去表面活性物质和某些固体杂质。

（3）增大传质推动力。采用逆流操作，整个萃取系统可维持较大的推动力，既能提高萃取相中溶质浓度，又可降低萃余相中的溶质浓度。

（4）延长时间。

5.6.2.2　萃取剂及其再生

A　萃取剂

萃取的效果和所需的费用主要取决于所用的萃取剂。选择萃取剂时主要考虑以下几个因素：(1) 萃取能力大，即分配系数要大；(2) 分离性能好，萃取过程中不乳化、不随水流失，要求黏度小，与废水比重差大，表面张力适中；(3) 化学稳定性好，难燃爆，毒性小，腐蚀性低，闪点高凝固点低，蒸汽压小，便于室温下储存和使用；(4) 来源较广，价格便宜；(5) 容易再生和回收溶质。将萃取相分离，可同时回收溶剂和溶质，具有重大的经济意义。

常用的单纯物理分配型萃取剂有煤油、重苯、二甲苯及溶剂油等。除此之外，还可针对溶质的性质，选择具有特殊功能的萃取剂，如 N-235，这类萃取剂常与煤油等溶剂混合使用。最常用的萃取剂是中性配合萃取剂，如磷酸三丁酯、甲基异丁酮、N-503、二辛基亚砜等，均是较好的溶剂，它们对多溶质的分配系数要比煤油大得多，其中 N-503 已广泛应用到萃取废水中的酚类化合物中。

B　萃取剂的再生

萃取是可逆过程，溶解在有机溶剂中的溶质在一定条件下（如蒸馏、蒸发、投加某种化学药剂使溶质形成不溶于有机萃取剂的盐类），可转移到另外一种介质或溶剂中；可回收有价值的物质或去除污染物；回收的有机溶剂可继续循环使用，这一过程称反萃取。

影响萃取和反萃取效果的因素是萃取剂和反萃取剂的性质、废水中可被萃取溶质的性质及操作条件等。当萃取剂和反萃取剂确定之后，则萃取和反萃取效果取决于废水的 pH 值、溶质浓度、萃取剂和反萃取剂浓度、温度及其他操作参数等。

萃取剂再生的方法有两种：

(1) 物理法（蒸馏或蒸发）。当萃取相中各组分沸点相差较大时，最宜采用蒸馏法分离。根据分离目的，可采用简单蒸馏或精馏，设备以浮阀塔效果较好。

(2) 化学法。投加某种化学药剂使其与溶质形成不溶于溶剂的盐类。例如，用碱液反萃取相中的酚，形成酚钠盐结晶析出，从而达到二者分离的目的。化学再生法使用的设备有离心萃取机和板式塔。

5.6.2.3　萃取工艺

萃取工艺包括混合、分离和回收三个主要工序。连续逆流萃取设备常用的有填料塔、筛板塔、脉冲塔、转盘塔和离心萃取机。

(1) 往复叶片式脉冲筛板塔。往复叶片式脉冲筛板塔分为三段，废水与萃取剂在塔中逆流接触。在萃取段内有一纵轴，由塔顶的偏心轮装置带动，做上下往复运动。上下两分离段断面较大，轻、重两液相靠密度差在此段平稳分层，轻液（萃取相）由塔顶流出，重液（萃余相）则由塔底流出，如图 5-30 所示。

(2) 转盘萃取塔。转盘萃取塔的构造示意图如图 5-31 所示。在中部萃取段的塔壁上

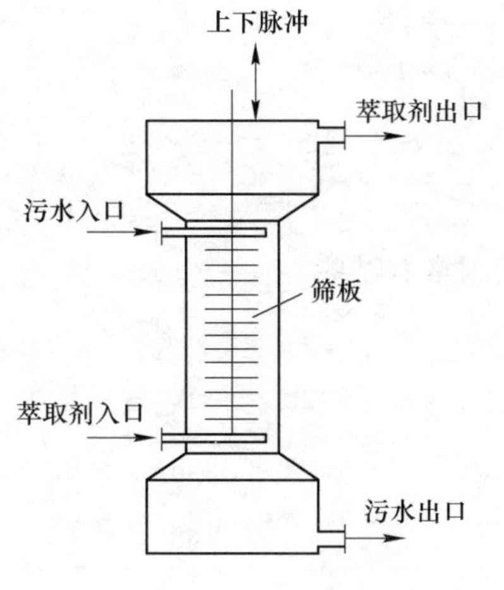

图 5-30　往复筛板萃取塔

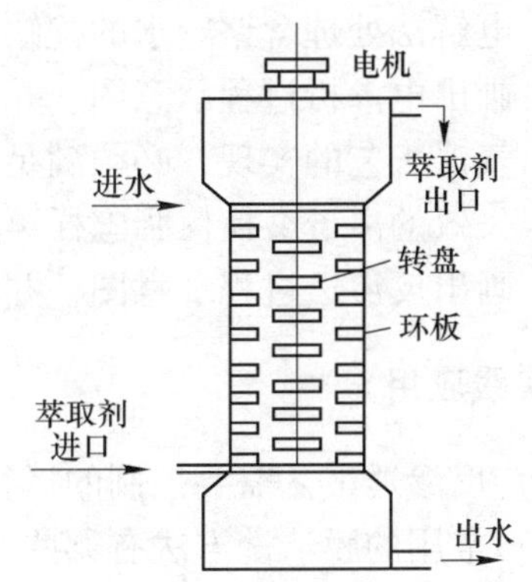

图 5-31　转盘萃取塔

安装有一组等间距的固定环形挡板，构成多个萃取单元。在每一对环形挡板的中间位置，均有一块固定在中心旋转轴上的圆盘。废水和萃取剂分别从塔上部、下部切线引入，逆流接触。在圆盘的转动作用下，液体被剪切分散，其液滴的大小同圆盘直径与转速有关。调整转速，可以得到最佳的萃取条件。

转盘塔主要效率参数：塔径与盘径之比为 1.3～1.6，塔径与环形板内径之比为 1.3～1.6；塔径与盘间距之比为 2～8。

（3）离心萃取机。离心萃取机的外形为圆形卧式转鼓，转鼓内有许多层同心圆筒，每层都有许多孔口相通。轻液由外层的同心圆筒进入，重液由内层的圆筒进入。转鼓高速旋转（1500～5000r/min）产生离心力，使重液由里向外，轻液由外向里流动，进行连续的逆流接触，最后由外层排出萃余相，由内层排出萃取相。萃取剂的再生（反萃）也同样可用离心萃取机完成。

萃取设备的计算主要是确定塔径和塔高，塔径取决于操作流速。

总结归纳

（一）应知应会

（1）名词解释：

电渗析；吸附；半透膜；超过滤

（2）填空：

1）吸附剂表面的吸附力可分为三种，即________力、________力和________力，因此吸附可分为三种类型：________吸附、________吸附和________吸附。

2）影响吸附的因素有________的性质、________的性质和________。

3）膜分离法有________、________和________。

4）超滤一般用来分离分子量大于________的物质。

5）提高萃取速度的途径有________、________、________、________。

6）反渗透过程的实现必须具备两个条件，即________和________。

7）反渗透膜种类很多，目前应用较广的是________和________。

（3）简答题：

1）电解法处理含铬废水的优缺点是什么？

2）画出电渗析过程示意图，并解释其原理。

3）气浮工艺的实现，必须满足哪三个条件？

4）失效的离子交换树脂怎样再生？影响再生的因素有哪些？

5）画出反渗透过程示意图，并解释其原理。

（二）实践应用

（1）反渗透工艺需要控制的运行条件有哪些？

（2）常用的膜清洗方法有哪些？

项目 6　污泥的处理与处置

任务 6.1　认识污泥

任务描述

<table>
<tr><td rowspan="3">任务目标</td><td>1. 知识目标
了解污泥来源、基本特性、指标等</td></tr>
<tr><td>2. 能力目标
根据污泥性能指标，判断其性质，确定处理方法</td></tr>
<tr><td>3. 素质目标
具备自学、语言表达、计算机应用技术、沟通技巧、团队合作等基本素质</td></tr>
<tr><td>任务内容</td><td>熟悉污泥性能指标及其计算方法，根据指标判断污泥特性，确定处理方案</td></tr>
</table>

知识链接

6.1.1　污泥的来源

污泥是固体废物特例，是在污水或废水处理过程及给水处理过程中产生的富含水分的、具有流动性或塑性的废物。污泥中的固体有的是截留下来的悬浮物质；有的是由生物处理系统排出的剩余生物污泥；有的则是因投加药剂而形成的化学污泥。根据其来源不同，可分为如下几种：

（1）栅渣。格栅或滤网，呈垃圾状，量少，易处理和处置。

（2）浮渣。上浮渣和气浮池，可能多含油脂等，量少。

（3）沉砂池沉渣。沉砂池，比重较大的无机颗粒，量少。

（4）初沉污泥。初沉池，以无机物为主，数量较大，易腐化发臭，可能含有虫卵和病变菌，是污泥处理的主要对象。

（5）二沉污泥。二沉池，剩余的活性污泥，有机物质，含水率高，易腐化发臭，难脱水，是污泥处理的主要对象；水源水在被净化的过程中也会产生各种污泥。

（6）化学污泥。经化学处理后，除含有原废水中的悬浮物外，还含有化学药剂所产生的沉淀物，易于脱水与压实。

栅渣及沉砂池沉渣中无机颗粒含量较高，这两者一般作为垃圾处置。初沉池污泥和二沉池剩余生物污泥，因富含有机物，容易腐化、破坏环境，必须妥善处置，初沉池污泥还含有病原体和重金属化合物等；二沉池污泥基本上是微生物机体，含水率高，数量多，这两者在处置前常需处理。

6.1.2　污泥性质的主要指标

含水率和含固率、挥发性固体、有毒有害物质、脱水性能。

6.1.2.1　含水率与含固率

含水率是污泥中含水量的百分数，含固率是污泥中固体或干污泥含量的百分数，湿泥量与含固率的乘积就是污泥量；含水率降低（即含固量提高）将大大降低湿泥量（即污泥体积）；含水率发生变化时，可近似计算湿污泥的体积；通常含水率大于 85%时污泥呈流态；65%~85%时污泥呈塑态；小于 65%时呈固态。

当含水率变化时，可近似地用下式计算湿污泥的体积：

$$\frac{V_1}{V_2}=\frac{P_{S1}}{P_{S2}}=\frac{100-P_{W2}}{100-P_{W1}}$$

式中　V_1，V_2——分别为含水率为 P_{W1}（含固率为 P_{S1}）、P_{W2}（含固率为 P_{S2}）时的湿污泥的体积。

6.1.2.2　挥发性固体

挥发性固体（用 VSS 表示）是指污泥在 600℃的燃烧炉中能被燃烧，并以气体逸出的那部分固体，通常用于表示污泥中的有机物的量。有机物含量越高，污泥的稳定性就越差。VSS 也反映污泥的稳定化程度。

6.1.2.3　污泥中的特殊物质

污泥含有一定量的 N(4%)、P(2.5%) 和 K(0.5%)，有一定肥效，可用于改良土壤。但污泥含有病菌、病毒、寄生虫卵等，在施用之前应有必要的处理。污泥中的重金属是主要的有害物质，其含量取决于城市污水中工业废水所占的比例及工业性质。污水经二级处理后，约 50%的重金属离子转移到污泥中。因此重金属含量超过规定的污泥不能用于生产农肥。

6.1.2.4　脱水性能

污泥的脱水性能与污泥性质、调理方法及条件等有关，还与脱水机械种类有关。在污泥脱水前进行强处理，改变污泥粒子的物化性质，破坏其胶体结构，减少其与水的亲和力，从而改善脱水性能，这一过程称为污泥的调理或调质。

常用污泥过滤比阻抗值（r）和污泥毛细管吸水时间（CST）两项指标来评价污泥的脱水性能。

比阻抗值 r 是单位干重滤饼的阻力，其值越大，越难过滤，其脱水性能越差。可用如下公式计算：

$$\frac{\mathrm{d}V}{\mathrm{d}t}=\frac{PA^2}{\mu(rCV+R_mA)}$$

式中　$\mathrm{d}V/\mathrm{d}t$——过滤速度，m^3/s；

V——滤出液体积，m^3；

t——过滤时间，s；

P——过滤压力，kg/m^2；

A——过滤面积，m^2；

C——滤过单位体积滤出液所得滤饼干重，kg/m^3；

r——污泥过滤比阻抗，m/kg；

R_m——过滤开始时单位过滤面积上过滤介质的阻力，m/m^2；

μ——滤出液的动力黏滞度，$N \cdot s/m^2$。

比阻抗值可通过试验测定。一般来说，比阻小于 1×10^{11} m/kg 的污泥易于脱水，大于 1×10^{13} m/kg 难于脱水。

毛细吸水时间（CST）是污泥与滤纸接触时，在毛细管作用下，水分在滤纸上渗透 1cm 长度的时间，以秒计。其值越大污泥的脱水性能也越差。

6.1.2.5　可消化程度

污泥中的有机物，一部分是可被厌氧或好氧消化降解的，另一部分是不易或不能被消化降解的，如合成有机物质、脂肪和纤维素等。

可消化程度表示污泥中可被消化降解的有机物数量，可消化程度用下式表示：

$$R_d=\left(1-\frac{P_{V2}P_{f1}}{P_{V1}P_{f2}}\right)\times100\%$$

式中　R_d——可消化程度,%；

P_{f1}，P_{f2}——分别表示生污泥及熟污泥（消化污泥）中的无机物含量,%；

P_{V1}，P_{V2}——分别表示生污泥及熟污泥（消化污泥）中的有机物含量,%。

6.1.3　污泥中的水分及其影响

污泥中的水分按照与污泥结合情况可分为自由水和结合水，结合水按照其赋存状态又可分为游离水、毛细水、内部水和附着水。

（1）游离水（又称间隙水）。存在于污泥颗粒间隙中的水，约占污泥水分的 70%左右，一般可借助重力或离心力分离。

（2）毛细水。存在污泥颗粒间的毛细管中，约占 20%，需要更大的外力。

（3）附着水。黏附于颗粒或细胞表面的水，约 8%。

（4）内部水。存在于污泥颗粒内部（包括细胞内的水），约 2%。

污泥处理方法的选择常取决于污泥的含水率和最终处理的方式。例如，含水率大于 98%的污泥，一般要考虑浓缩，使含水率降至 96%左右，以减少污泥体积，有利于后续处理。为了便于污泥处置时的运输，污泥要脱水，使含水率降至 80%以下，失去流态。

图 6-1 所示为污泥中的水分。

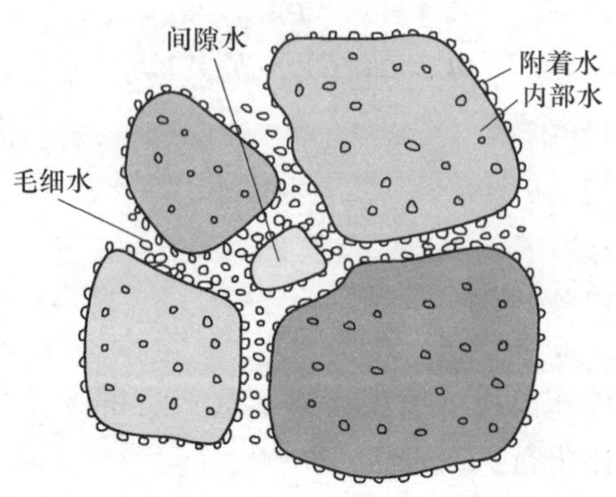

图 6-1　污泥中的水分

任务 6.2　污泥处理与处置

任务描述

<table>
<tr><td rowspan="3">任务目标</td><td>1. 知识目标
(1) 了解污泥处理和处置的目的
(2) 理解污泥处理的基本方法原理
(3) 掌握厌氧消化法基本工作过程和设备
(4) 了解污泥处置的几种常见途径</td></tr>
<tr><td>2. 能力目标
运用污泥处理的基本理论解决实际问题</td></tr>
<tr><td>3. 素质目标
具备自学、语言表达、计算机应用技术、沟通技巧、团队合作等基本素质</td></tr>
<tr><td>任务内容</td><td>1. 讲述厌氧消化池基本工作过程、设备运行等
2. 运用污泥处理各工艺基本理论，分析案例，解决问题</td></tr>
</table>

知识链接

6.2.1　污泥的处理

污泥处理的目的在于降低污泥含水率，使其变流态为固态，同时减少数量；稳定有机物，使其不易腐化，避免对环境造成二次污染，如图 6-2 所示。有些特殊的工业污泥有可能作为资源利用，使有毒有害物质得到妥善处理或利用；使有用物质得到综合利用，变害为利。常见污泥处理方法及工艺流程有浓缩、消化、调理、脱水、干化等。总之，污泥处理和处置的目的是减量、稳定、无害化及综合利用。

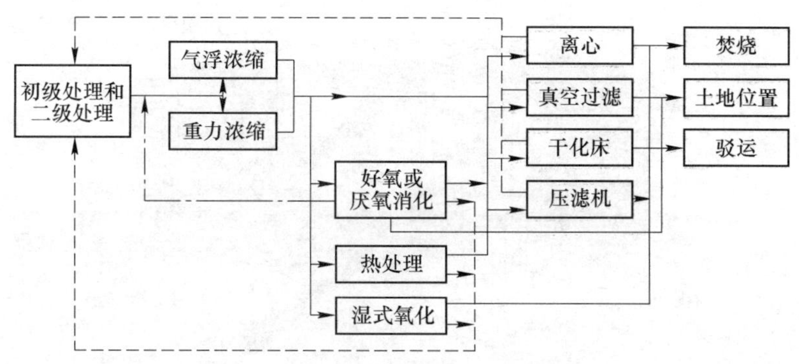

图 6-2 污泥处理与处置的基本流程

6.2.1.1 污泥浓缩

污泥浓缩是降低污泥含水率、减容、降低后处理费用的有效方法；浓缩的对象是70%的游离水；一般采用重力浓缩法、气浮浓缩法和离心浓缩法。在选择方法时，应考虑污泥的来源、性质以及最终的处置方法等。

A 重力浓缩法

重力浓缩法是利用污泥自身的重力将污泥颗粒间隙的液体挤出，从而将污泥的含水率降低的方法。处理构筑物主要是污泥浓缩池。根据运行方式的不同，可分为连续式和间歇式。前者多用于大中型污水处理厂，后者多用于小型污水处理厂（站）。主要用于浓缩初沉污泥，及初沉污泥与剩余污泥或初沉污泥与腐殖污泥的混合液。

（1）间歇式污泥浓缩池（见图 6-3）。可建成矩形或圆形。运行时先排出浓缩池中的上清液，再投入待浓缩的污泥。应在池深度方向的不同高度设上清液排出管。浓缩时间一般不低于12h；上清液应回到初沉池前重新处理。

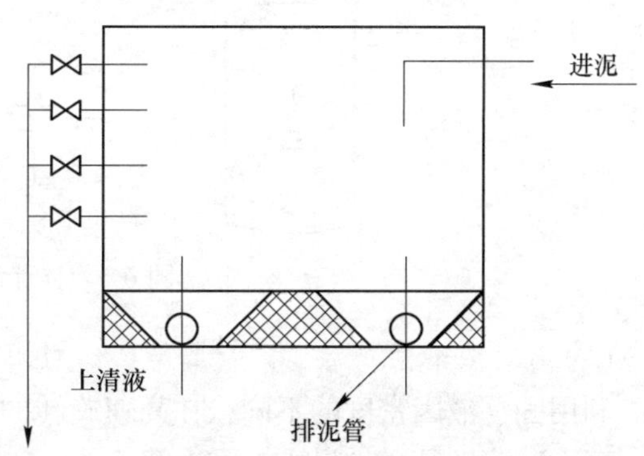

图 6-3 间歇式污泥浓缩池

（2）连续式污泥浓缩池（见图 6-4）。可采用沉淀池的形式，一般为竖流式或辐流式，图 6-4 所示为带刮泥机和搅拌装置的连续式浓缩池。污泥由中心管连续进入池内，上清液由溢流堰流出，浓缩污泥用刮泥机缓缓刮至池中心的污泥斗，从污泥管排出，刮泥机上有搅拌装置，随着刮泥机转动，污泥颗粒之间形成絮凝，使颗粒逐渐增大，促使污泥颗粒的间隙水和气泡逸出。搅拌装置可以促进浓缩效果提高 20%以上。池底采用 1/100~1/12 坡度。

B 气浮浓缩法

气浮浓缩法（见图 6-5）利用大量微小气泡附着在污泥颗粒表面，从而使污泥颗粒的相对密度降低而上浮，实现泥水分离。浓缩效果较好（含固率 4%~6%），占用土地少，

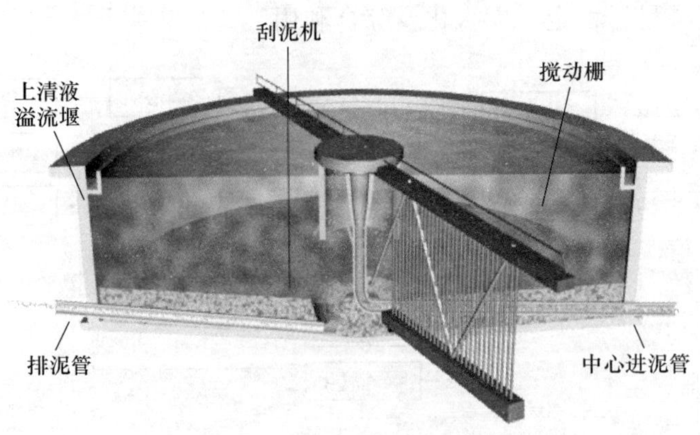

图 6-4　连续式污泥浓缩池

浓缩时间短，不存在磷释放，污泥处于好氧环境基本没有气味问题，但运行费用较高。其工艺流程与污水的气浮处理基本相同。适用于密度接近于 1、疏水的污泥，或易发生膨胀的污泥。一般用于浓缩活性污泥或腐殖污泥。

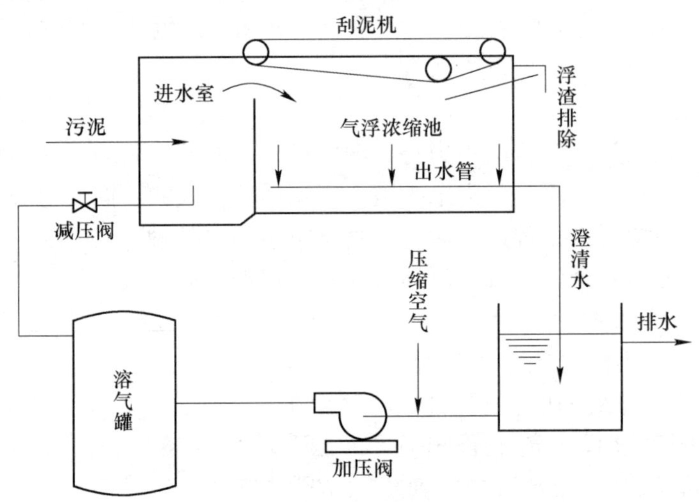

图 6-5　气浮浓缩工艺流程

C　离心浓缩法

利用固、液因密度的不同，在高速旋转的离心机中具有不同的离心力而使二者分离的过程。离心浓缩机呈全封闭式，可连续工作，HRT 仅为 3min，浓缩效果好（含固率可达 6%），占用土地少，卫生条件好，同时也可避免磷释放；但是设备的成本及运行费用较高，离心法在国外利用较高，在国内也日益受到重视。离心机一般有转筒式、盘式、篮式等。

6.2.1.2　污泥的调理

污泥经浓缩处理，污泥的含水率仍在 94%以上，需进一步对其进行脱水处理，为了提高其脱水效率，要对污泥进行一定的调理。

污泥调理的目的是改善污泥脱水性能，即破坏污泥的胶态结构、减少泥水间的亲和力。常见的调理方法有化学调理、物理调理、热工调理。

A　化学调理法

化学调理法是在污泥中加入带有电荷的无机或有机调理剂，使污泥液体颗粒表面发生化学反应，中和颗粒表面的电荷，使水游离出来，同时使污泥颗粒凝聚成大的颗粒絮体，降低污泥的比阻抗；调理效果的好坏与调理剂种类、投加量以及环境因素等有关。调理条件（药剂类型、反应时间、混合强度）应与污泥性质相适应，需进行必要的工艺试验来确定适应的调理条件。

常见的药剂如下：

（1）无机药剂。铁盐（三氯化铁、硫酸亚铁、硫酸铁、氯化铁矾），铝盐（硫酸铝、明矾、三氯化铝），高分子无机药剂（聚合氯化铝（PAC））。

（2）有机药剂。非离子型（PAM、聚乙烯醇、聚乙烯氧化物），离子型（阳离子/阴离子型 PAM）。

B　物理调理

物理调理是投加不产生化学反应的物质作为污泥支架结构，以改善污泥的可压缩性。常见添加剂有烟道灰、硅藻土、焚烧后污泥灰、粉煤灰。

C　热工调理

热工调理包括冷冻法、中温调理、高温调理等。

（1）冷冻法。将含大量水分的污泥冷冻，使温度下降到凝固点以下，污泥开始冻结，然后加热熔解。污泥经过冷冻—熔解过程，由于温度发生大幅度变化，使胶体颗粒脱稳凝聚，颗粒由细变大，失去了毛细状态。

（2）高温调理（180~220℃）。对污泥加热可加速粒子的热运动，提高粒子碰撞和结合的频率，达到粒子相互间的凝聚；同时污泥中的细胞体受热膨胀而破裂，胶体结构被破坏，大量释放出内部结合水，产生脱水收缩作用，同时也可以起到高温灭菌的作用。

6.2.1.3　污泥的消化稳定

污泥稳定的目的主要是降低污泥中的有机物。常见污泥消化方法见表 6-1。

表 6-1　常见污泥消化方法

消化技术	特　点	缺　点
石灰稳定	1. 高 pH 不利于微生物的生存，污泥不会腐化、产生气味 2. 杀死病原体的效果好	石灰消耗量大
厌氧消化	1. 投资费用低 2. 产生的甲烷气体可以利用	污泥难于用机械脱水，有臭味，池子一般加盖
好氧消化	1. 上清液生物需氧量较低 2. 生物稳定的最终消化产物，如腐殖土没有气味，易处置 3. 产生污泥易脱水 4. 污泥中可利用的基本肥效较高 5. 操作问题少 6. 设备费用较低	提供氧气的动力费用较高，不能回收有用的副产品，去除寄生虫卵和病原微生物的效果差
两相厌氧消化	1. 同时达到对城市污泥的稳定和灭菌 2. 高温可缩短酸化时间	产甲烷反应器和产酸反应器的容积设计不当会降低消化处理效果

大型污水处理厂（10 万吨/d 以上）多采用消化法（厌氧生物处理法），小型污水处理厂（站）可采用其他方法；是否采取稳定污泥还需根据经济分析而定。

A　污泥的厌氧消化

污泥厌氧消化是指污泥在无氧条件下，由兼性菌和厌氧细菌将污泥中的可生物降解的有机物分解为 CH_4、CO_2、H_2O 和 H_2S 的消化技术。它可以去除废物中 30%～50%的有机物并使之稳定化，一般认为，当污泥中的挥发性固体的量降低 40%左右时即可认为已达到污泥的稳定，是污泥减量化、稳定化的常用手段之一，是大型污水厂最为经济的污泥处理方法。主要处理对象是初沉池污泥、剩余活性污泥和腐殖污泥。

在污泥中，有机物主要以固体状态存在。因此，在污泥的厌氧消化中，认为固态物的水解、液化是主要的控制过程。而在废水的厌氧处理过程中产甲烷过程是控制整个废水厌氧处理的主要过程。

a　厌氧消化的特点

厌氧消化能产生大量甲烷气，可用来发电，故能抵消污水厂所需要的一部分能量，并使污泥固体总量减少（通常厌氧消化使 25%～50%的污泥固体被分解），减少后续污泥处理的费用。消化污泥是一种很好的土壤调节剂，它含有一定量的灰分和有机物，能提高土壤的肥力和改善土壤的结构。消化过程尤其是高温消化过程（在 50～60℃条件下），能杀死致病菌。

但厌氧消化也有缺点：如消化反应时间长投资大；运行易受环境条件的影响；消化污泥不易沉淀（污泥颗粒周围有甲烷及其他气体的气泡）。

b　厌氧消化分类

厌氧消化根据操作温度分类，可分为中温消化（温度 33～35℃）和高温消化（50～55℃）。高温消化运行的能耗大大高于中温消化，只有当条件非常有利于高温消化或要求特殊时才会采用。

根据负荷率分类，可分为低负荷率和高负荷率两种。

（1）低负荷率消化池。是一个不设加热、搅拌设备的密闭的池子，池液分层，如图 6-6 所示。它的负荷率低，一般为 0.5～1.6kgVSS/(m^3·d)，消化速度慢，消化期长，停留时间 30～60d。污泥间歇进入，在池内经历产酸、产气、浓缩和上清液分离等所有过程。产生的沼气（消化气）气泡的上升有一定的搅拌作用。池内形成三个区——上部浮渣区、中间为上清液、下部污泥区。顶部汇集消化产生的沼气并导出。经消化的污泥在池底浓缩并定期排出。上清液回流到处理厂前端，与进厂污水混合。

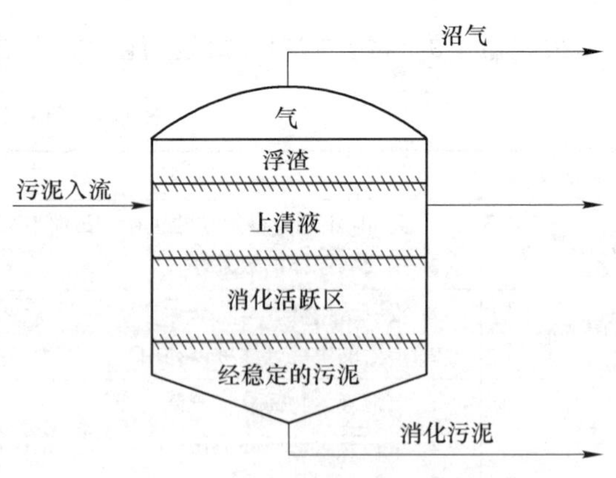

图 6-6　低负荷率厌氧消化池

（2）高负荷率消化池。高负荷率消化池的负荷率可达 1.6～6.4kgVSS/(m^3·d) 或更高，与低负荷率池的区别在于连续运行，设有加热、搅拌设备；连续进料和出料；最少停留 10～15d；整个池液处于混合状态，不分层；浓度比入流污泥低。高负荷率消化池常设两级，第二级不设搅拌设备，作泥水分离和缩减泥量之用，如图 6-7 所示。

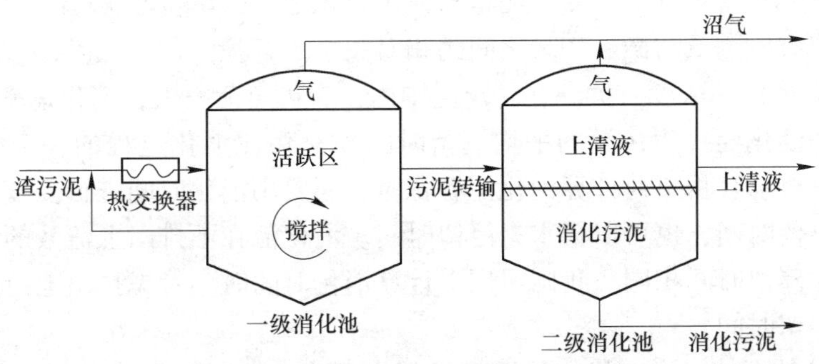

图 6-7　两级高负荷率厌氧消化系统

(3) 两相消化工艺。它根据厌氧分解的两阶段理论，把产酸和产沼气阶段分开，使之分别在两个池子内完成，如图 6-8 所示。该工艺的关键是如何使两阶段分开，方法有投加相应的菌种抑制剂、调节和控制停留时间、回流比等。

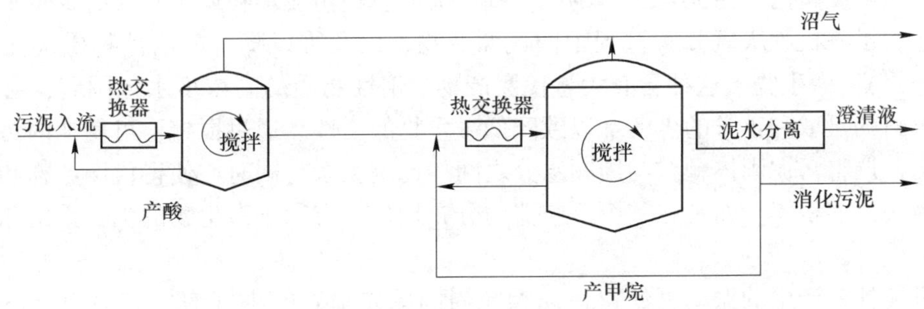

图 6-8　两相厌氧消化系统

c　影响污泥消化的主要因素

(1) pH 值和碱度。厌氧消化首先产生有机酸，使污泥的 pH 值下降，随着甲烷菌分解有机酸时产生的重碳酸盐不断增加，使消化液的 pH 值得以保持在一个较为稳定的范围内。

酸化菌对 pH 值的适应范围较宽，而甲烷菌对 pH 值非常敏感，微小的变化都会使其受抑，甚至停止生长。消化池的运行经验表明，最佳的 pH 值为 7.0~7.3。为了保证厌氧消化的稳定运行，提高系统的缓冲能力和 pH 值的稳定性，要求消化液的碱度保持在 2000mg/L 以上（以 $CaCO_3$ 计）。

(2) 温度。污泥的厌氧消化受温度的影响很大，一般有两个最优温度区段：在 33~35℃ 叫中温消化，在 50~55℃ 叫高温消化。温度不同，占优势的细菌种属不同，反应速率和产气率都不同。高温消化的反应速率快，产气率高，杀灭病原微生物的效果好，但由于能耗较大，难以推广应用。在这两个最优温度区以外，污泥消化的速率显著降低。

(3) 负荷。厌氧消化池的容积取决于厌氧消化的负荷率。负荷率的表达方式有两种：容积负荷（用投配率为参数）、有机物负荷（用有机负荷率为参数）。

投配率是指日进入的污泥量与池子容积之比，在一定程度上反映了污泥在消化池中的停留时间。投配率的倒数就是生污泥在消化池中的平均停留时间。例如，投配率为 5%，即池的水力负荷率为 $0.05m^3/(m^3 \cdot d)$ 时，停留时间为 $1/0.05 = 20d$。

有机物负荷率是指每日进入的干泥量与池子容积之比，单位是 kg 干泥/($m^3 \cdot d$)。它可以较好地反映有机物量与微生物量之间的相对关系。容积负荷较低时，微生物的反应速率与底物（有机物）的浓度有关。在一定范围内，有机负荷率大，消化速率也高。

由于污泥的消化期（生污泥的平均逗留时间）是污泥消化过程的一个不可忽视的因素，因此，用有机物容积负荷计算消化池容积时，还要用消化时间进行复核。消化时间可以指固体平均停留时间，也可以指水力停留时间。消化池在不排出上清液的情况下，固体停留时间与水力停留时间相同。我国习惯上计算消化时间时不考虑排出上清液，因此消化时间是指水力停留时间。

（4）消化池的搅拌。在有机物的厌氧发酵过程中，让反应器中的微生物和营养物质（有机物）搅拌混合，充分接触，将使得整个反应器中的物质传递、转化过程加快。通过搅拌，可使有机物充分分解，增加产气量（搅拌比不搅拌可提高产气量 20%～30%）。此外，搅拌还可打碎消化池面上的浮渣。

在不进行搅拌的厌氧反应器或污泥消化池中，污泥成层状分布，从池面到池底，越往下面，污泥浓度越高，污泥含水率越低，到了池底，在污泥颗粒周围只含有少量水。在这些水中饱含了有机物厌氧分解过程中的代谢产物，以及难以降解的惰性物质（尤其在池底大量积累）。微生物被这种含有大量代谢产物、惰性物质的高浓度水包围着，会影响微生物对养料的摄取和正常的生活，以致降低微生物的活性。通过搅拌，可使池内污泥浓度分布均匀，调整污泥固体颗粒与周围水分之间的比例关系，同时亦使得代谢产物和难降解物不在池底过多积累，而是在整个反应器内分布均匀，有利于微生物的生长繁殖和提高它的活性。

通过搅拌时产生的振动可使得污泥颗粒周围原先附着的小气泡（有时由于不搅拌还可能形成一层气体膜）被分离脱出。此外，微生物对温度和 pH 值的变化也非常敏感，通过搅拌还能使这些环境因素在反应器内保持均匀。

搅拌采用间断运行，在污泥消化池的实际运行中，采用每隔 2h 搅拌一次，约搅拌 25min 左右，每天搅拌 12 次，共搅拌 5h 左右。

d　消化池的池形及构造

（1）消化池的池形。厌氧消化系统的主要设备是消化池及其附属设备，厌氧消化池的基本池形有圆柱形与蛋形。如图 6-9 所示。

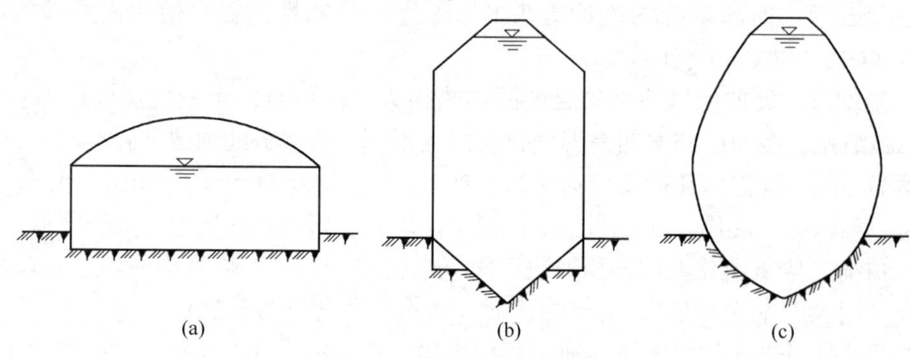

图 6-9　消化池基本池形

（a），（b）圆柱形；（c）蛋形

（2）消化池的构造。消化池一般是一个锥底或平底的圆池，四周为垂直墙体，如图 6-10 所示。平底或池底坡度较小时需要设置刮泥装置。大型消化池由现浇钢筋混凝土制成，体积较小的消化池一般用预制构件或钢板制成。整个池子由集气罩、池盖、池体与下锥体四部分组成，如图 6-10 所示。圆形消化池的直径一般在 6~30m，柱体的高约为直径的一半，而总高接近直径。

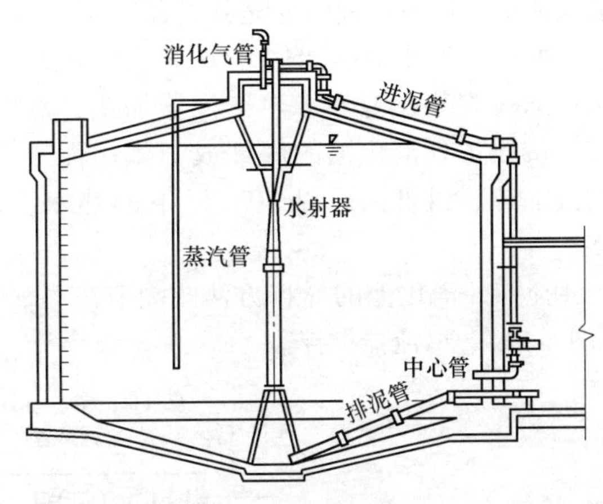

图 6-10　消化池构造

1）密封顶盖。为防止甲烷与空气混合而产生强烈爆炸的可能性，必须严防空气进入消化池系统。所以消化池必须采用密封顶盖，其形式有浮动式顶盖（见图 6-11）、固定式顶盖（见图 6-12）两种。

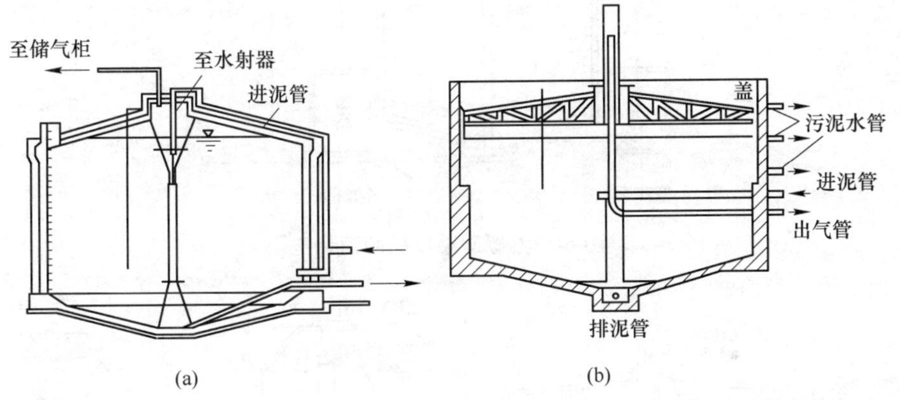

图 6-11　浮动式盖消化池

（a）浮动盖（不带气体储存）；（b）储气盖（带气体储存）

浮动式顶盖可以随着污泥体积和气体体积的变化而上下浮动，为了防止空气进入消化池，池顶也可作为浮动式储气罐使用。

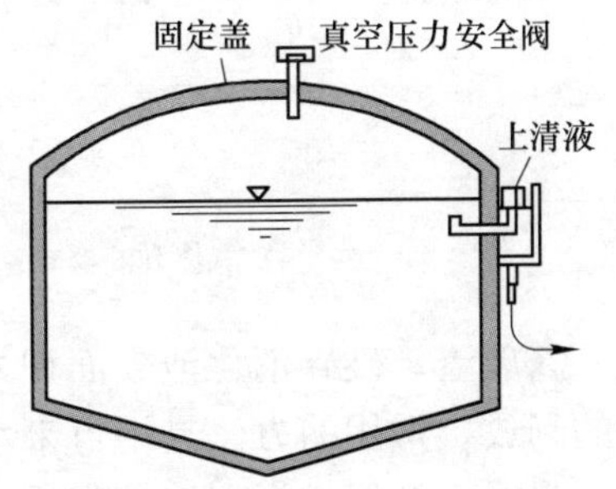

图 6-12　固定式盖消化池

2）消化池的附属设备。有加料、排料、加热、搅拌、破渣、集气、排液、溢流及其他监测防护装置。

①加料。新污泥一般由泵提升，经池顶进泥管送入池内。如果污泥含固率太高（例如超过 4%~5%），泵送可能会有困难，如果污泥的含水率高，不含粗大的固体，传统的离心式污水泵就可很好地运行。当污泥中含有粗大的固体（如破布、绳索、木片等）及浓度较高时，一般用螺杆式泵。

②排料。排料时，污泥沿池底排泥管排出。进泥、排泥管的直径不应小于 200mm。进泥和排泥可以连续或间歇进行。操作顺序一般是先排泥到计量槽，再将相等数量的新污

泥加入池中。进泥过程中要充分混合。

③加热。消化池的加热方法分为池外加热和池内加热两种。池外加热法是将污泥水抽出，通过安装在池外的热交换器加热，然后循环回到池内；池内加热法可以将低压蒸汽直接投加到消化池的底部或与生污泥一起进入消化池，也可以在消化池内采用盘管间接加热，盘管内通以70℃以下的热水，盘管加热法因维修困难和效率低而使用不多。

④搅拌。消化池的搅拌方法主要有三种，即螺旋桨搅拌（见图6-13）、鼓风机搅拌（见图6-14）、射流器搅拌。

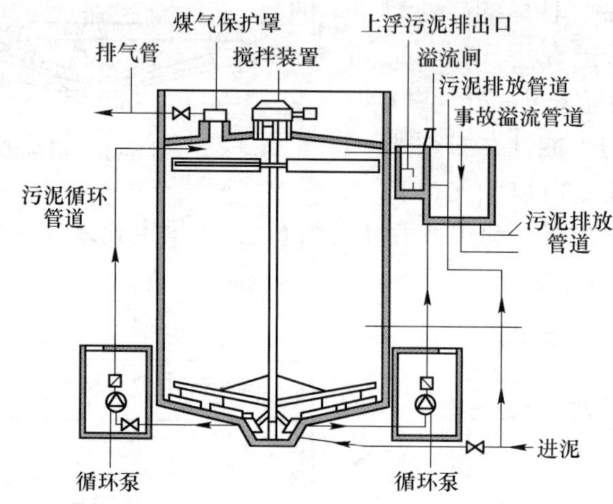

图6-13　螺旋桨搅拌的消化池

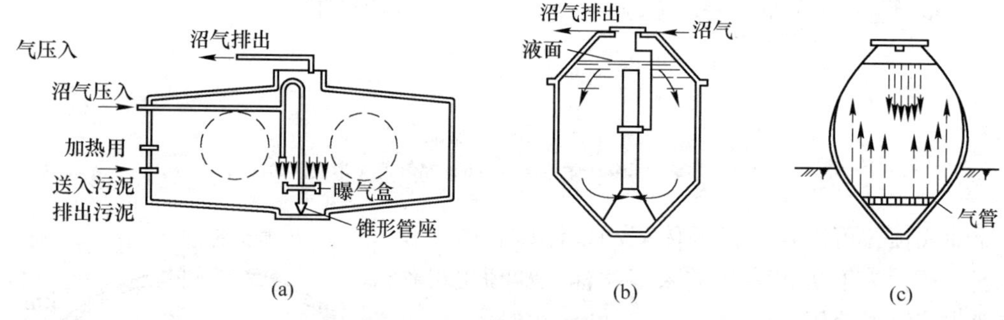

图6-14　用鼓风机搅拌

（a）气体升液器式；（b）气体扩散式；（c）利用池底配管压入气体方法

⑤破渣。破碎消化池表面积累的浮渣，减少浮渣占用消化池的有效容积，有利于污泥气的释放。常用的方法是用自来水或污泥上清液喷淋。

将循环污泥或污泥液送到浮渣层上；用鼓风机或用射流器抽吸污泥气进行搅拌时，只要抽吸的气体量足够，由于造成池面的搅动较剧烈，也可达到破碎浮渣层效果。

⑥集气。浮动式顶盖消化池的集气容积较大；而固定式顶盖消化池的集气容积较小，在加料和排料时，池内压力波动较大，此时宜设单独的污泥气储气罐。

⑦排液。上清液应及时排出，这有利于增加消化池的有效容积并减少热量消耗。上清

液污染严重，悬浮固体、BOD 和氨氮的浓度都很高，不能直接排放，应回流到污水生物处理设备中。

⑧其他装置。消化池的监测防护装置还包括安全阀、温度计等。

B　污泥的好氧稳定

对污泥中挥发性固体量的降低可接近于厌氧消化法；供氧耗能大，运行费用高；只适用于小规模的废水厂；机理是内源呼吸：

$$C_5H_7NO_2 \longrightarrow 5CO_2 + NO_3^- + 3H_2O + H^+$$

好氧消化法类似活性污泥法，在曝气池中进行，曝气时间长达 10~20d 左右，其依靠有机物的好氧代谢和微生物的内源代谢稳定污泥中的有机组成。

C　氯气氧化法

氯气氧化法是在密闭容器中完成的，向污泥投加大剂量氯气，接触时间不长；实质上主要是消毒，杀灭微生物以稳定污泥。

D　石灰稳定法

石灰稳定法是向污泥投加足量石灰，使污泥的 pH 值高于 12，抑制微生物的生长。

E　热处理法

热处理法既可杀死微生物借以稳定污泥，还能破坏泥粒间的胶状性能，改善污泥的脱水性能。

6.2.1.4　污泥的脱水与干化

污泥经浓缩或消化之后，其含水率仍在 96%左右。为了后续便于综合利用和最终处置，需要进一步脱水。污泥脱水是去除污泥中的毛细水和表面附着水，主要方法有自然干化法和机械脱水法两种。自然干化多采用干化床；机械脱水多采用板框压滤机、带式压滤机、离心脱水机等。

污泥脱水的主要目的是除去污泥中的大量水分，缩小其体积，减轻其重量。经过脱水、干化处理，污泥含水量能下降到 60%~80%，其体积为原来的 1/10~1/5。

A　自然干化

自然干化的主要设施是干化床（见图 6-15）。利用自然蒸发与渗透作用实现脱水；污泥含水率可达 65%，适用于中小规模的废水处理厂。

图 6-15　自然干化示意图

B　机械脱水

主要的脱水机械有转筒离心机、板框压滤机、压式压滤机、真空过滤机等。

a　真空过滤机

真空过滤机通过将污泥置于过滤介质上，在介质另一侧造成真空，形成压力差，将污泥中水分强行“吸入”，使之泥水分离，实现脱水。常见设备有真空转鼓过滤脱水机。该工艺能够连续生产，运行平稳，可自动控制；但附属设备较多，工艺较复杂，运行费用高。

图 6-16 所示为转鼓真空过滤机。

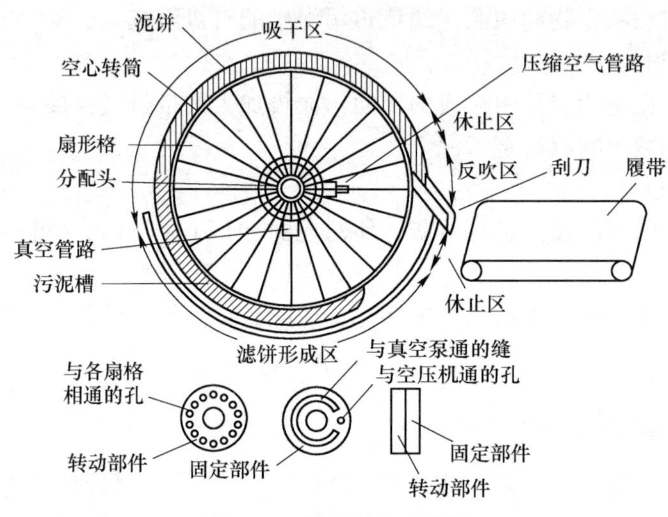

图 6-16　转鼓真空过滤机

b　压滤脱水

压滤脱水是将污泥置于过滤介质上，在污泥一侧对污泥施加压力，强行使水分通过介质，使之泥水分离，实现脱水。常见设备有带式压滤脱水机和板框压滤机。该工艺过滤效率高、脱水滤饼固体含量高、滤液中固体浓度低、滤饼的剥离简单方便。

(1) 板框压滤机（见图 6-17）。最早应用于污泥脱水的机械，间歇操作、基建投资大；但其滤饼的含固率高、滤液清、药剂用量少。其由板与框相间排列而成，在滤板两侧有滤布，用压紧装置把板与框压紧，在板与框之间形成压滤室，板与框的上端中间相同部位开有小孔，压紧后形成通道，加压到 0. 2~0. 4MPa 的污泥，由通道进入压滤室，滤板的表面有沟槽，下端有供滤液排出的孔道，滤液在压力下通过滤布，沿沟槽与孔道排出压滤机，污泥脱水。板框压滤机几乎可以处理各种性质的污泥。预处理以无机絮凝为主。由于使用较高的压力和较长的加压时间，脱水效果比真空过滤机和离心机好。

(2) 带式压滤机（见图 6-18）。由滚压轴及滤布等组成。污泥先经由浓缩段（重力过滤）失去流动性，以免在压榨段被挤出滤布，浓缩段停留时间为 10~20s；然后进入压榨段，压榨时间为 1~5min。该工艺可连续工作、操作管理简单、附属设备较少。

C　离心脱水

离心脱水的工作原理与离心浓缩相似。常用设备是低速转筒式离心机。该工艺泥饼含水率低，占用空间小，安装基建费用低；但设备成本高、电耗大、处理能力低、噪声大。

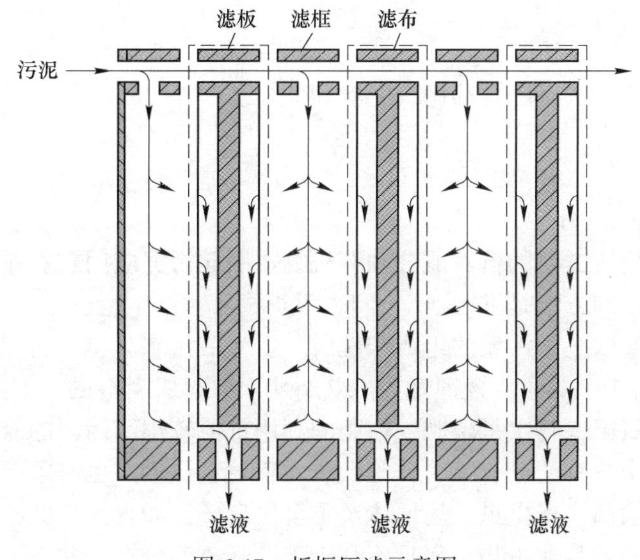

图 6-17　板框压滤示意图

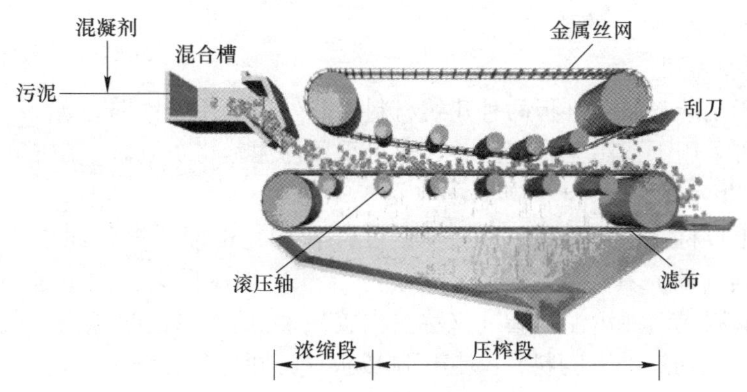

图 6-18　滚压带式压滤机

该方法对预处理要求也较高，需要使用高分子调节剂进行调节。

图 6-19 所示为转筒式离心机构造图。

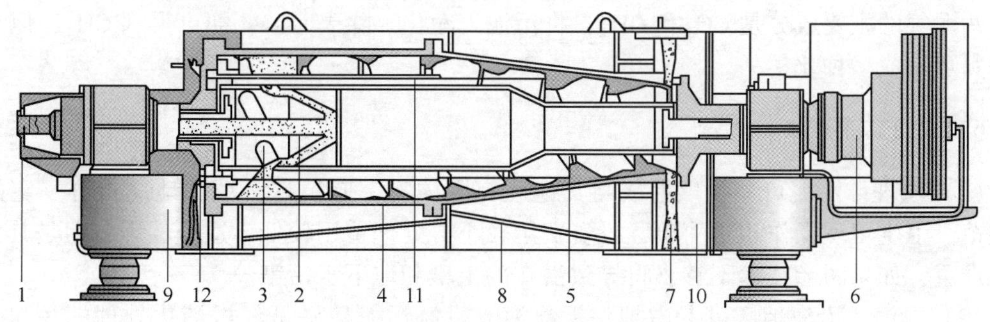

图 6-19　转筒式离心机构造图

1—进料管；2—入口容器；3—输料孔；4—转筒；5—螺旋卸料器；6—变速箱；7—固体物料排放口；8—机罩；9—机架；10—斜槽；11—回流管；12—堰板

6.2.2 污泥的利用与最终处置

污泥的最终处置方法有综合利用、弃置和焚烧。

6.2.2.1 综合利用

A 在农业上应用

污泥中含有植物所需要的营养成分和有机物，因此污泥应用在农业上是上佳的最终处置办法。较常用的处理方法是堆肥。

污泥的肥效主要取决于污泥的组成和性质。以生活污水为例，含氮量为 2%～6%，含磷量（以 P_2O_5）为 1%～4%，含钾量为 0.2%～0.4%。从废料的三要素来分析污泥的肥效，主要是利用其氮肥，其次是磷肥，钾肥的利用价值较小。污泥的氮、磷含量比一般农家肥高，而且污泥中含有的硼、锰、锌等微量元素对农业增产也有重要作用。

但污泥中含有病菌、寄生虫、病原体及重金属离子，如直接作肥料，会对植物有危害作用并进入食物链影响其他生物，而且不利于土壤吸收养分。因此在把污泥用作农田肥料前，应首先进行稳定化处理。其中含有的重金属离子也必须符合《农用污泥中污染物控制标准》（GB 4284—84）的要求。

B 建筑材料利用

污泥可用于制砖与制纤维板两种建筑材料，此外还可用于铺路。

污泥制砖可采用干化污泥直接制砖，也可采用污泥焚烧灰制砖。制成的污泥砖强度与红砖基本相同。

污泥制纤维板材，主要是利用蛋白质的变性作用，也即活性污泥中所含粗蛋白（有机物）与球蛋白（酶）在碱性条件下，加热、干燥、加压后会发生一系列物理、化学性质的改变，从而制成活性污泥树脂（又称蛋白胶）；之后再与经过漂白、脱脂处理的废纤维（可利用棉、毛纺厂的下脚料）一起压制成板材，即生化纤维板。

C 污泥气利用

污泥发酵产生的污泥气既可用作燃料，又可作为化工原料，因此是污泥综合利用中十分重要的方面。其成分随污泥的性质而异，一般含 CH_4 在 50%～60% 以上。

消化池产生的污泥气能完全燃烧，保存运输方便，无二次污染，因此是一种理想的燃料。污泥气的主要成分是 CO_2 和 CH_4，将污泥气净化，除去 CO_2，即可得到 CH_4，以 CH_4 为原料可制成多种化学品。

6.2.2.2 弃置法

（1）填埋。污泥可单独填埋或与其他废弃固体物一起填埋，填埋地应符合一定的设计规范。卫生填埋操作相对简单，投资费用较小，处理费用较低，适应性强；但是其侵占土地严重，如果防渗技术不够，将导致潜在的土壤和地下水污染。

（2）投海。沿海地区可考虑把污泥投海，投海污泥最好是经过消化处理的污泥，而且投海距离必须远离海岸。投海方法可用管道输送或船运，前者比较经济。污泥投海在国外有成功经验也有造成严重污染的教训，因此必须十分谨慎。

按英国的经验，污泥（包括生污泥、消化污泥）投海区应离海岸 10km 以外，深

25m，潮流水量为污泥量的500~1000倍。这样由于海水的自净与稀释作用，可使海区不受污染。

6.2.2.3　焚烧法

当污泥中含有大量的有害污染物质，如含有大量重金属或有毒有机物，不能作为农肥利用，而任意堆放或填埋均可对自然环境造成很大的危害时，这时往往考虑焚烧法处理。

污泥焚烧前，凡是能够进行脱水干化的，必须首先进行污泥的脱水和干化。这样可以节省所需的热量。常用的污泥焚烧炉有回转焚烧炉、立式焚烧炉和流化床焚烧炉等。

发达国家污泥焚烧的比例非常高。以焚烧为核心的处理方法是最彻底的处理方法，这是因为焚烧法与其他方法相比具有突出的优点：

(1) 焚烧可以使剩余污泥的体积减少到最小化，因而最终需要处置的物质很少，焚烧灰可制成有用的产品，是相对比较安全的污泥处置方式。

(2) 焚烧处理污泥处理速度快，不需要长期储存。

(3) 污泥可就地焚烧，不需要长距离运输。

(4) 可以回收能量，用于污泥自身的干化或发电、供热，相应降低污泥处理成本。

(5) 能够使有机物全部燃尽，杀死病原体。

污泥焚烧处置虽然一次性投资高，但由于它具有其他工艺不可替代的优点，特别是在污泥的减量化、无害化、节约土地资源和节能等方面，因此成为污泥最终出路的解决方法。

污泥焚烧可分为直接焚烧和干化后焚烧两种。

(1) 直接焚烧。污泥的直接焚烧是将高湿（含水率80%~85%）污泥在辅助燃料作用下，直接在焚烧炉内焚烧。由于污泥含水量大、热值低，需要消耗大量的辅助燃料；同时，污泥含水量大，焚烧后的尾气量也比较大，尾气处理需要庞大的设备。

(2) 干化后焚烧。污泥因含水率高，不宜简单作为燃料应用。污泥要作为燃料，必须开发出独特的干化技术和燃烧技术，使低热值的污泥转变成高热值的可用燃料，然后通过焚烧炉对污泥燃料进行燃烧。污泥的干化最早是20世纪40年代开发的。经过几十年的发展，污泥干化的优点正逐渐显现出来。干化后的污泥与湿污泥相比，可以大幅度减小体积，从而减少储存空间。以含水率85%的湿污泥为例，干化至含水率40%时，体积可减少至原来的1/4，污泥的形状成为颗粒，有利于焚烧处理。在焚烧工艺前采用污泥干化工艺的目的是实现污泥的减量化、提高污泥热值、节省后续焚烧处理的费用，以及达到更优的焚烧效果。干化后的污泥经高温焚烧后产生的灰体积将缩小90%以上，有毒有机物热分解彻底，焚烧产生的能源可回收利用，灰、渣可作为建材材料使用。

早在20世纪40年代，日本和欧美就已经用直接加热鼓式干化器来干化污泥。由于污泥热干化技术要求和处理成本较高，所以这项技术直到20世纪80年代末期在瑞典等国家的成功应用之后，才在发达国家推广起来。在发达国家，污泥干化和燃料化被认为是有望取代现有的污泥处理技术最有发展前途的方法之一。

总结归纳

(一) 应知应会

(1) 填空：

1) 污泥的处理方法主要有________、________、________、干燥等。

2) 污泥的处置方法主要有________、________、________等，实现污泥的利用与资源化。

3) 污泥浓缩的主要方法有________、________、________。

4) 污泥脱水的主要方法有________、________、________。

(2) 简答题：

1) 影响污泥厌氧消化的因素有哪些？

2) 污泥处理的一般工艺如何？污泥浓缩的作用是什么？

(二) 实践应用

(1) 简述板框压滤机的操作程序，使用过程中应注意哪些问题？

(2) 重力浓缩池的运行控制参数有哪些？

(3) 污泥脱水机日常运行维护的主要内容是什么？

参 考 文 献

[1] 高红武. 水污染治理技术——工学结合教材［M］. 北京：中国环境出版社，2015.

[2] 杨巍. 水污染控制技术［M］. 北京：化学工业出版社，2012.

[3] 王金梅，薛叙明. 水污染控制技术［M］. 北京：化学工业出版社，2013.

[4] 郭有才，乔启成. 水污染控制工程设计［M］. 北京：科学出版社，2012.

[5] 张尊举，等. 水污染控制案例教程［M］. 北京：化学工业出版社，2014.

[6] 王有志. 水污染控制技术［M］. 北京：中国劳动社会保障出版社，2010.

[7] 郭正，张宝军. 水污染控制技术实验实训指导［M］. 北京：中国环境科学出版社，2007.

冶金工业出版社部分图书推荐

书　　名	作　者	定价(元)
Micro850 PLC、变频器及触摸屏综合应用技术	姜　磊	49.00
实用电工技术	邓玉娟　祝惠一 徐建亮　李东方	49.00
Python 程序设计基础项目化教程	邱鹏瑞　王　旭	39.00
计算机算法	刘汉英	39.90
SuperMap 城镇土地调查数据库系统教程	陆妍玲　李景文　刘立龙	32.00
自动检测和过程控制（第 5 版）	刘玉长　黄学章　宋彦坡	59.00
智能生产线技术及应用	尹凌鹏　刘俊杰　李雨健	49.00
机械制图	孙如军　李　泽 孙　莉　张维友	49.00
SolidWorks 实用教程 30 例	陈智琴	29.00
机械工程安装与管理——BIM 技术应用	邓祥伟　张德操	39.00
电气控制与 PLC 应用技术	郝　冰　杨　艳　赵国华	49.00
智能控制理论与应用	李鸿儒　尤富强	69.90
Java 程序设计实例教程	毛　弋　夏先玉	48.00
虚拟现实技术及应用	杨　庆　陈　钧	49.90
电机与电气控制技术项目式教程	陈　伟	39.80
电力电子技术项目式教程	张诗淋　杨　悦 李　鹤　赵新亚	49.90
电子线路 CAD 项目化教程——基于 Altium Designer 20 平台	刘旭飞　刘金亭	59.00
5G 基站建设与维护	龚猷龙　徐栋梁	59.00
自动控制原理及应用项目式教程	汪　勤	39.80
传感器技术与应用项目式教程	牛百齐	59.00
C 语言程序设计	刘　丹　许　晖　孙　媛	48.00
Windows Server 2012 R2 实训教程	李慧平	49.80
物联网技术与应用——智慧农业项目实训指导	马洪凯　白儒春	49.90
Electrical Control and PLC Application 电气控制与 PLC 应用	王治学	58.00
CNC Machining Technology 数控加工技术	王晓霞	59.00
Mechatronics Innovation & Intelligent Application Technology 机电创新智能应用技术	李　蕊	59.00
Professional Skill Training of Maintenance Electrician 维修电工职业技能训练	葛慧杰　陈宝玲	52.00
现代企业管理（第 3 版）	李　鹰　李宗妮	49.00
冶金专业英语（第 3 版）	侯向东	49.00
电弧炉炼钢生产（第 2 版）	董中奇　王　杨　张保玉	49.00
转炉炼钢操作与控制（第 2 版）	李　荣　史学红	58.00
金属塑性变形技术应用	孙　颖　张慧云 郑留伟　赵晓青	49.00
新编金工实习（数字资源版）	韦健毫	36.00
化学分析技术（第 2 版）	乔仙蓉	46.00
金属塑性成形理论（第 2 版）	徐　春　阳　辉　张　弛	49.00
金属压力加工原理（第 2 版）	魏立群	48.00
现代冶金工艺学——有色金属冶金卷	王兆文　谢　锋	68.00